特种建（构）筑物建造安全控制技术丛书

地下管廊结构沉降变形安全预警与控制

李慧民　陈 博　郭海东　著

北 京
冶 金 工 业 出 版 社
2021

内容提要

本书结合地下管廊建设标准及施工特性，基于安全控制基本理论，以“地下管廊结构沉降变形安全问题”为对象，以“地下管廊结构安全系统”为研究边界，以“结构安全监测及 BIM 安全风险控制系统”为工具，以“确保地下管廊结构沉降变形安全”为落脚点，全面、系统地阐述了地下管廊结构沉降变形安全预警与控制的理论与方法，并结合实际案例进行了论证。

本书可供地下管廊建设工程设计单位、建设单位、施工单位以及监理单位等相关人员阅读，也可作为高等院校相关专业教学用书。

图书在版编目(CIP)数据

地下管廊结构沉降变形安全预警与控制/李慧民，陈博，郭海东著. —北京：冶金工业出版社，2021. 3

（特种建（构）筑物建造安全控制技术丛书）

ISBN 978-7-5024-8708-9

Ⅰ.①地… Ⅱ.①李… ②陈… ③郭… Ⅲ.①地下管道—沉降—预测—研究 ②地下管道—沉降—控制—研究 Ⅳ.①TU990.3

中国版本图书馆 CIP 数据核字（2021）第 019289 号

出 版 人　苏长永

地　　址　北京市东城区嵩祝院北巷 39 号　邮编　100009　电话　(010)64027926

网　　址　www.cnmip.com.cn　电子信箱　yjcbs@cnmip.com.cn

责任编辑　杨　敏　美术编辑　彭子赫　版式设计　禹　蕊

责任校对　郭惠兰　责任印制　禹　蕊

ISBN 978-7-5024-8708-9

冶金工业出版社出版发行；各地新华书店经销；三河市双峰印刷装订有限公司印刷

2021 年 3 月第 1 版，2021 年 3 月第 1 次印刷

169mm×239mm；12.5 印张；245 千字；192 页

75.00 元

冶金工业出版社　投稿电话　(010)64027932　投稿信箱　tougao@cnmip.com.cn

冶金工业出版社营销中心　电话　(010)64044283　传真　(010)64027893

冶金工业出版社天猫旗舰店　yjgycbs.tmall.com

前　言

地下管廊是市政管线集约化建设的趋势，是基础设施建设现代化的重要标志之一，也是城市基础设施现代化建设的方向。我国目前已有超过五十个城市规划建造地下管廊。随着地下管廊建设集群效应的凸显，越来越多的地下管廊建设势必面临穿越既有结构的安全风险，大规模成体系多交叉的施工特征导致其对地下空间的影响将不断形成。因此，如何进行科学有效的施工安全控制是建设地下管廊过程中的重点和难点问题。本书结合地下管廊建设标准及施工特性，系统阐述了地下管廊结构沉降变形安全预警机理与安全控制的方法。全书共分为7章，其中第1章论述了地下管廊结构沉降变形安全控制的基础理论，第2~6章分别从安全控制内涵、安全预警机理、安全控制体系、施工风险评估、施工风险控制探讨了地下管廊结构沉降变形安全预警与控制的方法，第7章结合实际工程案例，对地下管廊结构沉降变形安全预警与控制的理论与方法加以论证。本书理论与实际紧密结合，具有极强的实用性。

本书主要由李慧民、陈博、郭海东撰写。各章撰写分工为：第1章由李慧民、陈博、郭海东撰写；第2章由陈博、张勇、田梦堃撰写；第3章由郭海东、李慧民、赵鹏鹏撰写；第4章由田卫、柴庆、钟兴举撰写；第5章由李慧民、郭平、李文龙撰写；第6章由张勇、郭海东、刘静撰写；第7章由陈博、谷玥、孟江撰写。

本书的撰写得到了陕西省重点研发计划“湿陷性黄土地区地下综合管廊建设安全风险及关键控制技术研究”（2018-ZDXM-SF-096）的支持。同时，在撰写过程中还得到西安建筑科技大学、中冶建筑研究总院有限公司、西安建筑科技大学资产经营有限公司、中国核工业中原建设有限公司、百盛联合集团有限公司、中天西北建设投资集团有限公司等单位技术与管理人员的大力支持与帮助。此外，在撰写过程中还参考了许多专家和学者的有关研究成果及文献资料，在此一并向他们表示衷心的感谢！

由于作者水平所限，书中不足之处，敬请广大读者批评指正。

作　者

2021 年 1 月

目　　录

1 地下管廊结构沉降变形安全控制基础

1.1 地下工程相关知识

1.1.1 地下工程概念及分类

1.1.1.1 地下工程（underground engineering）

地下工程是指地面以下土层或岩体中修建各种类型的地下建筑物或结构的工程。地下工程广泛应用于工业、能源、交通、市政等国民经济的各个领域。

1.1.1.2 地下工程分类

目前城市地下空间开发利用涉及城市功能的全部，从功能角度城市地下工程可分为以下几类：

（1）地下交通设施（underground transportation facilities）。目前地下交通设施不仅包括地下车库等城市的静态交通设施，还包括地下道路、地下立交、地下步行系统、地铁等快速轨道交通设施、大型地下换乘枢纽以及其他城市动态交通设施。地下交通设施是现代城市地下空间开发利用的主要功能类型之一。

（2）地下市政设施（underground municipal facilities）。市政设施是城市基础设施的重要组成部分，也是城市地下空间开发利用的重要内容，除传统的市政管线外，地下市政设施还包括地下管廊、地下污水泵站、地下变电站、地下水库以及地下垃圾回收与处理设施、地下污水处理厂等设施。

（3）城市防灾设施（urban disaster prevention facilities）。城市防灾设施是城市可持续发展的重要领域，除利用地下空间建设城市的防空工程体系外，一些发达国家还利用地下空间建设城市防洪、抗震等各种防灾设施，并在城市防灾减灾过程中发挥重要作用。

（4）地下公共空间（underground public space）。科技水平的不断提高和经济的不断发展，使地下空间开发利用的功能不断扩大，其中最显著的是各种城市公共空间向地下不断发展，如地下商城、地下综合体、地下图书馆、地下试验室、地下体育馆、地下医院等，地下公共空间是城市地下空间开发利用的方向之一。

（5）其他地下设施。如城市中的各种危险品仓库、粮库等各种仓储设施等，也是现代城市地下空间开发利用的重要内容。

1.1.2 地下结构概念及分类

1.1.2.1 地下结构（underground structure）

地下结构是指在保留上部地层（山体或土层）的前提下，能提供某种用途的地下空间结构。地下结构是地下工程的承重体系，是地下工程安全建造和使用的基本技术保障。

1.1.2.2 地下结构分类

地下结构的主要形式有拱形结构、梁板式结构、框架结构、圆管形结构、锚喷支护和地下连续墙结构等。其中，拱形结构包括半衬砌、厚拱薄墙衬砌、直墙拱顶衬砌、曲墙拱顶衬砌、离臂式衬砌、装配式衬砌和复合式衬砌。

1.1.2.3 地下结构荷载分类

地下结构在建造和使用过程中均会受到各种荷载的作用，地下建筑的使用功能也是在承受各种荷载的过程中实现的。地下结构的荷载可分为永久荷载、可变荷载和偶然荷载三类。

A 永久荷载

永久荷载是指在结构使用期间，其值不随时间变化，或其变化与平均值相比可以忽略的，或其变化是单调的并能趋于某一限值的荷载。地下结构上的永久荷载主要有地层压力和结构自重。

（1）围岩压力。隧道开挖后，因围岩变形或松散等原因，作用于洞室周边岩体或支护结构上的压力，属于地下结构的基本荷载。

（2）土压力。包括作用于衬砌上的填土压力和洞门墙的墙背主动土压力。

（3）结构自重。即由材料自身重力产生的荷载。

（4）结构附加恒载。伴随地下工程运营的各种设备和设施的荷载。

（5）混凝土收缩和徐变的影响。在跨度较大的拱形结构中，由于混凝土收缩和徐变而引起的内力也是不可忽视的。如施工时分段浇筑则影响小，否则影响较大。混凝土收缩和徐变一般在5~6年可基本完成不再变化。

B 可变荷载

可变荷载是指在结构使用期间，其值随时间变化，且与平均值相比不可忽略的荷载。按其作用性质，又可将其分为活荷载、附加荷载和特殊荷载。

（1）活荷载。作用于地下结构上的活荷载主要有以下几种：

1）使用荷载。地下结构在使用过程中的吊车荷载、车辆荷载以及人群荷载等。

2）水压力。当地下结构修建在含水地层中，需考虑水压力。

3）动荷载。要求具有一定防护能力的地下建筑物，需考虑核武器和常规武器（炸弹、火箭）爆炸产生的冲击波和土中压缩波对防空地下室结构形成的动荷载。

（2）附加荷载。

1）制动力。制动力是指公路车辆或列车在制动时产生的作用力。

2）温度变化的影响。地下结构是高次超静定结构，因此，温度变化会在地下结构中引起内力，如浅埋结构土壤温度梯度的影响，浇灌混凝土时的水化热温升和散热阶段的温降，都会在地下结构中产生内力。因此，地下结构在建造和使用过程中，如果温度变化大，或结构对温度变化很敏感（如连续刚架式棚洞）时，应考虑由于温度变化引起的内力。

3）灌浆压力。暗挖修建的地下结构，为回填密实，有时需压注水泥砂浆，此外，灌浆还具有防水和对结构补强的作用。压浆在结构建造完毕后进行，由灌浆产生的压力称为灌浆压力。

4）冻胀力。指由于土体的冻胀作用在地下结构中产生的附加作用力。冻胀力可分为切向冻胀力、法向冻胀力和水平冻胀力。

（3）施工荷载。指地下结构在施工安装过程中的各种临时荷载。

C 偶然荷载

偶然荷载是指在设计基准期内不一定出现，但若一旦出现量值很大且持续时间很短的荷载。落石冲击力和地震作用都属于偶然荷载。

1.2 地下管廊相关知识

地下管廊是目前世界发达城市普遍采用的集约化程度高且维护管理方便的市政基础设施，在合理规划的情况下，集约敷设管线可以在最小或不开挖的情况下进行未来的服务连接，与传统的地下直埋敷设相比，具有良好的系统性与扩展性。

1.2.1 地下管廊定义

地下管廊，是指城市地面以下浅层空间范围内用来排布各种市政公用管线的廊式结构体，即在城市地下建造一个隧道空间，将热力、电力、给排水、通信等市政管线集中布设，并设置专用的投料、通风、检修孔及监控系统保证其正常运行，实施市政公用管线的“统一规划、统一建设、统一管理”，以达到集约化管理的目的。地下管廊在世界各国尚无统一的名称。现在国际比较通用的名称是多功能廊道（multi-purpose tunnel）或多用途隧道，地下管廊的名称汇总见表1-1。

表 1-1 地下管廊名称汇总

国 家	名 称
美国、加拿大	管廊（pipe gallery）或公用管道（public utility conduit）
英国	混合服务地铁（mixed services subways）
法国	技术管廊（technical gallery）
德国	采集通道（collecting channels）
日本	共同沟（common duct）
中国	综合管沟或综合管廊（大陆）、共同管道（台湾）

1.2.2 地下管廊分类

地下管廊的分类标准，主要包括断面形式、舱室多少、使用功能、施工工艺四种，具体分类如下。

1.2.2.1 按断面形式分类

地下管廊的断面形式主要包括矩形断面、圆形断面和异形断面。其标准断面应根据容纳的管线种类、数量、施工方法等综合确定。采用明挖现浇施工时，宜采用矩形断面；采用明挖预制装配施工时，宜采用矩形断面或圆形断面；采用非开挖技术时，宜采用圆形断面、马蹄形断面。

A 矩形断面

矩形断面管廊因其形状简单，空间大，可以按地下空间要求改变宽和高，布置管线面积利用充分，是用得最多的一种断面形式，如图 1-1 所示。缺点是结构受力不利，相同内部空间的矩形断面，用钢量和混凝土材料用量较多，成本加大，同时大尺寸矩形断面难于应用顶进法施工，只适用于开槽施工工法，限制了其使用范围。当前地下管廊大多需建在城市主干道下，大开槽施工对城市和居民生活影响太大，矩形断面顶进施工难度大、费用高，限制了矩形断面在地下管廊中的应用。

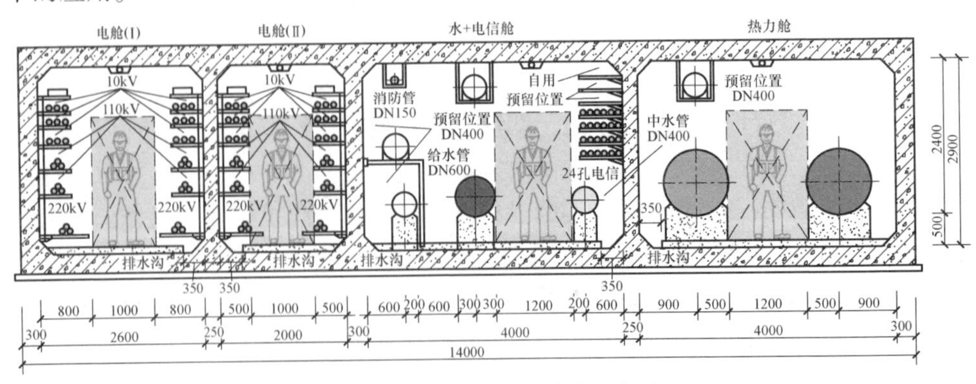

图 1-1 矩形断面地下管廊示意图

B 圆形断面

圆形断面管廊制造工艺成熟，生产方便，结构受力有利，材料使用量较少，成本较为低廉，因而广泛用于输水管中，如图1-2所示。然而，应用中的缺点是在圆形断面中不便于布置管道，且空间利用率低，致使在管廊内布置相同数量管线时，圆管的直径需加大，从而增加工程成本和对地下空间断面的占用率。为此，部分城市着手开发异形混凝土涵管，以作为电力热力等管线的套管和地下管廊的管材。

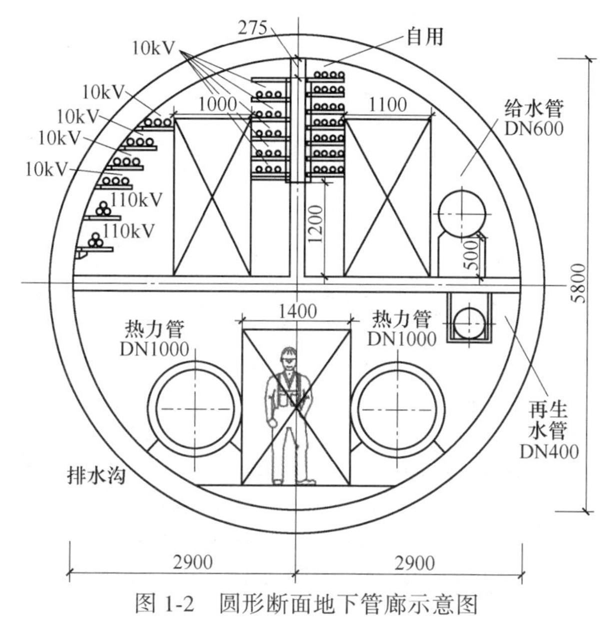

图1-2 圆形断面地下管廊示意图

C 异形断面

异形断面是为避开圆形和矩形断面的缺点，综合其优点而研制开发并适用于地下管廊的新型断面，如图1-3所示。这类断面的特点是顶部都近似于圆弧的拱形，结构受力合理，宽度要求大。这类断面可以通过合理选用断面形状提高断面承载力，因而使用这类异形断面可节省较多材料，可以按照地下空间使用规划调整异形断面的宽和高，合理占用地下空间，可按照进入管廊的管线要求设计成理想的断面形状，优化布置，减小断面尺寸。异形断面接头全部使用橡胶圈柔性接口，能承受1.2MPa以上的抗渗要求。

在地基发生不均匀沉降时，顶进法施工中发生转角或受外荷载（地震等）作用，管道发生位移或转角时，仍能保持良好的闭水性能。抗震功能较强，也可类似圆形断面那样，利用其接口在一定转角范围内具有良好的抗渗性，设计敷设为弧线形管道。这类断面外形均可设计成弧线形，因而顶进法施工中可降低对地层土壤稳定自立性要求，克服了矩形断面的缺点。

(a)

(b)

图 1-3 异形断面地下管廊示意图

(a) 断面(一);(b) 断面(二)

1.2.2.2 按舱室多少分类

根据舱室的数量，可以分为多舱（两个及以上舱室）地下综合管廊和单舱地下综合管廊，如图 1-4 所示。

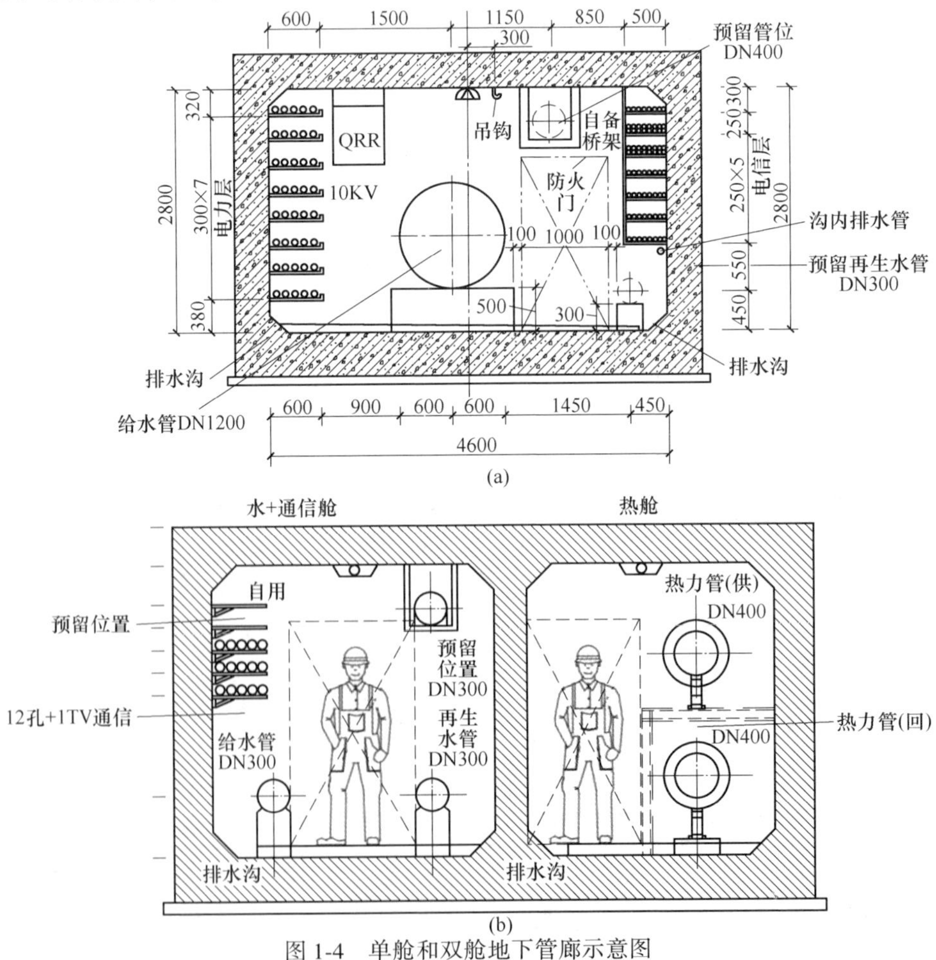

(a)

(b)

图 1-4 单舱和双舱地下管廊示意图

(a) 断面（一）；(b) 断面（二）

1.2.2.3 按使用功能分类

地下管廊根据使用功能、敷设的管线等级及数量可分为干线管廊、支线管廊、缆线管廊和干支线混合型管廊，如表1-2所示。

表1-2 地下管廊分类及特征分析

管廊类型	舱室分类	敷设位置	主要功能	特征分析
干线管廊	独立分舱	机动车道或道路中央下方	连接输送原站与支线管廊	结构断面尺寸大、覆土深、系统稳定、输送量大、安全度高、管理运营较复杂
支线管廊	单舱或双舱	道路左右两侧或人行道下	将各种管线从干线管廊分配、输送至各直接用户	有效断面较小、结构简单、施工方便
缆线管廊	单舱	人行道下	用于容纳电力电缆和通信线缆	埋深较浅、空间断面较小、埋深浅、建设施工费用较少
干支线混合型管廊	混合型舱室	机动车道、人行道或非机动车道下，可结合纳入管道特点选择	连接输送原站，兼容支线管廊输送管线至各用户	断面尺寸较大，输送量大，管理运营较复杂

A 干线管廊

干线管廊是指用于容纳城市主干工程管线，采用独立分舱方式建设的管廊。主要功能为连接输送原站与支线管廊，一般不直接为用户提供服务。容纳的主要为城市主干工程管线，一般设置在机动车道或道路中央下方。结构断面尺寸大、覆土深、系统稳定、输送量大、安全度高、管理运营较复杂，可直接供应至使用稳定的大型用户。

B 支线管廊

支线管廊是指用于容纳城市配给工程管线，采用单舱或双舱建设的管廊。主要功能是将各种管线从干线管廊分配、输送至各直接用户。容纳的主要为城市配给工程管线。多设置在人行道下，一般布置于道路左右两侧。有效断面较小、结构简单、施工方便，设备为常用定型设备，一般不直接服务于大型用户。

C 缆线管廊

缆线管廊是指采用浅埋沟道方式建设，设有可开启盖板但其内部空间不能满足人员正常通行要求，用于容纳电力电缆和通信线缆的管廊。多设置在人行道下，且埋深较浅，一般为1.5m左右。空间断面较小、埋深浅、建设施工费用较少，一般不设置通风、监控等设备，维护管理较简单。

D 干支线混合型管廊

干支线混合管廊在干线管廊和支线管廊的优缺点的基础上各有取舍，一般适用于道路较宽的城市道路。

1.2.2.4 按施工工艺分类

根据地下管廊施工工艺的不同，可将其划分成明挖式和暗挖式。其中明挖式包括明挖现浇法和明挖预制拼装法，暗挖式包括浅埋暗挖法、盾构法、顶管法，盾构法施工速度较快，在实际运用中较多。随着地下管廊建设的推广，施工工法也会趋于多样化，地下管廊与其他地下设施的相互影响也会加大，对其施工的控制将会逐渐提高。

A 现浇工艺

地下管廊采用在现场整体浇筑混凝土工艺进行建造，如图 1-5 所示。从国内已建的地下管廊工程来看，多以明挖现浇法为主，因为该施工工法，成本较低。在新城区建设初期采取此工法障碍较小，具有明显的技术经济优势。

(a)

(b)

图 1-5 现浇地下管廊示意图

（a）断面(一)；（b）断面(二)

B 预制拼装工艺

地下管廊在工厂内分节段分构件浇筑成型，在现场采用拼装工艺施工成为整体；分为整节段预制拼装和拆分构件预制拼装两种形式。预制拼装法具备操作简单、完成速度较快、节省造价的优点，但其在中心线和标高有偏差的地方，不容易处理，且要求有较大规模的预制厂和大吨位的运输及起吊设备，同时施工技术要求较高，工程造价相对较高，如图 1-6 所示。

C 混合预制工艺

结合预制工艺和现浇工艺的优点，采用夹芯板、叠合板等空腔预制构件形式对综合管廊进行合理拆分，利用空腔预制构件外壁光洁、质量好的优点将其作为现浇模板，通过在构件空腔灌注混凝土将管廊围合成整体进行而提高管廊的防水性能。预制地下管廊的施工特征分析见表 1-3。

(a)

(b)

图 1-6 预制拼装法地下管廊示意图
(a) 断面(一);(b) 断面(二)

表 1-3 预制地下管廊施工特征分析

预制方式	优 点	缺 点	适用条件
整节段预制	(1) 单管节内无连接处理,整体性好,节内无防水薄弱环节; (2) 安装快,现场湿作业少,降水期短; (3) 护坡材料周转快	(1) 对吊装设备有较高要求; (2) 易受运输条件限制,不便于远距离运输	适用于运输条件好,吊装设备租金低廉,管廊体量适中,舱室数量较少,且可采用明挖法施工的项目,建议两舱及以下可采用,可用于椭圆形、马蹄形等异型舱
拆分构件预制	(1) 预制构件拆分灵活,便于组装; (2) 构建便于质量控制; (3) 拆分构件轻便灵活,便于运输、装配	(1) 节点连接件较多,质量要求高; (2) 拼缝防水材料性能及使用寿命要求高	适用于管廊体量较大,无法满足运输,且可以采用明挖法施工的项目
混合预制	(1) 兼有现浇与预制的优点; (2) 节省模板,支撑体系简单; (3) 工厂化生产质量有保障	(1) 配筋量有所增加; (2) 生产工艺要求高	适用于管廊体量较大,无法满足运输,且可以采用明挖法施工的项目

D 盾构工艺

利用暗挖施工的盾构技术,通过盾构机械在地中推进,进行土体开挖,同时拼装预制混凝土管片,形成隧道结构后利用预制内隔板进行舱室划分。

1.2.3 地下管廊结构特性

地下管廊属于特种结构,其结构主要包括管廊本体结构及管线结构。结构体系可分为纯板壳结构、无梁楼盖结构、梁板柱结构等。管廊本体结构是保证管线能够通行的空间结构，而管线结构能够承载不同管线，是管廊中的核心环节和关键部分，早期主要以电力、电信、供排水等管线为主。随着地下管廊的发展，管廊本体涌现出多种结构形式，主要包括现浇混凝土管廊、预制混凝土管廊、聚乙烯结构壁管廊及金属波纹涵管管廊四种结构类型，在实际施工过程中应因地制宜地选择合适的结构形式。

1.2.3.1 现浇混凝土结构管廊

现浇混凝土管廊是目前应用较为广泛的结构形式，该结构形式具有施工方便的特点，能够适应不同的地况地貌，结构整体性好，特别是像进风口、投料口、接线口等部位的浇筑，设置不同的防火分区也很方便。防水也易于控制，在坑底设置集水井，方便廊体内的积水清除。管廊廊体界面灵活多变，适合于管廊支线众多的工程。目前国内已建的地下管廊项目大多采用此种结构形式。

1.2.3.2 预制混凝土结构管廊

预制混凝土管廊具有施工成本低，安装迅速的特点，但其节点部位的控制及防水控制较为困难。装配式管廊在施工中产生的噪音较小，且产生的扬尘也较少，适合人员密集的场所施工。预制装配式管廊可以实现管廊廊体生产制作的标准化、工业化、规模化，并有效缩短施工工期，适合于在市区繁华路段的施工。

1.2.3.3 聚乙烯（PE）结构壁管廊

PE壁管最先在制造技术预加工工艺发达的德国发展。结构侧壁不是采用传统的钢筋混凝土结构而是采用PE管，所能容纳的管线包括电力电缆、通信电缆、给水、燃气和污水管。PE管道本身就具有良好的防水性，在吊装过程中PE管的质量也较轻。在安全措施和产品性能达到一定水平时是可以推广使用的。

1.2.3.4 金属波纹涵管管廊

金属波纹涵管管廊最先在德国得到应用和发展。德国慕尼黑金属波纹涵管管廊总长度约为3100m，主体采用直径2.77m的金属波纹涵管，入廊管线包括电力电缆、通信电缆、给水、热力和污水管。金属波纹涵管具有耐腐蚀、质量可靠、防水性能好、寿命长、成本低的特点。

1.2.4 地下管廊安全特性

地下管廊建设是一个复杂的系统工程，其施工建设往往面临施工周期长、深基坑开挖、施工环境复杂、作业场地受限、地质多变、多技术交叉、穿越既有建（构）筑物等复杂的不确定条件与环境，这些不确定因素都将给地下管廊安全施工带来风险，从而造成人员伤亡、基坑坍塌、机械伤害等安全事故发生。具体来看，地下管廊具有如下典型安全特征：

（1）复杂性。在老旧城区更新与改造时，地下管廊建设往往需要穿越重要河道、重大市政及轨道交通等设施，使得与其他工程建设的相互作用更为复杂。

（2）变形控制要求高。地下管廊属于狭长形结构，且通常埋深相对较浅，其刚度对基础和地基土的内力和变形影响较大，地下管廊内部管线对地基沉降也有较为严格的要求。

（3）动态性。地下管廊的建设和运营往往是一个持续的过程，它随时间的变化而不断变化，同时又受多因素的叠加影响。

（4）特殊性。相较于其他地下工程，地下管廊的施工难度并不完全简单。如在基坑开挖时，对土量控制的要求更大；在盾构施工时，盾构隧道的截面面积更小，长度也更短。

（5）施工质量控制要求高。为保证地下管廊运行过程中的安全，施工质量需要特别关注，尤其是土体压实质量、管线开孔位置、防水卷材接口等。如果发生关键部位的质量不良，即使不会在建设期产生影响，也会造成运营期的安全隐患。

我国地下管廊的建设规模和数量都在快速增长，其与地下交通设施、城市防灾设施、地下公共空间和其他地下设施共同承载了地下工程的使用功能。城市地下工程具有投资大、周期长、技术复杂、不可预见风险因素多和对社会影响大等特点。具体来看，在地下工程施工影响下，地层的破坏表现出多种形式，且破坏模式是多种因素综合作用的结果。一般认为，施工开挖土体会造成场地地层的初始应力状态破坏，地下开挖使地层出现了新临空面，临空面地层应力的释放，破坏了地层的初始应力平衡，各种作用力的影响下将会发生位移和变形。因此，地下管廊施工会对地层形成卸荷，同时对周边既有建（构）筑物产生一定的影响。

地下管廊建成之后，其结构安全非常重要，变形始终是工程项目关注的核心问题之一，而结构自身的变形是最直观的表现形式。若地下管廊结构有较大刚度，基础以下土体受到荷载时，其结构自身能够整体下沉。均匀下沉对结构的影响相对较小，而一旦地下管廊结构发生不均匀沉降时，其结构安全将会受到严重影响。

根据国内外地铁建设事故统计，地表沉降塌陷是所有事故中发生概率最大、损失最严重的事故，沉降事故能造成建筑物、道路、铁路、桥梁、涵洞和管线等结构的破坏。在地铁工程技术发达的英国，每年由于施工沉降引起的损坏保险申请额高达4亿英镑（约合人民币60亿元），且逐年增加。深圳市地铁隧道施工导致沉降发生频繁，其中多处沉降量高达500mm。长江盾构隧道工程自2001年9月开工以来，施工过程中多次发生渗水及地面沉降超标等事故，导致盾构掘进缓慢、工程进度延迟，截至2001年10月底，实际进度比计划进度滞后130天。在地铁工程建设中，沉降塌陷、周边建筑物破坏等事故的发生多以地表沉降为风险显现点和判断工程风险程度的重要条件。实践表明，无论盾构施工技术多先进，因施工引起的沉降都不能完全消除，区别只在于沉降程度的不同。

1.2.5 地下管廊建设特征

地下管廊作为城市地下管线的综合载体，可以改变目前城市存在的地下管线杂乱无章、纵横交错、维修频繁的现状，也可实现动态监控，利用廊道内的监控系统，实时了解地下综合管廊内的环境，以及时发现问题，降低事故发生率。同时，因建设综合管廊引发的一系列难题不容忽略，因此，准确分析地下管廊建设的利与弊、优与缺，是大力推进建设、高效解决问题的重要前提。

1.2.5.1 前期资金投入大，投资回收期长

地下管廊造价高昂，平均单位成本可达2700万元/千米以上。现阶段，地下管廊前期投资多依赖于政府部门，巨大的财政投入，使得政府单位面临巨大的财务压力，不利于地下管廊项目的实施；并且，地下管廊的投资回收期一般在20~30年左右。巨大的前期投入和漫长的投资回收期，使得社会资本方的参与意愿低。在项目开展前，多会签订特许经营协议，以保障投资者利益，吸引更多的社会资本方参与项目投资。

1.2.5.2 准公共物品属性

准公共物品具有非竞争性和排他性两种特性，一个消费者对某物品产生消费，则会引起其他消费者对该物品消费的减少，因此消费该物品需要按价付款。

地下管廊是一种重要的城市基础设施，能产生良好的社会效益，属于公共物品。当廊道内部的管线数量未超过其可容纳数量时，管线数量的增多不会影响原有管线的效用水平，则地下综合管廊具有非竞争性；当管线数量超过其可容纳范围时，综合考虑地下管廊投资金额和项目规模很大的特点，不会进行项目改建，而会禁止其他管线入廊，因此，地下管廊具有排他性。综上所述，地下管廊具有准公共物品属性。

1.2.5.3 垄断性

地下管廊项目建成后，其位置和使用性能具有不可变性，属固定资产，在使用过程中，必定会产生相应的沉没成本。地下管廊廊道和附属设施具有专用性，并且在某一区域内只能确定一家公司对其进行运营维护，因此，地下管廊具有自然垄断性，这也决定了地下管廊的建设仅能由政府牵头开展且需加强管理工作。

1.2.5.4 与城市规划相结合

地下管廊的建设须结合城市未来发展规划，其规模、尺寸、位置，须综合考虑未来的交通发展、使用需求及地下工程建设情况，避免造成廊体浪费或不足，保证合理建设。

1.2.5.5 集约化、规模化

地下管廊是在地面以下一定范围内开辟一个综合空间，实现对给排水、电

力、通信等市政管线的集约化管理，加强对地下空间的高效利用，且管廊建设已纳入城市地下空间建设规划，对于条件成熟的新城区，将构建成管廊体系，向规模化发展。

1.2.5.6　自然属性

地下管廊作为收容城市市政管线的建筑管道空间，具有最基本的建筑物业属性，即投资者对建成的建筑物具有所有权、使用权、经营权，可以通过转让、租赁等取得收益，并且其资产价值具有可评估性。

1.3　地下管廊建设起源与发展

1.3.1　发展历程

1.3.1.1　国外地下管廊发展历程

地下管廊最早起源于欧洲，距今已有180多年的历史。世界上第一条地下综合管廊起源于法国巴黎，至今已有180多年发展历程。经过百年探索与实践，地下管廊建设的技术水平已经足够成熟，在国外各个城市发展迅速，且成为市政现代化发展的有力象征。通过对国外地下管廊发展的梳理，发现其早在20世纪中叶就已迈入地下管廊的成熟阶段（见表1-4）。

表1-4　国外地下管廊发展历程

阶段	时间	典型案例
起源阶段	19世纪	1833年，巴黎人结合下水道的建筑空间修建了第一条地下管廊，形成历史上最早的地下管廊；1861年，英国在伦敦市区修建地下管廊，管廊采用宽为3.66m，高为2.29m的半圆形断面；1893年，原德国在两侧人行道下方，修建450m的地下管廊
发展阶段	20世纪中期	19世纪60年代末，为配合巴黎市副中心的规划发展，政府规划了一条完整的地下管廊。1964年，前东德开始兴建地下管廊，至1970年完成超过15公里的里程，并开始投入营运。1962年，日本政府规定，企业或个人禁止挖掘道路，并于1963年4月出台《综合管沟实施法》，同年10月4日，颁布了《共同沟实施令》《共同沟实施细则》。1953年，美国在个别城市中心、大学校园内、军事机关或为特别目的而建设地下管廊，而后推广至整个城市
成熟阶段	20世纪中期以后至今	巴黎已建及在建的地下管廊，总长度已达2100多千米，成为修建地下管廊规模最大的国家之一。伦敦已有地下管廊超过22条，且建设费用由政府拨款，所有权归政府所有。至1992年，日本已建造地下管廊310km，且以每年15km的速度增长。建设理念均源自欧洲成熟的经验与技术标准，管廊均采用钢筋混凝土箱形结构

纵观国外地下管廊的发展历程，城市扩张、生态危机、国土资源有限等起因所带来的城市人口密度大、交通状况严峻等问题，是国外修建地下综合管廊的契机。同时，地下化已经成为国外城市基础设施发展的核心主流。目前，国外城市已普遍采用地下综合管廊、地下污水处理场、地下电厂及其他地下工程，其总趋势是将有碍城市景观与城市环境的各种城市基础设施全部地下化。

1.3.1.2 国内地下管廊发展历程

国内第一条地下综合管廊修建于1958年，天安门广场道路下方建设了一条长约1076m长的管沟。随着2015年国务院办公厅下发《关于推进城市综合管廊建设指导意见》，许多城市掀起了新一轮的地下管廊建设热潮，地下管廊的优点逐渐凸显，政策与优势的助推让其建设适逢机遇。在我国台湾，地下管廊也叫“共同管道”。台湾地区近十年来，对地下管廊建设的推动不遗余力，成果丰硕。大陆地区的地下管廊建设虽然起步较晚，但面对改革开放、经济发展带来的一系列契机，也取得一定的建设成果（见表1-5）。

表1-5 国内地下管廊发展历程

阶段	时间	典型案例
概念阶段	1958~1978年	1958年，结合天安门广场地下空间规划，在广场道路下方，修建了约1076m长的地下管廊，这也是我国第一条地下管廊。该地下管廊只容纳了部分市政管线，功能不全，结构相对单一。此后在1977年，修建毛主席纪念堂时，建造了长约500m、相同断面的地下管廊
争议阶段	1979~2000年	1990年，天津为解决新客站行人、管道与穿越多股铁道，而兴建一条隧道，并拨出宽约2.5m的地下管廊，用于收容上下水道电力、电缆等管线，这是我国地下管廊的雏形。1994年，上海浦东新区张杨路人行道下，建造了两条宽5.9m，高2.6m的地下管廊，收容煤气通信、上水、电力等管线，它是我国第一条较具规模，并已投入运营的地下管廊
快速发展阶段	2000~2010年	2006年，上海嘉定安亭新镇，修建了长7.5km的地下管廊。同年，上海世博园内，修建了第一条预制拼装地下管廊。广州大学城地下管廊，是广东省建造的第一条地下管廊，也是第一条拥有较高运营、管理水平的地下管廊。随后在武汉的王家墩、福建的鼓浪屿岛，分别修建了地下管廊。杭州在钱江新城，修建了长达2.16km的地下管廊
赶超创新阶段	2010年至今	2015年，国务院发布《关于推进城市综合管廊建设指导意见》，地下管廊建设热潮初显，其优点逐渐凸显，政策与优势的助推，让其建设适逢机遇。据推测，我国大陆地下管廊建设总里程，在2020年将达到800km，到2030年将遍及全国100多个城市

纵观国内地下管廊的发展历程，城市人口规模激增与城市基础设施相对落后的矛盾，要求城市不断更新改造基础设施，而地下往往是基础设施最好的收容空间。

1.3.2 政策标准

2013年，国务院出台《关于加强城市基础设施建设的意见》（国发［2013］36号），地下管廊的建设逐渐兴起。不同的政策标准制定主体，其适用范围和效力亦不同。本节将从国家和地方两个层面，梳理总结现有政策标准内容。

1.3.2.1 国家政策标准

随着国务院、发改委、住建部及财政部等有关地下管廊政策文件的相继发布，对地下管廊的建设起到了很大的调节和指导作用。结合现有政策，归纳其内容主要涵盖统筹规划、试点工作、融资支持、运营模式四个方面，见图1-7。

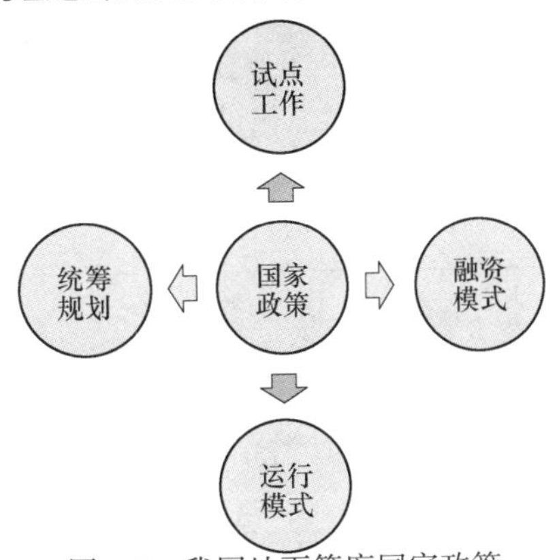

图1-7 我国地下管廊国家政策主要涉及方面

（1）统筹规划方面。国务院、住建部发布纲领性文件，规定地下管廊建设区域、建设规模、入廊要求等。相关政策及内容见表1-6。

表1-6 地下管廊统筹规划相关政策

时间	文件名称	主要内容
2013.9.6	《关于加强城市基础设施建设的意见》	提出在全国36个大中城市，开启地下管廊试点工作。新建道路、城市新区、各类园区地下管网，按照地下管廊模式开发建设
2014.6.14	《关于加强城市地下管线建设管理的指导意见》	提出加强地下管线统筹规划，探索投融资、建设维护、定价收费、运营管理等模式。开展政府、社会资本合作机制（PPP）
2015.8.10	《关于推进城市地下管廊建设的指导意见》	提出编制地下管廊专项规划，划定建设区域，明确实施主体，实行有偿使用，加大政府投入，完善融资支持
2016.2.6	《关于进一步加强城市规划建设管理工作的若干意见》	规定须同步建设地下管廊的区域，并要求区域外不得新建管线，各类管线必须全部入廊
2016.4.14	《关于建立全国城市地下管廊建设信息周报制度的通知》	提出建立进展信息周报制度，并明确报送内容、范围、主体、方式等，加强信息质量管理及报送工作的督查
2016.5.26	《关于推进电力管线纳入城市地下管廊的意见》	提出推进电力管线入廊，遵循工程标准，实行有偿使用，同时要加强入廊运营管理，落实保障措施
2016.8.16	《关于提高城市排水防涝能力推进城市地下管廊建设的通知》	提出将城市排水防涝与地下管廊、海绵城市建设统筹规划、协同规划，因地制宜确定雨水管道入廊敷设方式

续表 1-6

时间	文件名称	主要内容
2017. 5. 17	《关于印发全国城市市政基础设施建设“十三五”规划的通知》	提出结合道路建设与改造、新区建设、旧城更新、河道治理、轨道交通、地下城市开发等，干线、支线地下管廊建设规模超过 8000km

（2）试点工作方面。2015~2018 年，国务院组织开展地下管廊的试点工作。住建部、财政部细化试点工作，明确试点城市遴选、专项资金补助等工作。具体的政策内容见表 1-7。

表 1-7 地下管廊试点工作相关政策

时间	文件名称	主要内容
2014. 12. 26	《关于开展中央财政支持地下管廊试点工作的通知》	提出中央财政给予专项资金补助，补助数额按直辖市、省会城市、其他城市，每年分别为 5 亿、4 亿、3 亿。采用 PPP 模式达到一定比例，将按上述补助基数奖励 10%，试点城市采取竞争性评审确定
2015. 1. 4	《关于组织申报 2015 年地下管廊试点城市的通知》	提出开展申报工作，对申报评审流程、评审内容、实施方案等进行了规定
2016. 4. 22	《关于开展地下管廊试点年度绩效评价工作的通知》	提出开展年度绩效评价工作，明确了评价内容、评价时间、组织方式、评价结果处理等

（3）融资支持方面。财政部、住建部，设立城市管网专项资金，各部委为地下管廊发行专项债券、运用抵押补充贷款资金等。具体的政策内容见表 1-8。

表 1-8 地下管廊融资支持相关政策

时间	文件名称	主要内容
2015. 3. 31	《城市地下管廊建设专项债券发行指引》（发改办财金［2015］755 号）	提出鼓励发行专项债券，募集地下管廊建设的资金，并适当放宽债券部分准入条件，简化债券审核程序。采用“债贷组合”增信方式，由商务银行统筹管理债券和贷款
2015. 6. 1	《城市管网专项资金管理暂行办法》（财建［2015］201 号）	提出专项资金，采用奖励、补助等方式，支持地下管廊试点示范类事项。并对采用 PPP 模式的项目，予以倾斜支持
2016. 3. 24	《城市管网专项资金绩效评价暂行办法》（财建［2016］52 号）	提出制定地下管廊试点绩效评价指标体系、评价标准，依据绩效评价结果进行专项资金奖罚
2016. 11. 1	《关于城市地下管廊建设运营抵押补充贷款资金有关事项的通知》（建办城函［2016］967 号）	提出抵押补充贷款资金的支持范围，并规定 PSL 资金的运用条件、优先支持条件以及申请程序等

（4）运作模式方面。地下管廊实施有偿使用制度，能够有效促进市场化运作模式的实施。因此，为推进地下管廊的建设，应鼓励政府、社会资本合作的运营模式。具体的政策内容见表1-9。

表1-9 地下管廊运作模式相关政策

时间	文件名称	主要内容
2015.11.26	《关于城市综合管廊实行有偿使用制度的指导意见》（发改价格［2015］2754号）	提出有偿使用制度。入廊单位应向管廊建设运营单位支付有偿使用费用，费用标准原则上由两方协商确定，针对不具备协商定价条件的地下管廊，可实行政府定价或政府指导价。有偿使用费用由入廊费、日常维护费构成
2016.10.24	《传统基础设施领域实施政府和社会资本合作项目工作导则》的通知（发改投资［2016］2331号）	规定包含地下管廊在内的重大市政工程领域实行PPP模式的具体流程和要求，包括项目储备、项目论证、社会资本方选择、项目执行等。要求新项目优先采用BOT、BOOT、DBFPT、BOO等方式，存量项目优先采用ROT方式

同时，国家、地方针对地下管廊的建设技术、估算指标、设计体系及监控报警技术进行了相关规定。具体的标准规范及主要内容见表1-10。

表1-10 地下管廊相关标准汇总

时间	标准规范名称	主要内容
2015.5	《城市综合管廊工程技术规范》（GB 50838—2015）	针对地下管廊项目的规划、设计、施工、验收、维护管理等提出明确要求，有利于提高地下管廊建设的安全性、经济性和先进性
2015.6	《城市综合管廊工程投资估算指标》（ZYAI-12（10）—2015）（试行）	依据《城市地下管廊工程技术规范》（GB 50383—2015）编制，自2015年7月1日起施行
2016.1.22	《城市综合管廊国家建筑标准设计体系》（建质函［2016］18号）	规定建筑标准体系包括总体设计、结构设计与施工、专项管线、附属设施四部分内容
2017.12	《城镇综合管廊监控与报警系统工程技术标准》（GB/T 51274—2017）	规定地下管廊监控与报警系统、环境与设备监控系统、安全防范系统、通信系统等的设计要求，并于2018年7月1日开始实施

通过对我国地下管廊相关国家政策标准的调研，可知我国地下管廊国家政策在各方面所占比重，见表1-11。

表 1-11 我国地下管廊国家政策汇总

涉及方面	比例
统筹规划	42.5%
试点工作	11.3%
融资支持	7.5%
运营模式	6.6%

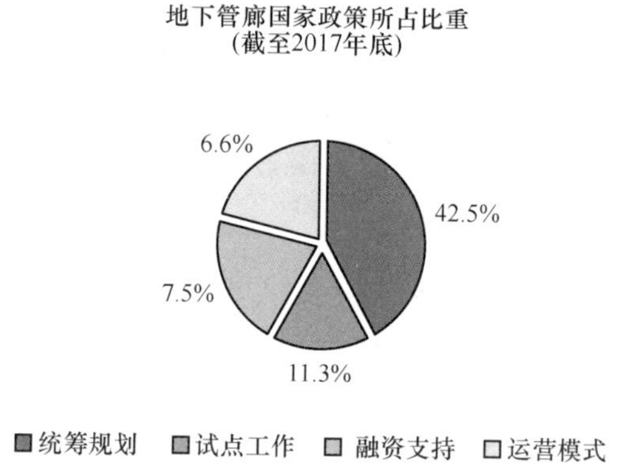

地下管廊国家政策所占比重
(截至2017年底)

6.6%
42.5%
7.5%
11.3%
统筹规划 试点工作 融资支持 运营模式

1.3.2.2 地方性政策标准

为了促进地下管廊的建设，各城市依据法律法规，因地制宜制定了多项地方性政策，以有效规范地下管廊的规划、建设、运营和维护。有关地下管廊地方政策的具体情况，见表 1-12。

此外，部分城市依据《城市综合管廊工程技术规范》（GB 50838—2015），结合城市自然环境、地质情况、经济发展水平等因素，从地下管廊的规划、设计、施工、运行四方面做出详细规定，并编制了地方性技术标准。相关地下管廊建设的地方标准规范，见表 1-13。

表 1-12 地下管廊建设地方政策

时间	城市	政 策 名 称
2007	上海市	《中国 2010 年上海世博会园区管线综合管廊管理办法》
2010	深圳市	《光明新区共同沟管理暂行办法》
2011	厦门市	《厦门市城市综合管廊管理办法》
2014	苏州市	《苏州工业园区市政综合管廊运维管理办法》
2014	敦化市	《敦化市城市综合管廊（暂行）管理办法》
2015	开封市	《开封市城市综合管廊管理办法》
2015	沈阳市	《沈阳市城市综合管廊投资建设管理办法（试行）》
2015	景德镇市	《景德镇市综合管线（管廊）管理办法》
2015	呼和浩特市	《呼和浩特市城市规划区综合管廊管理暂行办法》
2015	深圳市	《深圳市前海深港现代服务业合作区共同沟管理暂行办法》
2015	昆明市	《昆明市城市综合管廊投资建设管理暂行办法》
2015	珠海市	《珠海经济特区综合管廊管理条例》
2015	上海市	《上海市政府办公厅印发关于推进本市综合管廊建设若干意见的通知》
2016	临沂市	《临沂市综合管廊建设管理办法》

续表 1-12

时间	城市	政策名称
2016	合肥市	《合肥市城市综合管廊建设管理办法》 《合肥城市综合管廊运行管理办法》 《关于城市综合管廊入廊费和维护费收费标准（暂定）的通知》
2016	西宁市	《西宁市综合管廊管理办法（征求意见稿）》
2017	西安市	《西安市城市综合管廊管理办法》
2017	南宁市	《南宁市城市综合管廊有偿使用费收费标准》
2017	深圳市	《深圳市综合管廊管理办法（试行）》
2018	连云港市	《市政府关于印发连云港市综合管廊暂行管理办法的通知》
2018	沈阳市	《沈阳市综合管廊管理暂行办法》

表 1-13 地下管廊建设地方标准规范汇总

时间	城市	标准/规范名称	编 号
2007	上海市	《世博园区综合管廊建设标准》	DGTJ 08—2017—2007
2010	重庆市	《城市地下管线综合管廊建设技术规程》	DBJ/T 50—105—2010
2011	河北省	《河北省城市综合管廊建设技术导则》	—
2011	福建省	《福建省城市综合管廊建设指南（试行）》	—
2013	内蒙古自治区	《内蒙古自治区城市综合管廊建设技术导则》	—
2014	保山市	《保山市综合管廊规划建设技术导则》	—
2014	沈阳市	《城市综合管廊工程建设技术管理规范》	DB 2101/TJ 15—2014
2015	河北省	《城市综合管廊建设技术规程》	DB13（J）/T 183—2015
2015	上海市	《城市综合管廊维护技术规程》	DG/TJ 08—2168—2015
2015	上海市	《综合管廊工程技术规范》	DGTJ 08—2017—2014
2015	江西省	《江西省城市综合管廊建设指南》	—
2015	广西壮族自治区	《广西市政综合管廊设计与施工技术指南》（征求意见稿）	—
2015	吉林省	《吉林省城市综合管廊建设技术导则（试行）》	—
2016	陕西省	《陕西省城镇综合管廊设计标准》	DBJ61/T 125—2016
2017	北京市	《城市综合管廊工程设计规范》	DB11/1505—2017
2017	深圳市	《深圳市综合管廊工程技术规程》	SJG 32—2017
2018	浙江省	《城市综合管廊工程设计规范》	DB33/T 1148—2018
2018	山东省	《城市综合管廊工程设计规范》	DB37/T 5109—2018

由表 1-12~表 1-13 可见，各省、直辖市及地级市在落实地下管廊建设时，对地下管廊的发展做到了全面深化，就规划编制、布局（系统布局、附属设施布局）、设计（主体工程设计、结构设计、附属设施工程设计、管道（线）设计）、

施工（方法及技术措施）、管理（质量安全管理、施工管理、维护管理、运行管理）等内容做出了详细的规定（见图 1-8），进一步保障地下管廊建设的安全和工程质量。

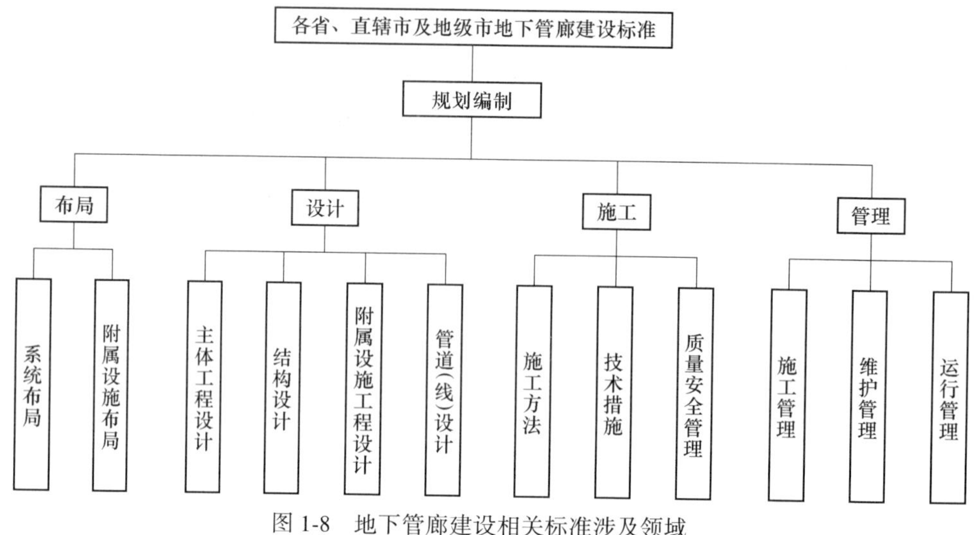

图 1-8 地下管廊建设相关标准涉及领域

1.3.3 建设规模

根据财政部、住房城乡建设部《关于开展中央财政支持综合管廊试点工作的通知》（财建［2014］839 号）及《关于组织申报 2015 年综合管廊试点城市的通知》（财办建［2015］1 号）的内容，地下管廊第一批及第二批试点城市发展迅速。采用文献研究与调研访谈的方式对 25 个试点城市进行调研，调研城市分布见表 1-14。

表 1-14 地下管廊试点城市分布

地区分布	地区	城市
调研地区 → 华北地区、东北地区、华南地区、华东地区、华中地区、西南地区、西北地区	东北	哈尔滨/四平/沈阳
	华东	苏州/杭州/合肥/厦门/平潭综合试验区/景德镇/威海/青岛
	华北	石家庄/包头
	华中	郑州/十堰/长沙
	华南	广州/南宁/海口
	西南	成都/六盘水/保山
	西北	白银/海东/银川

通过调研分析，目前各试点城市地下管廊规划里程存在明显差异，成都、广州、南宁、银川、厦门规划里程居于前列，这与城市发展规划及地下管廊建设标准的提出有着密切的关系。具体的规划里程见图 1-9。

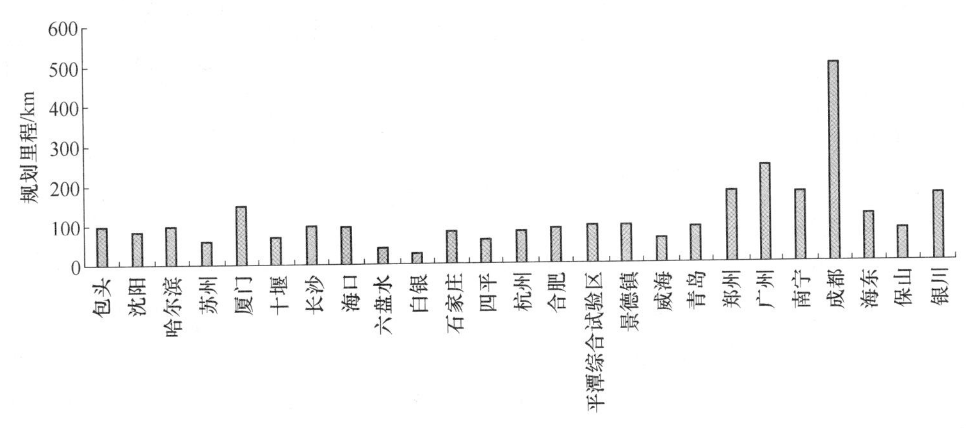

图 1-9 截至 2020 年底地下管廊试点城市规划里程

1.3.4 建设意义

建设地下管廊的初衷是消除公用设施的削减以及由此造成的交通堵塞，改善环境的可持续性和社区的外观。国外大多数地下管廊起初位于交通拥堵严重、公用设施密集、公用设施削减和交通干扰费用较大的城市中心，或集中在大学校园、医院、建筑综合体、机场、核电站和工业设施等领域。据估计，地下管廊占用的地下空间与直接埋设的比率约为 1/4，每公里可节省 75 亩（约 50000m^2）用地。在集约土地空间资源、优化市政管线管理机制、兼做运输通道等方面都有巨大的潜力。

随着社会经济的发展，可供城市利用的地上空间越来越少，地下空间的充分利用就成为城市建设的重要方向。从发达国家成功经验来看，要想彻底解决城市地下管线问题，最科学的办法是修建城市地下管廊。地下管廊是市政管线集约化建设的趋势，是基础设施建设现代化的重要标志之一，也是城市基础设施现代化建设的方向。集综合性、便捷性、高效性、安全性优势为一体的资源运输系统，是城市化发展的必然选择。

据统计，我国每年因施工引发管线事故所造成的直接经济损失高达 50 亿元，间接经济损失超过 500 亿元。原有的城市道路空间已经阻碍了城市的发展，维系城市正常运转的城市管网所承担的压力不断增加，在扩能、改造和维修时，常常给人们带来诸多不便。基坑反复开挖不仅是造成交通延误和拥堵的主要原因，且影响城市街区结构，需要额外的路面养护。传统的市政管线直埋方式，不仅在维修时对其正确位置及高程较难把握，在路面反复开挖的过程中，势必造成交通中断、维修时间延误等缺点，且对城市地下空间资源本身也是一种浪费；而且管道长期受到土壤、地下水、道路结构层酸碱物质的腐蚀，一般使用寿命仅在 20 年左右。

据估算，修建地下管廊会使入廊供水管道漏损率每年约下降 15%，供水漏损量每年约减少 51.98 万吨，高压架空线故障每年至少减少 13 起，各类管线事故每年约减少超过 180 起。沿城市道路下构筑地下管廊，采取综合敷设管线的方式，具备如下优势：第一，改变了此前各类管线随意占用市政道路地下空间的局面，在节省土地的同时提高了地下空间的利用效率；第二，便于各种专业管线的监管、维修及保养，减少因配套管线损坏而造成的间接经济损失；第三，管线在进行补充、更新、扩容时，可以减少路面重复开挖的次数，延长道路使用年限，确保交通顺畅，减少对道路园林绿化的破坏，保护环境，节约多方面的养护、修缮费用；第四，管线设计使用年限为 100 年，能够节省管材更新的费用，同时减少管线漏损情况的发生；第五，能够减少灾害对城市的破坏。地震灾害统计资料显示，地震对地下管廊的损害较小，在一定程度上能够减少对水、电、通信等重要生命管线的破坏，提高城市的安全度。此外，国外也有将地下管廊作为防空洞的实例。因此，地下管廊作为城市地下综合设施动脉工程，对于城市建设具有长远的战略意义。

1.4　地下管廊安全问题

1.4.1　地下工程安全

类似事故统计及研究对了解地下管廊施工安全问题、认识地下工程施工安全事故发展趋势及探索科学的研究方向具有重要意义。通过相关研究文献筛查，明确了坍塌、高处坠落、物体打击、机械伤害和涌水涌砂仍是地下工程施工中最常见的事故类型，如图 1-10 所示。其中，坍塌事故占比为 40.6%，发生安全事故的概率远高于其他事故类型。一旦发生事故，就可能引起结构

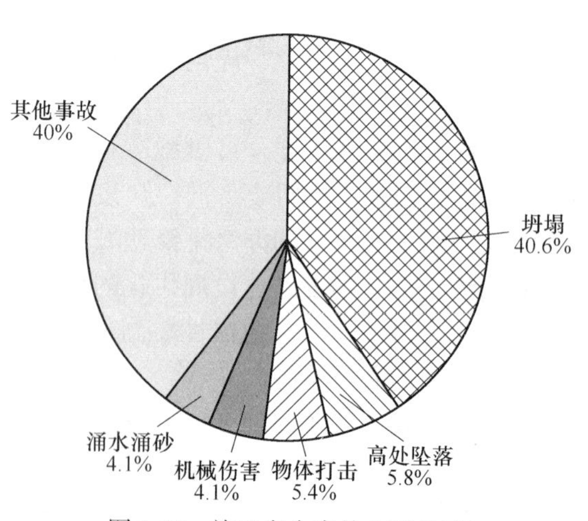

图 1-10　施工安全事故主要类型

破坏、周围建筑物倒塌或开裂、地面塌陷、毁坏管道等严重后果，造成人身伤害和经济损失。另外，高处坠落、物体打击和机械伤害均是由人的不安全行为和物

的不安全状态所引发的安全事故，必须从安全管理的角度予以重视。除此之外，涌水涌沙、地下管线破坏及火灾等事故一旦发生，易引发一系列不可控的安全事故，造成较为严重的人员伤亡和经济损失。

根据国内外地铁建设事故统计，地表沉降塌陷是所有事故中发生概率最大、损失最严重的事故，沉降事故能造成建筑物、道路、铁路、桥梁、涵洞和管线等结构的破坏。在地铁工程技术发达的英国，每年由于施工沉降引起的损坏保险申请额高达4亿英镑（约合人民币60亿元），且逐年增加。深圳市地铁隧道施工导致沉降发生频繁，其中多处沉降量高达500mm。上海地铁一号线建成投入运营后，在长期的监测中发现，整个隧道沿线出现多处沉降以及由于沉降或不均匀沉降所引起的邻近结构损坏。而作为“咽喉”工程之一的长江盾构隧道工程，施工过程中多次发生渗水及地面沉降超标等事故，导致盾构掘进缓慢、工程进度延迟，实际进度比计划进度滞后130天。在地铁工程建设中，沉降塌陷、周边建筑物破坏等事故的发生多以地表沉降为风险显现点和判断工程风险程度的重要条件。实践表明，无论盾构施工技术多先进，因施工引起的沉降都不能完全消除，区别只在于沉降程度的不同。

1.4.2 新建管廊安全

据不完全统计，2016~2018年，我国已建和在建地下管廊施工共发生一般事故9起，较大事故2起，死亡17人。2017年10月12日，福建平潭地下管廊发生坍塌事故，造成3人死亡。导致事故发生的原因是管廊外侧底面有坑洞，当用砂石填补时发生了坍塌，人员被砂石填埋。2017年12月2日，山东青岛地下管廊发生坠落事故，造成1人死亡。导致事故发生的原因是施工停止期间，人员擅自进入施工现场调整管廊预制筋。2018年4月6日，河北石家庄地下管廊发生机械伤害事故，造成1人死亡。导致事故发生的原因是人员违规进入危险作业区域。2018年5月12日，河北石家庄地下管廊发生坍塌事故，造成1人死亡。导致事故发生的原因是在盾构施工渣土吊运过程中，挡土墙与溜钩下滑的龙门吊土箱发生碰撞而影响了自身的稳定性，并在雨水浸泡集土坑堆土增多的多种因素作用下，导致距离地面7m深处临时挡土墙不足以承载集土坑内渣土的侧向荷载，失稳倒塌。

我国目前已有超过五十个城市规划建造地下管廊。随着地下管廊建设集群效应的凸显，越来越多的地下管廊建设势必面临穿越既有结构的安全风险隐患，大规模成体系多交叉的施工特征导致其对地下空间的影响将不断形成。如2017年修建的苏州城北路地下管廊大断面矩形顶管工程，共三次穿越既有地铁线，其矩形顶管断面尺寸为9. 1m×5. 5m，顶进总长度73. 8m，为世界首条穿越地铁最大断面矩形顶管工程。2019年修建的杭州备塘路地下管廊上穿杭州1号线和4号线，基坑底部与地铁隧道最小距离仅 6.75m，为减少对地铁隧道的影响，最终采取“分块分幅开挖”施工工艺。地下管廊一般紧靠公路、地铁等，当汽车、地铁等通过地下管廊附近时，会对地下管廊的结构产生荷载振动扰动，且管廊内有电缆、水管等，其产生的温度和管廊外界温度形成温差，温差过大则会造成结构缝变形增加，且管廊埋深一般在 5～10m，埋深较浅，雨季时地表水积聚，对管廊的水压较大，造成管廊渗漏水，影响管廊的安全运营和使用寿命。

地下管廊发生沉降变形的原因主要包括：第一，地下管廊是长条状构造物，每节廊体所在的地基承载力不尽相同，这就造成了廊体会存在不均匀沉降，当廊体底板、墙身、顶板、机电设备、管道、回填土等逐步形成或安装完毕后，不均匀沉降的问题更为明显。第二，基坑未回填之前，连续的雨水天气会造成基坑泡水，如果积水抽排不及时，也会造成地基泡软，导致不均匀沉降。第三，廊体的不均匀沉降会导致沉降缝处的缝宽变大，已施工完成的防水卷材、外贴止水带、中埋式止水带会受到拉力，存在损坏、拉裂等情况，同时填缝胶因固化后失去继续填充满缝隙的能力，防水功能失效。

1.4.3 既有管廊结构破坏形式

地下管廊的破坏可分为主体结构破坏和连接破坏两个方面。管廊破坏的主要原因是承载能力不足及场地情况造成的应力突增。其中，承载力不足是由于综合管廊主体结构未配筋或配筋不足导致的管廊壁板跨中及角点破坏；应力突变是由于场地地质条件所造成的不均匀沉降而引起的结构荷载重分布，导致管廊节间连接变形缝拉裂破坏，及管廊底板拉应力破坏。同时，水平位移差异也会造成管廊连接施工缝的错动，及管廊水平位移差异较大处侧板的受拉破坏，如图 1-11 所示。

(a)

(b)

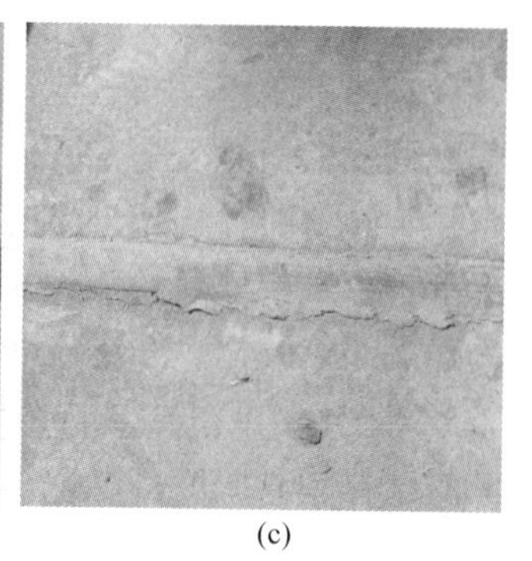
(c)

图 1-11 既有管廊结构变形图示
(a) 变形（一）；(b) 变形（二）；(c) 变形（三）

既有管廊结构损伤的类型见表 1-15，具体可分为主体结构损伤和连接损伤两个方面。其中，主体结构损伤按照损伤范围可分为局部型损伤和整体型损伤。局部损伤的演化可造成结构性能下降，引发整体结构失效，所以局部部位是结构安全性分析的重点关注部位；且在结构损伤的初期，即使最不利的局部出现损伤，但整体结构尚处于弹性。连接破坏主要指变形缝的破坏。

表 1-15 地下管廊结构损伤类型分析

<table>
<tr><th>序号</th><th>损伤部位</th><th>损伤范围</th><th>损伤类型</th><th>损伤表现</th></tr>
<tr><td rowspan="3">1</td><td rowspan="3">主体结构</td><td>局部型损伤</td><td>受拉型损伤</td><td rowspan="3">（1）破损（裂缝、亚溃）、剥落、剥离；
（2）材料劣化（起毛、疏松、蜂窝麻面、起鼓）；
（3）渗漏水（挂冰、冰柱）、钢筋锈蚀</td></tr>
<tr><td rowspan="2">整体型损伤（拱形塌落、通天型塌落、上覆围岩整体沉降等）</td><td>剪切型损伤</td></tr>
<tr><td>拉剪复合型损伤</td></tr>
<tr><td>2</td><td>变形缝</td><td>—</td><td>拉裂型损伤</td><td>填塞物脱落（预制）、亚溃、错台、渗漏水</td></tr>
</table>

2 地下管廊结构沉降变形安全控制内涵

2.1 地下管廊施工方法与特征

2.1.1 明挖法地下管廊

2.1.1.1 施工方法

明挖法根据地下管廊结构形式的不同分为明挖现浇法和明挖预制拼装法。明挖法受周围环境的影响较大，对周围居民生活的影响也较大，但由于现阶段我国的管廊建设大多发生在新建城区，且采用明挖法成本较低，效益较好，因此明挖现浇法是目前普遍采用的施工方式。

明挖现浇法是指在支护体系支挡的前提下，对地表直接开挖形成地下基坑并且在所挖基坑内部施工完成内部其他结构的一种施工方法。明挖现浇法地下管廊施工原理即从地面开始挖土方至设计标高，然后自基坑底部施工，自下而上完成管廊的主体结构施工。运用该法建造的地下管廊采用在现场整体浇筑混凝土的工艺。

明挖预制拼装法是一种以较大规模的预制厂和大吨位的运输及起吊设备为依托的施工方法。运用该法建造的地下管廊在工厂内分节段分构件浇筑成型，在现场采用拼装工艺施工成为整体，分为整节段预制拼装和拆分构件预制拼装两种形式。

2.1.1.2 施工特征

根据现状调研情况来看，目前我国地下管廊建设以明挖法最多。明挖法地下管廊施工具有如下典型特征：

（1）复杂性。地下管廊施工往往需要穿越重要河道、重大市政及轨道交通等设施，与其他工程建设的相互作用更为复杂。老城区地下管网错综复杂，沿线各类管线可能存在未探明以及不知具体位置的管线，且大部分管网由于年代久远，老化渗漏现象较为严重，大大增加了土方开挖及桩基施工的难度。

（2）工作面大。考虑到流水作业效率因素，工作面通常较大，因此受自然灾害影响范围更大。当施工中的结构还未实现结构功能时，对于自然灾害的抵抗力较弱，容易发生损失。

（3）土方开挖量大。由于地下管廊的狭长伏线特性，其在老城区进行作业时，为了避免对交通的长期影响，同时期分工段作业则会出现土方开挖量较大的特征，且相对应的开挖机械及工作人员配备较多，无形中增加了施工组织管理的难度。若已经开挖的基坑受施工进度的影响长期不作业，一直处于搁置状态，管廊基底沉降的风险将会增大。

(4) 采用预制拼装法的局限性。由于地下管廊断面尺寸较大，且单位长度自重较重，采用预制拼装法施工，将受运输车辆、吊装设备、安全、交通等因素的制约。若管廊结构存在异型结构或为多舱，则无法采用预制方式。

(5) 防水要求较高。当地下管廊施工处地下水位较高时，其结构会长期承受地下水及地表水的作用，防水效果将直接影响后期使用与维护。当采用预制拼装法施工时，必然产生多处拼装接缝，这些接缝将成为结构防水与防渗的薄弱部位。若构造措施采取不当，在外力、温度、地基变形等因素的作用下，会产生渗漏，影响后期安全使用。

(6) 管理协调难度大。管廊设计前期需要将大量埋地管线进行迁移，同时需要沟通协调的部门众多，因此，各个部门的管理协调难度较大。

(7) 施工质量控制要求高。为保证地下管廊运行过程中的安全，施工质量需要特别关注，尤其是土体压实质量、管线开孔位置、防水卷材接口等。如果发生关键部位的质量不良，即使不会在建设期产生影响，也会造成运营期的安全隐患。

(8) 受周边建设影响大。当前，管廊建设于新区的情况众多，其建设完成后，随着后期地铁或邻近建筑物的深大基坑工程施工，必须采取相应的安全措施保障管廊不受新建工程的干扰。一旦是在管线全部入廊之后进行新建施工，则对管廊结构自身的沉降提出了更高的要求。这是因为电缆等管线对沉降比较敏感，且对沉降的要求较高。此时，管廊结构及其管线的安全隐患增大。

(9) 受架空电线影响作业安全隐患大。我国管廊多建于新区，采用明挖法施工的项目较多，在施工过程中，架空电线，尤其是特高压电线，对于施工作业的工作人员的噪音及心理都会形成干扰；同时，由于架空电线的影响，高距离塔吊无法作业，如遇到下穿道路等现状，则需要分段施工，加大了施工难度且影响作业工期。

2.1.2 盾构法地下管廊

2.1.2.1 施工方法

盾构法施工基本原理即应用钢制组件，沿隧道轴向上开挖土体而向前推进。该工法是在尽可能不扰动围岩的前提下进行施工的一种方式，能够最大限度减少对既有结构的影响。盾构法施工包含竖井（综合井）建造，盾构始发及接收，盾构掘进，盾构隧道贯通后的联络通道、风道、泵房等辅助设施施工四个阶段。

地下管廊采用盾构法施工时，应具备以下条件：(1) 在线位上，可以修建工作井，便于进料、出渣和设备进出。地下管廊埋深足够，覆土深度大于管廊隧道直径。(2) 当地质条件均匀，为单洞施工时，间距不能太小。洞和洞、洞和建筑物间的岩土加固厚度，满足水平方向大于 1m，竖直方向大于 1.5m。

盾构法施工的开挖过程为：(1) 建造盾构始发综合井和接收综合井；(2) 将盾构主机、配件分批吊入始发综合井中，将盾构设备统装成整机并调试性能；(3) 盾构从综合井预留洞门处始发，沿隧道设计轴线掘进。盾构掘进时，利用旋转倔削刀盘切削土体；(4) 盾构掘进接收预定终点的综合井时，盾构进入该综合井，掘进过程结束。随后解体盾构，吊出地面。

2.1.2.2 施工特征

从施工特征来看，盾构法施工存在相对较大的安全风险，与地质水文、环境、施工技术等风险因素的关联较大，其施工过程的动态控制对于地下管廊自身及既有结构的安全性尤其重要。地下管廊盾构施工与地铁盾构施工相类似，但也存在其特有的施工特征。盾构法地下管廊施工具有如下典型特征：

(1) 埋深较浅、施工长度较短。通常，地下管廊埋深一般在 4~9m，对地面可能产生较大影响，需结合地层条件、周边环境等因素进行盾构选型。通常，地铁隧道总长度在 10km 以上，而地下管廊隧道的总长度小于 10km，大多数在 1~2km。

(2) 截面面积较小。地铁隧道为满足交通流量、列车大小及其他辅助设施的要求，截面半径一般在 5m 以上，而地下管廊隧道的截面半径大多数小于 5m。小直径盾构隧道施工早在 1869 年已应用于泰晤士河底隧道，线路长 402m，外径 2.18m；而后在我国地下隧道工程中得以应用。盾构工法与其他工法相比，地基的位移相对较少，可以极力减少对既有建（构）筑物的影响，但是，盾构施工技术的先进性，仍然无法完全消除施工而引起的沉降。

(3) 刀盘扭矩、推力及转弯半径较小。根据《地铁设计规范》(GB 50157—2003) 的规定，在通常情况下，地铁隧道正线平面曲线半径不小于 300m 且不大于 3000m，当相邻坡度差≥2‰设置线，竖曲线半径通常采用 3000m 和 5000m，而地下管廊隧道多敷设于道路下方，盾构机施工转弯半径至少为 100 m。如苏通盾构过江地下管廊工程，其线路最小曲线半径为 200m，最小竖曲线半径为 2000m。因此，地下管廊施工对于降低地层扰动，减小对周边环境的影响相较地铁隧道更具优势。

(4) 盾构分体始发。盾构始发对始发竖井要求较高。当地下管廊建设于繁华市区时，由于竖井设计长度限制，可能无法实现盾构整体始发。如沈阳市南运河段地下管廊，盾构始发竖井纵向长度约为 50m，采用 ϕ6280 型土压平衡式盾构机，盾构机总长约 80m，始发竖井不能满足盾构整体始发要求，故采用分体始发方式。

2.1.3 浅埋暗挖法地下管廊

浅埋暗挖法沿用了新奥法的基本原理，其尽可能依靠围岩自身的承载力对已经挖掘好的隧道进行一定的支撑工作，弥补围岩自身稳固性不足的缺点。采用复合衬砌，初期支护承担全部基本荷载，二衬作为安全储备，初支、二衬共同承担特殊荷载；采用多种辅助工法，超前支护，改善加固围岩，调动部分围岩自承能力；采用不同开挖方法及时支护封闭成环，使其与围岩共同作用形成联合支护体系；采用信息化设计与施工。浅埋暗挖法的施工方法有全断面法、台阶法、CD法、CRD 法、双侧壁导坑法、中洞法及侧洞法等，需要根据不同的地质条件选择不同的施工方法。

浅埋暗挖法适用于软弱地层及含水量较小的土层的地下管廊施工，其在建筑物密集、交通繁忙、地下管线密布的地方使用较多，尤其是对于沉降要求严格的区域更为适用。

2.1.4 顶管法地下管廊

顶管法是在盾构法之后发展形成的一种地下管道施工技术，它不需要挖掘表面层，而且能够穿透公路、铁道、河流、地面和地下构筑物等。顶管法是顶管作业依靠主顶油缸和管道间中继间等的推动力，把工具管或掘进机从工作井内穿透土层顶推到接收井内，随后将管道铺设到工作井之间的一种非开挖敷设地下管廊的施工方法。该法尤其能应用于大中型管径的非开挖铺设，具有不挖掘地面、不拆迁和破坏地面的建筑物、不损害环境、不影响管道的段差变形，并且省时、高效、安全和工程造价低廉等优势。

以上四种地下管廊施工方法的优缺点分析，见表 2-1。

表 2-1 地下管廊施工方法特征分析

工法		优点	缺点	适用范围
明挖法	明挖现浇	（1）施工简便，技术成熟，工程造价相对较低； （2）可大面积作业，将整个工程分割为多个施工标段，便于加快施工进度； （3）节段较长，拼装接缝少，可减少接缝处渗漏风险； （4）大尺寸多舱室（3 舱及以上）的综合管廊及非标准段，通常采用明挖现浇施工法	（1）施工周期长，工作量较大，成本不易控制； （2）现浇钢筋混凝土构筑物抗渗性和耐久性不及工厂内预制的构筑物； （3）技术力量及管理水平易受影响； （4）对周围环境影响较大，制约文明施工和环境保护效果	主要适用于新城区的建设以及不同市政工程之间的整合工程，需要对城市地面和道路进行大面积的开挖和破坏

续表 2-1

工法		优　　点	缺　　点	适 用 范 围
明挖法	明挖预制	（1）预制管廊养护条件好，混凝土工程质量控制严格，不易产生渗漏； （2）与现浇法相比，预制拼装法构件制作工厂化，大大缩短施工工期 （3）现场装配速度快，缩短封闭交通时间； （4）由于节段较短，在地基不均匀沉降或受外荷载作用产生一定折角或位移的情况下，仍能保持较好的抗渗性； （5）节能环保，施工文明，噪音低、扬尘少，对周围环境影响较少	（1）预制需要专业化模具，预制模具价格较高，经济性不高； （2）对于大尺寸多舱室（3舱及以上）的综合管廊，受到运输条件或现场起吊设备能力的制约，实施难度高； （3）预制拼装管廊接口多，对接口的设计、制作、施工的抗渗要求较高	要求有较大规模的预制厂和大吨位的运输及起吊设备，同时施工技术要求较高，工程造价相对较高
盾构法		（1）机械化、自动化程度高，施工劳动强度低； （2）无须明挖施工； （3）不影响地面交通等设施； （4）施工安全，工期短，工程结构质量良好； （5）有利于控制工程造价； （6）盾构掘进不受限于地表环境，如地貌、地形及水域等	（1）实施成本高； （2）须配置盾构机和管片生产厂； （3）工程变化的适应性较差； （4）小曲线半径隧道作业时有很大的难度	适用于无法采用明挖法的项目
顶管法		（1）不挖掘地面； （2）不拆迁和破坏地面的建筑物； （3）不损害环境； （4）不影响管道的段差变形； （5）省时、高效、安全和全面工程造价低廉	施工时间较长，工程造价高	适用于铁路、公路及不易或不宜开挖沟槽的地下管道施工
浅埋暗挖法		（1）有效地减小了由于地层损失而引起的地表移动变形等环境问题； （2）对周边环境的影响小，由于及时调整、优化支护参数，提高了施工质量和速度	（1）施工速度慢，喷射混凝土粉尘多； （2）劳动强度大，机械化强度不高； （3）高水位地层结构防水比较困难	适用于不宜明挖施工的含水量较小的各种地层，尤其是城市城区地面建筑物密集、交通运输繁忙、地下管线密布、对地面沉陷要求严格的情况下，修建埋置较浅的地下结构工程更为适用。对于含水较大的松散地层，采取堵水或降水等措施后该法仍能适用

2.2 地下管廊结构沉降变形影响因素

地下工程安全的自然条件包括地下工程自身固有的工程地质条件和与其所处的自然环境有关的外部物理事件。这些条件对地下工程而言，有安全因素，也有危险因素，故应对这些问题有全面的认识。主要包括以下方面：

（1）地应力。地应力是地质体中已存在的。一般情况下，地应力很大的地区，对岩土体稳定不利；地下工程均应仔细考虑地应力状况，主要通过实测地应力状态，观测地应力变化，计算分析地应力场，为地质体稳定分析提供依据。

（2）地下岩体结构。岩体常被节理面、层面、片理面、断层等结构面分割，这些结构面的强度较低，是影响岩土体的主要因素。

（3）力学性质。地下结构强度和变形指标是影响地下工程边坡稳定的主要指标。一般情况下，岩土体结构的状态是控制性的；在有利的结构状态下，结构体的强度为控制性因素。因此，岩土体力学性质属性不同，稳定性不同，力学分析方法也不同。岩土体强度和变形实测值的真实性和代表性，将直接影响工程安全的工程条件。

（4）地下水。地下水的存在及其活动常使岩土体的稳定性恶化；地下工程形成新的渗流场，岩土体受到场力作用失稳。地下水使岩土软化，强度降低，对软岩尤为明显。对于有软弱结构面的岩体，会使岩面夹层加速侵蚀及泥化。因此，地下工程设计、施工和运行时，对地下水的动态和影响必须充分考虑。

2.2.1 基坑施工沉降变形

以往基坑工程事故经验表明，基坑失稳的原因主要包括两方面：一是基坑支护体系失稳；二是基坑降水过程破坏了原有的水土平衡，引起基坑周围环境条件的改变。具体而言，地下管廊基坑施工沉降影响因素主要包括地质条件、开挖深度、降水方式、隔水帷幕及围护结构等，见表 2-2。

表 2-2 地下管廊基坑施工沉降影响因素

序号	影响因素	原 因 分 析
1	地质条件	基坑降水时含水层水位下降，使得孔隙水压力减小，从而发生土体垂直压缩，导致地面沉降
2	开挖深度	基坑开挖越深，规模越大，基坑边坡失稳的可能性及其由此引发的地面沉降危险性也越高
3	降水方式	基坑降水使地下水位下降，减小地下水的浮托力，使土体产生固结，引发地面沉降

续表 2-2

序号	影响因素	原 因 分 析
4	隔水帷幕	部分隔水帷幕有时仍未阻断降压目的层的承压含水层，此时基坑降水对外围的沉降影响仍然存在
5	围护结构	围护结构可防止或减弱基坑的侧壁变形，从而降低边坡失稳和塌方的可能性，进而降低地面沉降的影响
6	施工方式	不同的施工作业流程，其沉降效应也有明显差别

2.2.2 盾构施工沉降变形

地下管廊盾构施工扰动引起的地表沉降是指盾构掌子面在到达观测点下方直至盾尾通过观测点下方时段内的地表沉降，并含盾尾空隙引起的沉降量。造成这部分沉降的基本原理是开挖过程中造成土体扰动，破坏原有的土体平衡及补压浆不及时造成盾尾空隙，从而引起地表沉降。盾构施工扰动带来的地表沉降是施工地表沉降的主要组成部分。

2.2.2.1 地层变形影响因素

盾构法施工会使土体产生摩擦与剪切、挤压与松动、加载与卸载等作用，使地层原始应力状态发生改变，破坏原始土体平衡状态，进而影响既有结构。地层损失及受扰动土体的再固结，是盾构法施工引起地层变形的主要原因。

A 地层损失引起的地层变形

盾构法施工对既有结构的影响，如图 2-1 所示，地层损失引起地层变形的原因主要有以下几方面：

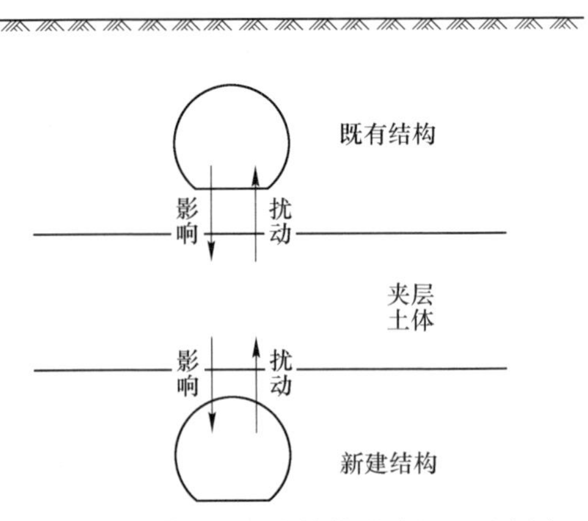

图 2-1 盾构法对既有结构影响机理示意图

（1）正面附加推力引起土体受挤。施工过程中，为保证盾构掘削土体隧道开挖面的稳定性，会产生正面附加推力。若正面附加推力与掌子面自身应力大致相等，此时处于平衡状态，盾构推进对开挖面几乎未产生影响；若正面附加推力大于掌子面应力，会产生“挤土效应”，使掘进掌子面受到挤压，掘进面前方土体产生向上位移；若正面附加推力小于掌子面应力，掌子面则会产生应力释放，此时会产生地层损失，掘进面前方土体会产生向下位移并发生沉降。

(2) 土体挤入盾尾空隙。由于盾壳直径大于衬砌管片直径，当盾构掘进机推进时，盾尾衬砌管片与围岩土体存在盾尾空隙。当处于黏土地质时，盾构掘进时会使外围黏附黏土，从而产生盾尾空隙，周围土体会向盾尾空隙移动，导致盾尾空隙显著增大，进而导致地层损失，产生地层沉降。

(3) 盾构的推进。盾构在推进或移动过程中，会产生较大摩擦力及剪切作用力，形成相当程度的地层损失。

(4) 管片变形与沉降。管片的及时施作为盾构机推进提供了支撑力，并保证了围岩的稳定性。当衬砌管片发生轻微变形，或者直接发生沉降时，则不可避免地形成地层损失。

B 受扰动土体的再固结

盾构在掘进过程中，会对周围土体产生扰动，导致周围土体孔隙水压力增大，形成超孔隙水压区，孔隙水压力会随时间慢慢消散，土体发生排水固结，地层下移，从而造成地表沉降即主固结沉降。除此之外，土体受到盾构机挤压与松动、加载与卸载之后，会在较长时间内产生压缩变形，从而导致地表产生次固结沉降。尤其在软塑和流塑性土层中，土体孔隙比和灵敏度较大，次固结沉降通常会就持续几年时间，该阶段产生的沉降占总沉降量的比例较高。

2.2.2.2 地表沉降影响因素

在盾构掘进过程中，地层变形与掘进面位置关系密切。通常，地层变形随盾构掘进逐渐发展，最终达到稳定状态。依据地层变形发展特点，可将盾构施工影响下地层变形的发展过程划分为五个阶段：

(1) 初期沉降。初期沉降，在盾构掘进面与观测点约 10m 时开始，地层受到盾构掘进面顶推力挤压，在盾构开挖面前方观测点处就已经产生了地面沉降，这主要是由于孔隙水压力降低，导致地层有效应力增大，地层土体产生压缩和固结沉降。

(2) 掘进面前的沉降。掘进面前的沉降，是在掘进面距观测点数米时起，至盾构掘进面到达观测点正下方之前。当掘进压力小于地层侧压力时，开挖面会产生主动土压力，土体则向盾构内移动发生沉降；相反，当掘进压力大于地层侧压力时，开挖面产生被动土压力，土体会发生隆起。

(3) 推进沉降。盾构通过时沉降，指在掘进面到达观测点正下方，直至盾尾通过观测点阶段所产生的沉降。由于盾构掘进时的不断调整，盾壳与地层之间的摩擦力对土体产生了扰动，实际施工中，盾构开挖会偏离设计中轴线，盾构对土体的压缩和松弛会导致地层沉降。

(4) 盾尾脱空沉降。盾尾脱空沉降，是指盾尾通过观测点正下方之后产生的沉降。盾尾脱空后管片与土体间存在孔隙，注浆不及时、注浆不合理均会造成盾尾孔隙沉降。另外，注浆凝固后，管片因受到围岩及地下水的荷载作用而产生变形，最终导致地层沉降。

（5）后续沉降。后续沉降指盾构隧道施工结束后，围岩固结和蠕变残余变形产生的沉降。盾构施工扰动导致地层孔隙水压力上升，随着水压力的消散，地层发生固结沉降。待固结沉降稳定后，土体会发生蠕动，产生次固结沉降。土体的后续沉降是一个漫长的过程。

2.2.3 既有管廊结构沉降变形

从结构受力来看，因为地下管廊结构上压覆土对地基的相对荷载较小，荷载减小的同时补偿减小，因此其沉降变形相较于其他地下工程要小。特殊地质条件下，地下管廊结构的沉降变形会受到严重影响。结合地下工程影响因素，再考虑地下管廊结构的特殊性，将其沉降变形影响因素归纳如下：

（1）下卧土层的不均匀性。下卧土层的不均匀性是地下工程产生纵向不均匀变形的基本原因。实际工程中，沿纵向分布的各土层性质不同，且分层情况、土层过渡情况、管廊埋深也随时在变化。由于土性不同而决定的土层的扰动、回弹量、固结和次固结沉降量、沉降速率、沉降达到稳定时间等都有不同程度的差别，导致管廊发生不均匀沉降。一般情况下，下卧土层类别变化处正是发生较大不均匀沉降的地方。

（2）地下水的影响。地下管廊若经过地裂缝处，其结构的变形不受荷载的影响，而受地下水水位或时间的影响。土体发生错动即会引起结构的变形，而地下水的影响是必然存在的。

（3）变形缝的影响。为了避免管廊结构发生变形，可通过设置变形缝的方式，来控制其结构的沉降。变形缝设置影响因素主要有地质因素、温度因素和结构形式变化因素。从管道或管线的沉降变形来考虑，即使管廊主体结构发生变形，其收容管线受到的影响也很小。结构设计时可通过调整管道支墩的高度来调整管道变形，进一步确保管道或管线的安全。

（4）节点形状的影响。当施工存在特殊节点处时，应充分考虑地下管廊结构的沉降问题。当存在管廊结构交叉穿越时，其节点处通常存在“上大下小”的情况。底部处于悬挑状态时，若回填不密实，土体发生变形比原状土更为严重。当底部掏空时，应防止土体下沉导致上部结构受拉，从而导致其结构变形。因此，在特殊节点处，应充分考虑节点形状和下部回填情况，控制管廊结构的沉降变形。

（5）上部地面承受较大荷载。当地下管廊穿越老城区时，地上建筑密度大，其建筑载荷产生的附加应力对地层沉降的影响是相当大的，上方地面承受较大荷载将导致管廊产生较大沉降。特别是当加载面积较大、压缩土层较厚时，在附加应力的作用下，管廊沉降量会大幅增加。由于管廊下部土体的反力总小于未修建隧道前此处土的自重应力，下卧土层压缩模量比修建管廊以前有所降低，且受施工扰动的下卧土层的长期次固结在地面加载时依然在继续。

（6）邻近工程影响。

1）管廊临近基坑开挖。通常，当管廊先于两侧地块开发建设时，周边邻近施工会对其稳定性造成一定影响。具体来看，邻近管廊的基坑开挖、堆载施工等，会使管廊产生不同程度的位移、倾斜，造成管廊本体结构出现裂缝，影响运行安全。当管廊邻近处存在基坑开挖，尤其是深基坑开挖时，对管廊的影响主要是两个方面：

①由于基坑开挖引起围护的侧向位移和坑内隆起使得坑外地层沉降，导致管廊也随之沉降。

②基坑开挖引起围护向基坑内的侧向水平位移，导致管廊发生挠曲变形。临近基坑的管廊段和远离基坑的管廊段间将产生明显的纵向不均匀沉降。

2）管廊近距离穿越。城市地下空间的有限和立体化综合开发以及城市轨道交通网换乘的需要，使得不同隧道形成空间近距离交叉穿越的现象越来越多。后建隧道对周围土体的扰动，会在隧道横向的地层中形成一个近似正态分布的沉降槽，导致已建隧道产生纵向的不均匀沉降。

地下管廊沉降量比较大的地方，也是地下管廊邻近施工较为频繁的区域。因此必须严格控制管廊临近范围内的各种施工活动，做好管廊的监测工作，保护管廊的安全和正常营运。当前，针对管廊沉降限值还未设置专门的标准，已建项目均参考地铁施工相关标准。上海地铁保护技术标准规定：周边环境加卸载引起地铁隧道总位移不得超过 20mm，引起隧道变形曲线的曲率半径应大于 15000m。

（7）地震的影响。由于管廊存在结构与土共同作用的关系，地震的作用机理及结构反应极其复杂。由于地质环境差异，管廊轴线弯曲，临近工程的影响和周边约束条件的不同等因素，管廊会对地震做出不同的反应，引起纵向不均匀变形，所出现的后果也比较严重。对处于软土地层的管廊来说，饱和粉土与粉细砂土在地震中的液化问题特别应该重视。地层液化对管廊纵向不均匀变形的影响主要表现在土层大量震陷或地层液化对管廊产生向上的浮力，这样均会导致管廊结构纵向的巨大不均匀变形，使管廊结构内力急剧增大，从而导致结构破坏。因此，在易于产生地层液化的地区，应该采取适当的措施加用注浆等手段改良地层条件，用以加强结构措施来增强管廊结构性能。

因此，当既有管廊结构面临新建工程施工时，受周围环境扰动的影响，其结构沉降变形的影响因素主要包括下卧土层、施工方式、邻近工程、地下水位、动荷载及变形缝等，且各影响因素并不是孤立存在，它们之间可能相互影响，见表2-3。

表 2-3 既有地下管廊结构沉降变形影响因素

序号	影响因素	因素性状	原因分析
1	下卧土层	不均匀性	下卧土层发生固结沉降，不同土层的固结、蠕变特性差异会导致沉降稳定所需的时间不同，产生的沉降量则会存在差异，进而引起变形
2	施工方式	差异性	施工时所采用的不同施工工艺、土层加固方式及施工完成时间，均会对隧道底板工后沉降产生较大影响
3	邻近工程	扰动性	附近工程建设与地面加卸载都会对周围土体产生扰动，导致土体性质和应力发生变化，进而发生相应变形
4	地下水位	变动性	四周地下水位的升降会导致相关的结构荷载发生改变，从而引起沉降及变形
5	动荷载	长效性	地上动荷载（如车辆荷载）的长期作用下，下卧土层塑性变形不断累积，岩土体孔压消散，进而发生沉降及变形
6	变形缝	失效性	裂缝、变形缝等处的水土流失引发的变形

2.3 地下管廊沉降变形施工风险产生机理

2.3.1 沉降风险形成要素

施工扰动是盾构施工中导致沉降风险发生的起源事件，扰动的存在打破土体原存的应力平衡状态，从而产生能量转移或意外释放，能量转移或释放的程度和隧道系统承受程度决定了沉降风险的产生。关于上述风险机理的说明如下：

2.3.1.1 扰动

扰动是一种破坏系统平衡状态的行为，对于盾构掘进而言，无论是正常开挖、曲线掘进，还是抬头、叩头推进均属于扰动。扰动作用力大小不一，所产生的后果也就不相同。除大小外，在地下管廊盾构施中，盾构推进速度和方向也是扰动作用的两个要素，影响风险发生的可能性及后果。

2.3.1.2 扰动因素

土体原有应力平衡受盾构施工扰动的影响，在经历如卸荷、加载等复杂应力路径后，其原有应力平衡状态被打破。地下管廊盾构施工引起沉降的扰动因素主要包括：

（1）开挖时的水、土压力不均衡。土压平衡式盾构或泥水加压式盾构，由于推进量与排土量不等的原因，开挖面水压力、土压力与压力舱压力产生不均衡，致使开挖面失去平衡状态，从而发生沉降变形。开挖面的土压力、水压力小于压力舱压力时产生沉降，大于压力舱压力时产生隆起。这是由于开挖时开挖面的应力释放、附加应力等引起的弹塑性变形。

(2) 推进时围岩的扰动。盾构推进时，盾构的壳板与围岩摩擦和围岩的扰动会引起沉降或隆起。特别是蛇行修正和曲线推进时引起的超挖，是产生围岩松动的原因。

(3) 盾尾空隙的发生和壁后注浆不充分。盾尾空隙的发生使盾壳支承的围岩朝着盾尾空隙变形，从而产生沉降。这是由应力释放引起的弹塑性变形。沉降变形大小受壁后注浆材料材质及注入时间、位置、压力、数量等影响。另外，黏性土中的壁后注浆压力过大是引起临时性隆起的原因。

(4) 一次衬砌的变形及变位。接头螺栓紧固不足时，管片环容易变形，盾尾空隙的实际量增大，管片从盾尾脱出后外压不均等使衬砌变形或变位，从而增大沉降变形。

(5) 地下水位下降。来自开挖面的涌水或一次衬砌产生漏水时，地下水位下降而造成沉降变形。这一现象是由于有效应力增加而引起固结沉降。

2.3.1.3 能量转移或意外释放

由于扰动，系统平衡状态遭到打破，能量发生转移或释放，为了实现新的能量平衡，系统必须进行调整。对于地下管廊盾构施工引起的沉降来说，能量的形式主要是机械能（包括势能和动能）。能量转移或意外释放主要体现在三个方面：其一，盾构开挖打破了土体原有的应力平衡状态，土体中存的变形能发生变化，从而引起土体变形，导致沉降发生；其二，当土层所具有的重力势能转移或意外释放时，重力势能减小，土层自高处落下，发生沉降风险；其三，下沉土层也是一种运动着的物体，因此具有动量。由于势能转化为动能，释放出的动能无论是作用在人体、物体还是环境，都会造成不同程度的损伤。

2.3.1.4 新应力平衡状态

在滞后地表沉降中，新应力平衡状态是由被扰动打破的原有的应力平衡逐渐过渡的，是新一轮事件链的状态起点，当时间因素、扰动因素、或其他因素作用于平衡系统时，新应力平衡状态遭到破坏，进入能量转移或释放的进程。

2.3.1.5 风险损失

人员伤亡、物体损坏、环境损伤是地下管廊沉降风险发生后可能出现的损失类型，根据其风险的影响程度，可以将风险划分为不同的等级。

地下管廊施工沉降风险发生机理，如图 2-2 所示。

2.3.2 沉降风险状态

开挖扰动是盾构施工沉降的根本原因。盾构开挖过程中，若开挖控制得当，土层由原有平衡状态继而转向新的平衡状态，系统仍自动保持动态平衡，地层沉降得到控制，子事件链得以继续，无地表沉降风险发生。若盾构机发生故障或者

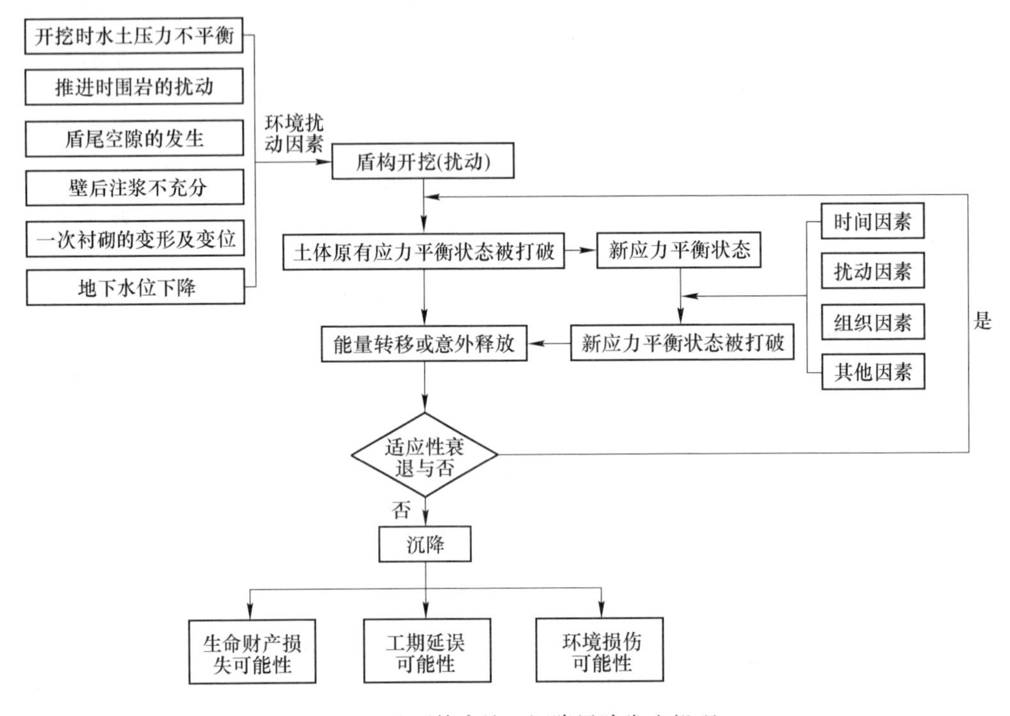

图 2-2 地下管廊施工沉降风险发生机理

施工行为不当，施工扰动所引起的土体应力变化超出地层所能承受的应力范围，系统的自动平衡就被破坏，形成地层沉降，此时可能出现两种后果：其一，所形成的地层沉降超出周围环境的承受范围，子事件链中断；其二，沉降虽处于可承受范围，然而下一轮风险子事件链开始。对于该轮子事件链来说，起源事件为地层沉降对系统的“扰动”，导致部分地层势能的转移和释放，释放的能量冲击盾构机和周围环境。若盾构机受到冲击，发生机械损害风险，可能进而导致包括地表沉降在内的其他风险的发生；过量能量对周围环境作用的后果则是继发地表沉降风险，可能导致周边环境受到损害。具体的风险状态如下：

（1）风险状态 1。自动动态平衡状态（外围是系统的自动平衡，不会导致风险的发生）。在相继子事件发生过程中，如果盾构机掘进状态正常，参数合理，就能基本维持系统的自动平衡状态，事件链继续进行，从而避免风险的发生。

（2）风险状态 2。无地表沉降风险状态（沉降控制得当）。

适用于盾构工程的能量控制措施为：

1）限制能量的大小、速度。盾构开挖过程中应尽量利用安全电压设备，编制用电方案。

2）减少对地表的扰动，合理调整掘进速度和出土速度等。

3）用较安全的能源代替危险性大的能源。盾构施工中用液压推进而不是采用电力推进。

4）条件具备的情况下，开挖方式尽量选择较为安全的盾构工法，避免采用危险性较大的浅埋暗挖法。

5）防止系统能的积蓄。盾构施工过程中要进行土体加固、实行开挖面支护、拼装衬棚和壁后注浆，以防止地层中能量的积蓄。

6）控制、延缓能量释放。通过管片的自防水，安装密封、防水效果好的止水带等来防止地下水涌入隧道。

此外，还可以通过改进施工工艺流程，合理开辟能量释放渠道，提高人员安全防护意识，在人与物之间设置如安全帽、安全带、防毒口罩等屏蔽设施，在人、物与能源之间设置屏障等来对能量进行控制。

（3）风险状态3。沉降过大活动中断状态。

当盾构机发生故障或者参数设置不当，使得土体扰动超过盾构机自身或环境的承受能力时，系统的自动平衡就被破坏，开始另一个新的风险事件过程。这样，盾构机或者周围环境都可能因为承受不了过量的能量而受到伤害或损害，这些伤害或损害事件可能依次引起其他变化或能量释放，作用于下一个风险事件并使其承受过量的能量，继发终了事件，发生连续的伤害或损害。

2.3.3 沉降风险突变模式

在突变理论中，系统的势函数是由不断变化的状态参量和控制参量组合而成的，所构成的状态空间和控制空间也是各种各样的。控制变量是指引起突变的因素，而状态变量则是指可能出现突变的量。只要明确系统的势函数，就可以确定其分叉点。在某些因素的影响下，一些连续变化的变量会导致系统状态的突然变化，突变理论就是研究这样一种事物从一种状态跳跃式地转变到另一种状态的现象。对于一个动态系统，系统的势函数可以描述为

$$V = V(X, U) \tag{2-1}$$

式中，V 为系统势函数；X 为系统状态参数 x_i 的集合；U 为系统控制参数 u_i 的集合。

Thom 通过试验和推导证明：如果势函数的控制参量少于4个时，都属于初等突变理论的领域范畴。此时的突变类型主要有7种，表2-4为7种突变类型对应的变量维数和势函数标准表达式及平衡曲面方程。

表2-4 初等突变一览表

名称	控制变量维数	状态变量维数	势函数标准形式	平衡曲面
折跌	1	1	$V(x) = \frac{1}{3}x^3 + ax$	$x^2 + a = 0$

续表 2-4

名称	控制变量维数	状态变量维数	势函数标准形式	平衡曲面
尖点	2	1	$V(x)=\frac{1}{4}x^4+\frac{1}{2}ax^2+bx$	$x^3+ax+b=0$
燕尾	3	1	$V(x)=\frac{1}{5}x^5+\frac{1}{3}ax^3+\frac{1}{2}bx^2+cx$	$x^4+ax^2+bx+c=0$
蝴蝶	4	1	$V(x)=\frac{1}{6}x^6+\frac{1}{4}ax^4+\frac{1}{3}bx^3+\frac{1}{2}cx^2+dx$	$x^5+ax^3+bx^2+cx+d=0$
椭圆脐点	3	2	$V(x)=x^3+ax^2+bx+c(x^2+y^2)-xy$	$3x^2+cy+a=0$ $3y^2+cx+b=0$
双曲脐点	3	2	$V(x)=x^3+y^3-ax-by+cxy$	$3x^2+cy+a=0$ $3y^2+cx+b=0$
抛物脐点	4	2	$V(x)=x^4+ax^2+bx-x^2y+cy^2+dy$	$2xy+2cx+a=0$ $4y^3+x^2+2dy+b=0$

突变理论中，(x，u，v) 构成三维空间，把由 $V'(x)=0$ 确定的平衡曲面 M 称为突变流形。(u，v) 所在平面为控制平面。由 $V''(x)=0$ 确定的曲线称为平衡曲面的奇点集 S。$V'(x)=0$ 与 $V''(x)=0$ 确定曲线 B，称为分叉集。因此，分叉集 S 就是奇点集在控制平面上的投影。在突变理论的实际应用中，最常用到的突变模型是只有 2 个控制参数 (u，v) 和 1 个状态参数 (x) 的尖点突变模型。在尖点突变模型中，奇点集 S 是对应于平衡曲面上 M 的一个尖点褶皱的两条折痕，这两条折痕投影在控制平面 (u，v) 上，就是分叉集 B 的两条折痕线。平衡曲面上的每一点都表示系统在 (x，u，v) 下的某一特定状态，以这两条折痕为界限，将突变流形 M 分为三个部分：

(1) 两条折痕所夹的部分称为中叶；

(2) 中叶以上的部分称为上叶；

(3) 中叶以下的部分称为下叶。

对于这三个部分，上、下两叶是稳定的，中叶是不稳定的。当控制变量 u，v 的变化所引起的状态变量跨越折痕线，系统就会产生突变。

如图 2-3 所示，取 (u，v) 控制平面中一点 P'，随着物的因素 u 和人的因素 v 的变化，得到 P'的一条控制轨迹。相应地，P'的相点 P 沿着控制轨迹上方的平衡曲面上的对应轨迹移动。当物的因素 u 和人的因素 v 平稳恶化时，几乎总引起 x 的平稳变化，风险增大，如果不经过折痕线，则不会有风险事故发生。但当 P 点轨迹通过在突变流形的折痕线 $abcd$ 曲线上，b 点处的稍加扰动就会导致系统风险发生由 b 到 c 的突跳，即由上叶越过中叶，直接跳跃到下叶上，此时沉降风险发生突变，状态由安全转向危险，易发生沉降风险事故。这个过程中，某些 x 值是不可达到的（发生跳跃的一段），导致沉降风险产生突变。同样，随着 P 点的轨迹方向变化，它也有可能从下叶直接向上叶突跳。

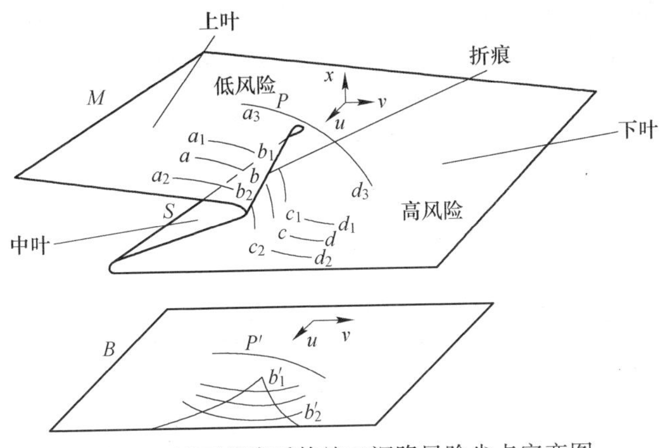

图 2-3　地下管廊盾构施工沉降风险尖点突变图

在图 2-3 中，$a_1b_1c_1d_1$ 和 $a_2b_2c_2d_2$ 是两条都经过折痕的曲线，虽然都会存在突跳，发生沉降风险事故，但由于其在突变流形上所处的位置不同，风险事故发生的程度也会有所不同。如图 2-3 所示，b_1'、b_2' 分别为 b_1、b_2 在控制平面上的投影，且 b_1'、b_2' 分别为 $a_1b_1c_1d_1$ 和 $a_2b_2c_2d_2$ 在控制平面上投影得到的控制轨迹与折痕线的交点。由图可知，b_2' 所对应的 u、v 值大于 b_1' 所对应的，则相点 b_2 发生突变时 x 差值的绝对值大于 b_1 相点对应的，即：

$$|x_{b_2} - x_{c_2}| > |x_{b_1} - x_{c_1}| \tag{2-2}$$

因此，曲线 $a_2b_2c_2d_2$ 突变程度较曲线 $a_1b_1c_1d_1$ 要高，沉降风险事故发生的程度也要大。对于突变流形上的某些曲线，其由上叶向下叶发展时不经过折痕，虽然同样会导致地下管廊施工沉降风险增大，但沉降量及沉降速率基本处于可控状态，无突变现象，不会发生风险事故，如曲线 a_3d_3 所示。

2.3.4　沉降风险事故演化途径

地下管廊施工过程中，某些致险因子的变化使得系统由低风险状态向高风险状态转变，当转变程度超过承险体的承受能力时，则风险事故发生。风险事故发生时，系统的风险不同程度地由安全状态向危险状态转化，具有突变特征。对地下管廊施工沉降风险突变特征进行研究，就是在突变流形上对地下管廊施工沉降风险状况，以及沉降风险事故发生时和事故发生前后的行为特征进行分析描述，分析安全风险事故演化途径的全过程。

结合事故致因理论及安全事故致因因素得知，风险事故发生的根本原因归结为个体特征缺陷、施工技术因素及组织管理因素。施工技术及组织管理是由人来进行，是从人员的主观性来考虑；机械设备以及自身环境属于自然界中的客观存在，可以统一看作是物的因素。因此，可选取人的因素和物的因素作为两个控制变量，把安全风险作为状态变量，利用尖点突变理论对地下管廊施工安全风险突变特征进行分析描述，如图 2-4 所示。

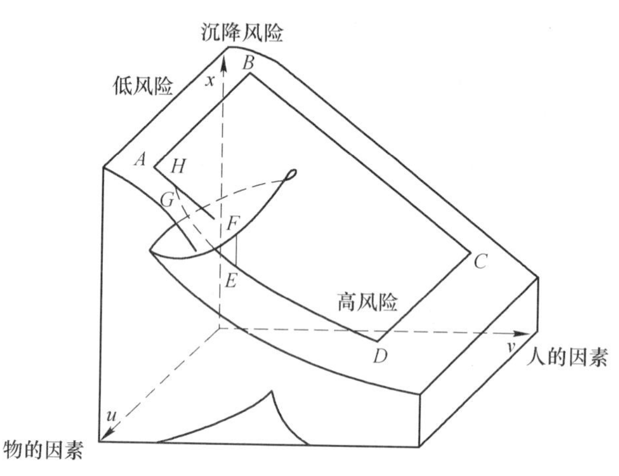

图 2-4 地下管廊盾构施工沉降风险事故演化途径

其中，人的因素包括管理、人员的安全意识、人员的技术水平以及身体素质等主观因素；物的因素则包括机械设备、地质条件、周围环境等方面。图 2-4 中，突变流形的上叶表示风险的安全状态，即正常可控的稳定状态，风险较低；下叶表示风险的危险状态，为风险事故发生后的状态。

（1）$B \to A$ 及 $B \to C$。当只有一个控制变量恶化时，盾构系统沉降风险不会发生突跳。如 $B \to A$ 仅有人的因素 v 恶化而物的因素 u 处于极佳状态时，即当地层条件较好、所选施工方法选择合理、施工机械设备较先进、周围无邻近施工影响时，施工对地层的扰动较小，即使人员技术水平一般、施工过程管理不到位、施工组织不够完善，也不会发生沉降风险事故。或者如 $B \to C$，仅有物的因素 u 恶化而人的素 v 处于极佳状态时，即尽管地层环境较差、施工对地层的扰动较大，只要进行有效的组织管理，通过施工前对地层条件进行详细勘测及有效加固、合理选择施工技术、施工过程中实施动态监控量测并及时采取有效的安全控制措施，也不会发生安全风险事故。对于这两种情况，虽然风险事故不会发生，但系统安全性将逐渐降低。

（2）$A \to F \to E$。上叶曲线 AF 表示地下管廊施工安全风险事故的孕育过程，该过程为人的安全行为逐渐恶化、管理逐渐混乱的过程。在 AF 过程中尽管存在人的不安全行为、防护措施不完全到位的情况，但由于较为良好的地层环境，该过程无突变性，系统状态基本稳定，因此不会导致沉降风险事故。然而，F 点处的稍加扰动，两个控制变量同时恶化，并且跨越折痕线，则一定产生突跳，风险事故不可避免地发生。

（3）*C*→*B*。表示当一个控制变量状态良好时，提高另一控制变量的状态，即能提高状态变量值。在机械设备状态良好，以及地层条件良好、开挖对地层扰动较小时，提高人员的安全素质，加强施工安全管理，不仅能提高施工质量和加快施工进度，还能提高安全生产水平，降低风险水平。这也证明了安全工作与生产的协同发展。

（4）*D*→*G*→*H*。由下叶高风险状态 *D* 向上叶低风险状态转变，若经过折痕点 *G* 发生突跳，非但不能由危险状态转向风险较低的安全状态，反而导致风险事故的发生。如果在盾构机及其设备状态不佳，以及施工环境极差的不安全环境中盲目强调人的主观意识，其后果非但不能降低系统风险，提高安全性，反而可能穿过折痕，x 由下叶突跳到上叶，从而导致沉降风险事故的发生。

（5）*D*→*C*→*B*。当系统两个控制变量的值都非常大，即人和物的因素都很差时，存在地下管廊施工安全风险，应采取选择合理的施工参数、提高施工技术水平和减小周边环境影响的安全措施以减少对地层的扰动，降低能量转移及释放程度（如优化施工方案），而后提高施工人员的安全意识，严格进行施工过程管理，这样才能绕过折痕，在避免沉降风险事故发生的前提下提高系统的安全性。该降低系统风险的方案遵循了“先物后人”的原则，即先改善系统的内因，再改善外因的原则。

3 地下管廊结构沉降变形安全预警机理

3.1 安全预警概述

3.1.1 预警起源

“预警”最早出现于军事领域，是指通过预警雷达、预警卫星等工具来提前发现、分析和判断敌人的信号，并把这种信号的威胁程度报告给相关的指挥部门，以采取应对措施。

随着预警研究技术的逐步成熟，安全预警技术开始从国家领域向企业领域扩展。20 世纪 80 年代，美国开始对企业危机管理进行预警研究；同时期，我国佘廉教授作为国内研究预警管理较早的学者之一，首次提出了企业走出逆境的管理理论，并且编写了对预警管理理论研究具有阶段性意义的丛书——《企业预警管理》。随着我国安全生产预警理论的不断发展，一些学者专家将安全生产预警技术应用于企业管理、社会管理、建筑业、煤矿等领域。

目前，我国企业的预警管理还没形成完整的理论体系，对于工程项目的风险预警管理还处于理论研究的阶段，其时间指导的作用还不太明显，操作性和实用性还不强。

3.1.2 预警技术

在国内外研究现状基础上，可明确安全预警技术主要包括安全预警监测、安全预警评估、安全预警控制三个阶段。

3.1.2.1 安全预警监测

对地下管廊工程运用适当的监测方法是准确获取预警指标监测信息的重要手段，监测方法的正确选取决定了日常预警管理监测的工作量、效率和成本。

Skinner（1974）在弗拉特黑德铁路隧道的施工建设中，建议采用监控仪器采集隧道结构变形的相关数据，这在隧道施工发展上具有先导性意义。Maail 等（2001）介绍了对施工阶段的边坡进行监控的安全仪表系统，该系统利用土壤应变计和张力计与数据记录仪连接，能够持续监控边坡的位移情况，并采用了两级的预警方式。Rick 等（2003）提出了一个由传感器和机器人组成的自动监测系统，来监测深基坑高边坡的位移情况，该系统实现了数据的自动采集，利用无线进行传输，根据位移变化的速率进行预警。

王华强等（2008）针对目前地铁车站深基坑施工安全监测薄弱的现状，提出了一体化的解决方案设想，利用可编程人机界面控制器所具有的强大的数据采集功能与逻辑运算和控制功能及强大的网络通信能力，完成对地铁施工安全监测传感器数据的采集和监控，从而使轨道交通深基坑施工风险的监测和预控更加科学和准确。马法平（2010）在数据输入模块，解决了监测数据输入的可靠性问题，从人、机、环境、管理 4 个维度全面分析了地铁盾构施工的监测内容、监测指标，建立了施工风险监测指标体系，并给出对应的信息采集方式。

综上所述，目前施工监测方法逐渐向专业化、自动化发展，即利用监测仪器、传感器、无线数据传输设备等进行预警指标数据采集，同时通过计算机、信息网络等技术进行智能化的监测信息处理，从而大幅度提高监测工作的效率。但这些较为先进的监测技术与方法需要投入较大的成本，因此，大部分工程项目仍多采用较为传统的监测技术。

3.1.2.2 安全预警评估

安全预警评估是安全预警工作的核心环节，决定了警情诊断的准确性与后续控制的高效性。已有研究主要集中于预警指标与预警方法方面。

A 安全预警指标

预警指标的选取是预警管理的基础，建立全面可靠的地下工程施工安全预警指标体系对预警管理有重要的意义。地下工程施工安全预警指标体系建立的基础工作就是确立科学有效的预警指标。

Ching（1997）经过数据处理和回归分析，详细地分析了施工监测结果，对施工中常见的问题提出了关键监测项目和标准。Meguid（2002）利用三维弹塑性有限元模型监控地铁隧道施工效果，比较隧道衬砌应力、变形状态与实地测量的差异。Rajendran（2009）采用德尔菲法，依据专家经验构建了可持续工程安全和健康等级系统的预警指标体系，并向建设公司和业主公司发放详细的调查问卷，最终确定 25 个必选影响因素及 25 个可选影响因素。

刘翔等（2008）强调了在深基坑施工过程中，对各阶段存在的风险都要给予足够的重视，并在找出风险源的基础上给出了有关深基坑的风险控制措施。黄宏伟等（2008）讨论了基坑风险管理的研究进展和存在的问题，从概率损失和经济损失两方面着手，重点阐述了风险分析中的重要环节——风险评估。王晓睿等（2011）以粗糙集理论为基础，把建立的风险评价指标进行筛选，简化支护用神经网络法并进行综合评价，对风险分析的效率和精确度有了很大的提高。李金玲（2011）完成了基于关联规则的地铁基坑工程施工风险监测的研究，通过运用关联规则分析得到 45 个引发施工事故的风险监测组合，从而甄选基坑工程风险监测项目。叶俊能（2012）等运用风险分析理论，结合工程实践和现场调研，对当地软土基坑的变形特性进行了考察研究，建立了适用于软土地质条件工程的预警体系，为该车站深基坑的安全施工提供了有力的保证。陈伟珂等（2013）应用 WBS-RBS 及关联规则对地铁施工灾害关键警兆监测指标进行科学选取，甄选出关键警兆监测指标，以实现地铁施工灾害警兆的实时监测和重点跟踪。

综上所述，现有地下管廊施工预警指标的研究，多基于安全风险、施工安全事故、监测数据的分析，在诸多相关因素中重点筛选出与安全风险关联性、代表性强的因素作为预警指标，目前已逐步形成较为全面的预警指标体系。由于不同地下工程的地质条件、施工工况、周边环境均不相同，所以各工程采用的预警指标体系也存在一定差异，预警指标的选择与监测方案的确定直接决定施工安全预警的效率、精度、监测成本以及工作量，因此，如何结合工程实际建立科学合理、行之有效的预警指标体系成为关键工作。

B 安全预警方法

安全预警方法主要包括预测方法与警情诊断方法。预测方法是基于历史监测数据，通过数值模拟、数理模型等方法对未来的发展趋势进行预测；警情诊断方法则是根据预警指标的现有状态或预测状态，并结合已设定的预警标准综合诊断当下可能存在或未来可能出现的警情。

Seo（2008）在调查了大量的安全事故并对其分类的基础上，通过在施工过程中采用检查表的方法对地下工程施工阶段的安全风险进行预警。Widarsson 等（2008）将贝叶斯网络（Bayesian network）技术作为诊断理论应用于预警系统的设计中。G. S. Ng（2008）提出了一种基于局部模式学习和语义关联模糊神经网络的预警诊断系统。

王穗辉等（2001）借助于神经网络方法，采用改进后的 BP 网络算法，对上海地铁 2 号线盾构推进中隧道上方的地表变形作了趋势预报。张毅军和吴伟巍（2010）分别运用 TOPSIS 方法和信号检测理论构建风险实时预测模型。张毅军和吴伟巍（2010）分别运用 TOPSIS 方法和信号检测理论构建风险实时预测模型。陈帆和谢洪涛（2012）为解决当前我国地铁施工过程的安全预警问题，构建因子分析与 BP 神经网络相结合的地铁施工安全预警模型，降低预警结果的主观性，有针对性地完善地铁施工的相关预警技术。陈伟珂、监丽媛等（2012）在充分考虑灾害后果延迟性和次生灾害发生性的前提下，选取地铁地下基坑工程施工事故中的常见警兆作为诊断目标，提出利用关联函数定量可控度的方法，建立可拓诊断模型，解决预案决策的优化问题，提高预案触发效率。

综上所述，目前施工安全预警方法多通过数学模型进行预测分析，预测方法多采用人工神经网络、TOPSIS、灰色预测等方法，警情诊断方法多采用可拓、证据理论等方法。如何结合安全事故致因机理，实现动态、高精度、客观的预警功能，成为研究热点与难点。

3.1.2.3 安全预警控制

虽然目前对施工过程中突发的安全事故还不能完全准确预测，但通过加强对地下工程施工过程的应急管理，可以在很大程度上降低施工灾害可能造成的损失，因此它已成为应对施工灾害措施的重要手段。

Cheah 等（1994）对突发事件发生后的人员救助以及运输等方面进行了详细的研究。Dvid 等（1996）综合运用排队论研究了突发事件下的资源分配问题。Gupta 等（2004）对突发事件发生后的人群疏散问题进行研究，并建立了相应的数学模型。

徐树亮（2008）介绍南京地铁 1 号线突发事件应急处置体系的建设情况，并结合在运营过程中的实际应用，对应急处置体系进行了修改完善。汪涛等（2008）通过对地铁火灾应急调度系统的分析，基于 AHP 方法提出系统层次分析结构，并通过计算得出地铁火灾应急调度的最优化管理办法。王乾坤、刘昆玉（2011）在调研地铁工程建设应急管理者需求的基础上，设计了地铁工程建设阶段应急管理处置流程，建立了采用多层方案的系统平台总体体系架构。刘淑嫱等（2012）主要从系统结构和系统功能两方面进行了研究，构建了系统逻辑结构和网络结构，提出构建基于 GIS 的地铁施工应急管理系统。近年来，我国对灾害管理的重视程度也在不断加大，在经历了应急管理体系的奠基期、迅速成形期、发展完善期三个阶段后，已成立了不同级别的应急救援指挥中心和应急办。

综上所述，目前地下管廊施工安全应急管理方面的研究，多集中于应急管理体系、人员疏散策略、应急资源准备与调配等方面，并开始注重施工灾害发生时，施工现场与周边社会的联动协调应急管理。

3.1.3 预警系统

在安全预警理论基础上，国内外企业与学者针对不同地下工程进行了相应安全预警系统的开发。

意大利 GeoDATA 公司针对地下工程施工推出了名为 GDMS（geodata master system）的信息化管理平台，该系统运用了 GIS 和 WEB 技术，由建筑物状态管理系统（building condition system，BCS）、建筑风险评估系统（building risk assessment，BRA）、盾构数据管理系统（TBM data management，TDM）、监测数据管理系统（monitoring data management，MDM）以及文档管理系统（document management system，DMS）5 个子系统构成，具备完善的风险管理方案，并在俄罗斯圣彼得堡、意大利罗马和圣地亚哥等地铁工程中得到应用。韩国 Chungsik Yoo 与 Jae-Hoon Kim 就土体移动和毗邻建筑物的损害风险预测，在 MapGuide ActiveX Control 软件的基础上结合开发了网络版评估系统，以首尔地铁 3 号线的扩展线路为例，基于IT技术研究了在地铁施工过程中的安全监测和风险管理系统，通过地铁三维可视化地理信息子系统，以模块或功能等方式融入指挥中心的各种应用系统中，可实现通用GIS操作功能、动态标注GPS功能及监控查询功能。

杨松林等（2004）介绍了第三方监测分析管理信息系统的研究工作，以期实现地铁安全事故第三方监测工作的信息化管理，提高管理效率，保障地铁施工安全。该系统仅能作为第三方监测单位使用，无法与其他参与方信息共享，无数据分析功能。吴振君等（2008）开发了基于GIS的分布式基坑监测信息管理与预警系统，该系统功能完善，实现了多方信息存储，并在此基础上实现了信息的处理、分析、查询、预测、预警以及成果输出功能。广州建设工程质量安全检测中心、广州市建设工程安全检测监督站、广州粤建三和软件有限公司等单位（2014）联合完成了“地下工程和深基坑预警系统”，该系统是依据《建筑基坑支护技术规程》（JGJ 120—99）、《精密工程测量规范》（GB/T 15314—94）等国家规范编制而成，通过综合利用各种物联网技术，将多种现场监测仪器联通起来，实现监测数据的自动采集，并通过4G/3G和GPRS无线网络进行实时传输，对原始监测数据实时处理，形成各类变化曲线和图表，预防事故发生。周志鹏、李启明（2017）研究的GIS-SCSRTEW地铁预警系统是基于前馈信号角度研究地铁工程施工安全管理，将传统的“问题出发型”的安全管理模式，发展为“问题发现型”的安全管理模式。

综上所述，目前地下管廊施工安全预警系统的应用在传统安全风险预警理论的基础上，逐渐引入信息化、网络化、地理信息、定位系统、无线传输等技术，通过建立综合性的安全管理平台辅助决策者获取信息、多方联络并快速决策。就现有施工安全预警系统而言，已能够较好实现施工过程的安全风险预警管理，但总体尚处于发展阶段，各项理论、功能、技术还需进一步提高完善，各功能之间的衔接还需进一步系统化。

3.2 安全预警内涵

3.2.1 预警涵义

3.2.1.1 预警

“警”，《现代汉语字典》的解释是“需要戒备的事件或消息”，预警也就是提前发出警报。预警在《辞海》中解释为事先觉察可能发生某种情况的感觉，可理解为危险事先警告，即在安全事故发生之前对其可能发生的情况进行警告。因此，预警的本质目的在于对可能发生的安全事故进行甄别与事前防控。

预警管理是一种现代化的安全风险管理手段。国内外学者已对预警进行了较为深入广泛的研究，并从不同角度对其进行了定义。在预警理论中，“警”常常被定义为在事件发展过程中出现的不正常状态或者可能导致风险的事件；“预警”则被定义为对出现的这些不正常的状态或者事件作出分析和评价，根据评价结果向利益相关方报告这些时间或者状况，以及这些时间或者状况可能造成的某种有害的结果，从而有助于利益相关方及时做出有效的决策。简言之，料事之先是为预，防患于未然即为警。警情的防范或消除就是排警，预警本身不是目的，预警是为了排警，是排警的基础。

早期预警的主要功能仅为警情预报，预警被定义为对某种状态偏离预警线强弱程度的描述以及发出预警信号的过程，是一个识别错误、诊断警情、预先报警的过程。随着研究的深入，警情控制被纳入预警的范畴，即在警情预报的基础上增加了偏离状态矫正、安全事故控制、应急管理等功能。偏离状态矫正是通过采取措施使对象从预警状态回归到安全稳定状态；安全事故控制是对已经发生、尚未成灾、可控性高的安全事故，在其发生后通过采取措施阻止其继续发生并进入到安全稳定状态；应急管理是针对不可避免的灾害事件采取应急响应措施，主要包括灾害减缓与抢险救援工作，应急管理中的灾后重建工作尚未被纳入预警管理范畴。

因此，预警是根据已获得安全风险相关的规律或结论，通过预警对象警兆的监测，对其安全状态进行现状评价与发展趋势预测，在综合诊断明确警情后，及时向相关部门发出紧急信号、报告警情状况，通过采取高效的控制措施防止安全事故的发生，或者提前做好准备迎接无法避免安全事故的到来，最大程度降低损失的一系列活动。

3.2.1.2 施工安全预警

施工安全预警是指在明确工程安全风险及事故致因机理的基础上，对能够综合反映工程安全事故的预警指标进行动态监测，通过监测数据采用科学适用的诊断分析方法度量工程施工偏离既定安全状态的现状，并预测其发展趋势，参与各方安全管理决策者结合预报的警情与现有控制技术手段，在综合判断警情的可控性后，及时采取相应的矫正控制措施或应急管理措施，以最大程度降低损失的一系列活动。

安全事故致因机理是对以往同类型工程生产活动中，各类安全事故事故发生规律的总结，总结过程需要辅以数据挖掘技术、专家系统等作为技术支撑，数据样本越大、专家经验越丰富，得到的安全事故事故致因机理则越系统，更有利于警情原因分析与决策。

施工安全预警系统由施工安全预警的各项工作构成，是这些工作能够衔接配合协同实现施工过程中安全事故事故预警防控功能的有机整体。

需要说明的是，由于风险因素的不确定性，并没有百分之百绝对的安全状态。一般所说的安全状态是指生产过程整体上处于稳定、有序、合理的运行状态，但其中亦存在若干较为隐蔽的不稳定因素，是相对的安全状态；若存在的不稳定因素较少，则属于偏安全状态；若存在的不稳定因素较多，安全事故发生的可能性较大，则属于预警状态。

3.2.2 预警要素

3.2.2.1 警义

警义是预警的起点，可从警素及警度两方面明确。其中，警素指施工过程中薄弱环节、部位的安全状态。警度指警情目前的状态。

3.2.2.2 警源

警源是引起警情的根源。依据警源生成机制及产生原因，警源可分为三类：(1) 自然警源。主要表现为因自然因素而引起警情，如水文地质条件、周边既有结构、地形地貌等。(2) 人的行为。如管理人员对施工安全的重视程度、法规的执行力度等。(3) 物的状态。如施工过程中，机械设备及材料等的安全状态。对于穿越既有结构施工安全预警而言，警源来源于地下管廊自身施工及既有结构的影响两方面。

安全事故则是警源逐步发展到一定程度产生危害损失的结果。该发展过程的基本形式有：(1) 警源自身发展到一定的程度进入预警状态；(2) 警源在发展过程中激发出新的不稳定因素，与新的不稳定因素协同作用进入预警状态；(3) 警源发展后，与一些已存在的不稳定因素发生耦合，共同作用进入预警状态。在安全事故实际发生的过程中，除单一基本形式外，多为基本形式的多样组合，如图 3-1 所示。

3.2.2.3 警情

警情是警源发展到一定阶段表露出来的负面状态，其反映了接近某安全事故的程度。地下工程施工过程的警情主要包括两部分：一部分是地下工程施工过程中自身出现的警情；另一部分是地下工程施工过程中周边环境出现的警情。唯有明确警情，才能有针对性地采取合理的控制措施。

3.2.2.4 警兆

警兆也称为先导指标，是警源发展到一定程度预先显露出来，可以察觉、量测且与警情有规律可循的异常变化迹象。警兆可能是警源自身的异常变化迹象，也有可能是警源发展后直接或间接引起其他物体产生的异常变化迹象。

3.2.2.5 警级

警级是警情严重程度的表示，是对预警状态下与安全事故不同接近程度的量化表示。警级有利于安全管理者对警情严重程度进行迅速的量化识别，从而做出高效的控制决策。警级可理解为预警系统的最终信息表达。

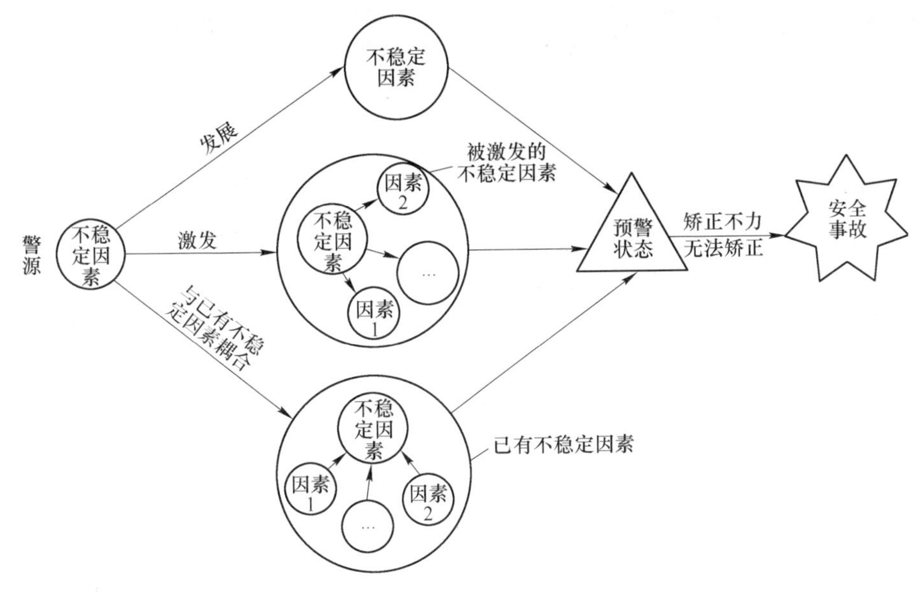

图 3-1 警源发展基本形式

3.2.2.6 警限

警限是明确警情是否合理的衡量标尺，是量变到质变的临界点，是介于安全与危险间的警戒线，也是安全风险即将爆发的临界点。

在施工安全预警系统中，阈值是达到预警状态或某级别预警状态的最低限值，是状态与状态之间的临界值。预警区间是对预警状态边界的量化表示，其下限为预警阈值，上限则是预警状态与安全事故状态的临界点，当监测数据属于预警区间，则表示施工过程处于预警状态。安全事故演变过程与预警的关系，见图 3-2。

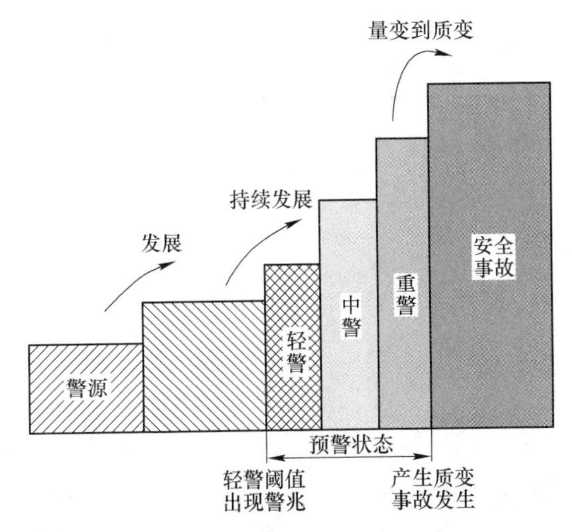

图 3-2 安全事故演变过程与预警关系

3.3 安全预警基础

3.3.1 规范标准

目前，我国已形成出版多部地下工程施工安全预警相关的标准规范，具体见表 3-1。

表 3-1 地下工程施工安全预警相关标准规范

序号	规 范 名 称	标准号	级别
1	《建筑基坑工程监测技术规范》	GB 50497—2009	国家标准
2	《城市轨道交通工程监测技术规范》	GB 50911—2013	国家标准
3	《锚杆喷射混凝土支护技术规程》	GB 50086—2001	国家标准
4	《地下铁道工程施工与验收规范》	GB 50299—1999	国家标准
5	《城市轨道交通工程测量规范》	GB 50308—2008	国家标准
6	《建筑地基基础工程施工质量验收规范》	GB 50202—2002	国家标准
7	《城镇综合管廊监控与报警系统工程技术标准》	GB /T 51274—2017	国家标准
8	《城市地下综合管廊运行维护及安全技术标准》	GB 51354—2019	国家标准
9	《公路隧道施工技术规范》	JTGF 60—2009	行业标准
10	《建筑基坑支护技术规程》	JGJ 120—2012	行业标准
11	《南京地区建筑基坑工程监测技术规程》	DGJ 32/J189—2015	地方标准
12	《基坑工程施工监测规程》	DG/TJ 08—2001—2006	地方标准
13	《地铁工程监控量测技术规程》	DB11/490—2007	地方标准
14	《基坑工程技术规范》	DG. TJ 08-61—2010	地方标准
15	《北京市地铁工程监控测量技术规程》	DB11/T 490—2007	地方标准
16	《铁路隧道监控量测技术规程》	Q/CR 9218—2015	企业标准

3.3.2 基础理论

3.3.2.1 失败学理论

失败学理论是以管理学理论为基础，以失败案例研究为重点，汇总归纳形成理论后作为决策、预测工具的学科，可提高管理工作的科学性。狭义失败学是指总结前人失败的经验教训；广义的失败学除总结相关失败经验之外，还包括“逆商学、误区学、预警学、危机管理学”等相关研究工作。施工安全预警则应在以往安全事故的致因机理、存在的问题、应对失误或无效策略分析的基础上，进行地下管廊施工安全沉降风险的预警防控，这与失败学理论一致。

3.3.2.2 系统非优理论

系统非优理论认为所有的实际系统有“优”和“非优”两种状态。“优”包括优和最优，“非优”包括可以接受的不好结果和损失。任一系统都不是始终在“优”的状态下运行，而往往徘徊在“非优”的范畴内，即在某些情况下，优或最优并非运行的总目标，核心目标在于防止进入非优状态或对已进入非优状态的对象采取措施使其脱离非优状态。施工安全预警的本质目的是防止施工过程由安全状态转入危险状态或贴近危险的状态，该理念则与系统非优理论一致。

3.3.2.3 系统论

系统是由若干相互作用相互依赖的组成部分结合而成，具有特定功能的有机整体。施工安全预警系统则是由预警监测、诊断报警、警报决策、信息管理等工作组成的有机整体，通过衔接配合协同实现对安全风险的预警防控。系统科学把复杂系统整体才具有的，而孤立的系统元素及其总和不具备的特性，称为涌现。该理论认为，事故是微观致因因素耦合交互所导致的系统层面的突变式涌现，致因因素之间的耦合关联及其进一步所导致的事故涌现是复杂系统事故规律日益复杂的重要原因之一。涌现形成的机制即：大量自治性个体在环境刺激下，共同装载某些相同的行为规则，通过行为规则中的反馈作用，生成某种宏观上的有序现象。基于安全系统管理理论，“安全系统”有别于“系统安全”。“系统安全”中的系统，强调安全依附于系统而存在，安全问题存在于系统之中，其研究对象为整个系统的安全问题，该系统属于安全的外延范畴，而非安全自身的内涵。而“安全系统”由安全与系统两要素构成，其研究范围更为广泛，研究对象更加具体。

3.3.2.4 突变论

突变理论的基本思想是分叉理论，对结构的稳定性状态进行分析，研究系统如何在参数的连续性变化过程中，发生状态的不连续、跨越式变化，而引起系统整体稳定性状态的突变的规律。变论认为系统所处的状态可用一组参数描述。当系统处于稳定态时，标志该系统状态的某个函数就取唯一的值。当参数在某个范围内变化，该函数值有不止一个极值时，系统必然处于不稳定状态。突变论的主要特点是用形象而精确的数学模型来描述和预测事物连续性中断的质变过程。施工安全事故发生或即将发生前的状态即为不稳定状态，对该不稳定状态的界定与预测成为施工安全预警的关键工作。

3.3.2.5 控制论

控制论是研究动物（包括人类）和机器内部控制与通信的一般规律的学科，着重于研究过程中的数学关系。施工安全预警则是将施工过程的安全状态作为控制对象，通过监测获取相关信息，在诊断分析后，采取相应的控制措施以保证其处于安全稳定的状态。预警的根本目的是预控，因此控制是预警的落足点，地铁盾构施工风险预警系统的建立就必须运用控制论的方法及原理。控制通常分为前馈、反馈、复合控制三种形式。反馈控制是通过对过程结果与预期结果的差异进行比较分析，从而再不断地优化控制措施。单纯地依靠反馈控制往往使得地铁盾构施工在风险控制上慢一步，带来管理的滞后性，从而造成损失。因此，在地铁盾构施工过程中，就必须将反馈控制与前馈控制有效地结合起来，对地下管廊盾构施工进行复合地表沉降控制，以便及时化解风险。

3.3.2.6 决策论

决策论是对同一问题的几种可选方案，根据信息和评价准则，用数学方法寻找或选取最优决策方案的科学。地下工程施工安全预警涉及安全风险预防决策、监测方案决策、警情诊断决策、矫正控制决策、应急管理决策等，这些工作均需基于决策论使决策过程科学合理，从而达到做出最佳决策的目的。

3.3.2.7 信息论

信息论是运用概率论与数理统计的方法研究信息、信息熵、通信系统、数据传输、密码学、数据压缩等问题的应用数学学科。预警广义上可认为是一种信息反馈机制，其本质就是一种信息，预警管理在某种程度上就是信息管理：首先，预警必须要一定的信息基础，才能进行信息的分析、转化和归纳。在预警过程中，还必须对信息不断地进行更新，以满足预警系统需求。其次，最终的预警输出结果是警报和应对建议信息。

3.4 预警功能机理

3.4.1 基础原则

3.4.1.1 科学性

施工安全预警涉及学科较多，安全问题较为复杂，因此在系统构建时应基于定性与定量结合的思路，进行充分的问题剖析、理论辨析、技术分析、成本分析、运行协调性分析等研究论证工作，这需要其各项构建工作具有科学合理性，方能保证施工安全预警系统的功能得以良好的实现。地下管廊施工安全预警系统应依据现行标准规范、现有技术手段、已有研究成果、实际工程应用进行构建。

3.4.1.2 系统性

施工安全预警系统的工作各有功能侧重，但整个系统功能的实现则有赖于各项工作的协调紧密配合，各项工作与工作之间的衔接需要以统筹兼顾的理念进行设计，良好的系统性将直接获得更好的管理效率与预警效果。

3.4.1.3 可操作性

可操作性强的工作有利于发挥人的主观能动性与工作效率，从而可整体提升施工安全预警系统的实用性与运行效率，也有利于其推广和应用。因此，地下管廊施工安全预警系统的构建，应充分考虑各项工作的可操作性，应有具体翔实的操作方案与相应的资源清单，而非宏观片面的理念描述。

3.4.1.4 信息化

结合地下管廊的施工特点与安全事故致因机理，施工安全预警系统的功能实现要求其具有协同性与高效性，而影响高效性最主要的因素则是施工安全预警系统的信息化，现代信息技术大幅度提升了信息存储、传递、处理、分析、可视化的能力，为施工安全预警系统的高效运行提供了强有力的技术支撑。

3.4.1.5 可靠性

施工安全预警系统应具有良好的稳定可靠性，主要包括动态监测、预测诊断、警情决策、信息化等技术的可靠性，各项工作可靠性的保证则能够防止系统无法正常工作、输出结果错误、受突发状况影响失效的问题。

3.4.1.6 经济性

由于不同地下管廊的规模、施工难度、施工条件及工况均不一致，并非所有的工程均应采用同样的预警技术与设备，因此施工安全预警系统在构建时，应在确保实现安全预警功能的基础下，从经济性角度选择适用的人力、方法、仪器、设备等。

3.4.1.7 创新性

施工安全预警系统的目的是防止安全事故的发生，虽然在大量工程实践下已积累较为丰富的相关经验，但在工程发展、工艺发展、施工环境不断变化的过程中，还会出现新的安全事故、安全影响因素以及新的事故发生过程，同时，各涉及学科的理论与技术也在不断发展，因此，施工安全预警系统应具有持续的创新性与更新机制，以确保其功能与时俱进，具有良好的适用性。

3.4.2 核心功能

3.4.2.1 安全预防功能

我国现行安全生产方针为“安全第一，预防为主，综合治理”，因此施工安全预警首先应具有安全风险的主动预防功能，即通过现行标准规范、安全管理规定、安全生产技术、安全风险分析，对即将进行的施工活动进行事前分析，明确并把控其安全风险控制要点，以保证施工过程处于有序稳定安全的状态。

3.4.2.2 动态监测功能

地下管廊施工安全事故的发生过程多难以察觉，这需要通过现代化高精度的量测仪器对预警指标进行动态量测，动态掌握施工现场的安全状态，从而实现警情预报。动态监测是地下管廊施工安全预警系统的基础功能。需要说明的是，动态监测并非是时时刻刻进行监测，而是依据施工过程中施工安全预警指标的重要性、灵敏性、变化规律进行监测，监测频率的设定应以能够清晰掌握施工安全预警指标变化趋势为准则。

3.4.2.3 警情预报功能

施工安全预警系统的本质目的是及时发现并掌握施工过程偏离安全状态、接近安全事故的程度，在综合分析原因后及时做出高效、有针对性的控制措施。因此，警情预报功能是预警系统的主要任务，是在明确施工安全现状与未来变化趋势后，对警情的综合诊断与发布。根据警情预报功能的本质要求，其应具有安全现状评估的准确性、未来警情的预见性以及警情的预先告知性。

3.4.2.4 矫正控制功能

矫正控制功能的主要任务一方面是将发展到一定程度处于离轨状态的不稳定因素通过采取一定的技术措施、管理措施使其回归到稳定的状态，是安全事故主动防控的重要手段；另一方面是对已经发生、尚未成灾、可控性高的安全事故，通过采取一定的处理措施阻止其继续发生，并使相关不稳定因素转为安全稳定的状态。需要说明的是，这里的稳定状态应是对警情原因综合分析后，对可能存在的原因逐一排查，力求处理所有相关的不稳定因素，从而保证预警指标完全进入无警状态，应防止不稳定因素处理不彻底出现控制反弹的情况。因此，采取矫正控制措施后，还应予以一定时间的跟踪关注，确保其完全稳定后方可解除警情。

矫正控制措施是否安全可靠是判断矫正控制功能好坏的关键。矫正控制措施若不安全可靠，会导致控制效果不佳或激发新的不稳定因素，进而导致警情的不利发展或产生新的警情等情况。

3.4.2.5 灾害应急功能

灾害应急功能是灾害事件（可控性差、灾害性强的安全事故）即将发生或已发生后，应立即启动应急响应机制，对危害影响范围内的人员、机械进行紧急撤离，并迅速采取合理有效的灾害减缓措施与隔离措施，对撤离不及时的人员应迅速开展抢险救援，尽可能减少灾害造成的损失与社会影响。

3.4.2.6 警情免疫功能

当地下管廊施工过程中，曾经发生过的安全事故可能再次发生时，预警系统应能够迅速判别、预报警情，并运用曾经采取过行之有效的矫正控制措施进行预防控制，这种功能称之为警情免疫功能。即在免疫功能的作用下，不会再出现该安全事故发生的情况。由此可知，唯有掌握该安全事故的警兆特征、致因机理、有效处理措施等，才能确保该功能的实现。安全事故致因机理是对以往同类型项目工程生产活动中，各类安全事故发生规律的总结，需要辅以数据挖掘技术、专家系统等作为技术支撑。

3.4.2.7 信息高效与可视化功能

施工安全预警系统运行过程中，需要采集、分析、存储大量数据，易出现信息超载的现象，且监测信息具有多样性、不完整性、冗余性、不确定性、因果链复杂等特点，这需要对信息进行搜集、加工、筛选、提炼、综合，信息采集、处理的高效与否会直接影响警情控制的效率，若错过最佳控制时机，警情的可控性由主动转为被动，则增大了控制成本，并增加了警情失控的可能性。

同时，由于数据量过大，若以单纯排列的方式供安全管理者进行警情决策，则会大大降低安全管理者的处理效率，因此，将数据分析结果通过图形图像等形式予以呈现，则能够帮助安全管理者快速理解和分析数据。所以，对施工安全预警系统进行软件开发时，良好的人机交互界面成为关键点之一。

3.4.3 运行机理

3.4.3.1 运行流程

施工安全预警主要由预警监测、诊断报警、警情决策、信息管理四大模块构成，其基本运行流程具体如图 3-3 所示。

（1）首先通过预警监测模块对施工过程中预警指标的数值或状态进行动态监测与信息辨伪，将监测信息存储到信息管理模块；

（2）由诊断报警模块从信息管理模块提取监测信息，通过当前监测信息诊断施工现场的安全现状，通过历史施工记录与监测信息预测预警指标的发展趋势；

（3）通过警情诊断方法分析确定是否存在警情，当确定存在警情时，则立即通过信息管理模块向各相关参建主体及时发出警报并说明警情等级与具体情况，同时，将分析结果存入信息管理模块；

（4）警情决策模块是安全管理者应对警情做出决策的辅助工具，首先基于信息管理模块中的事故数据库，通过专家系统对预报警情的原因进行分析，在核查确定原因后，再通过信息管理模块中的矫正预案库或应急预案库，提供可参考的警情对策，并在综合分析后做出决策；

（5）警情对策实施后，还应通过预警监测模块与诊断报警模块对警情控制效果进行跟踪，直至不稳定因素完全进入稳定状态，则预警状态解除。

3.4.3.2 预警监测模块

A 监测分区

就地下管廊施工安全风险而言，主要包括地下管廊施工安全风险与周边环境安全风险。据此，预警监测的范围则分为地下管廊施工区域与周边环境区域。基于网格化管理理念，可对地下管廊施工区域、周边环境区域进行监控区域细分，

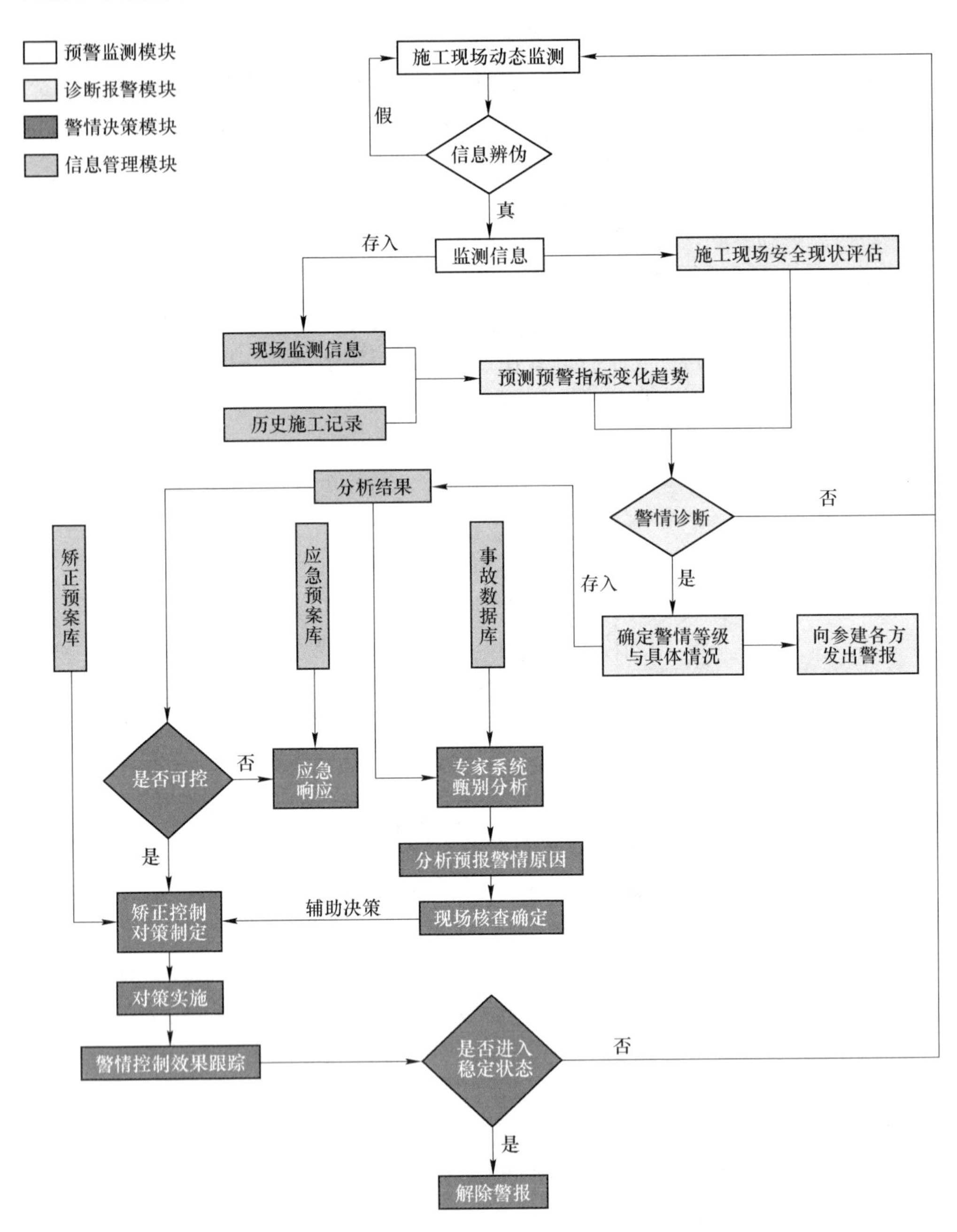

图 3-3 施工安全预警系统

划分后的各监控区域称为监控分区。网格化管理是将管理对象区域按照一定的标准划分成为单元网格，通过加强对单元网格的部件和事件巡查，建立一种监督和处置互相分离的形式。借鉴这种理念进行监控分区的划分，能够准确反映预报警情发生的位置、周边情况及可能造成的影响，有利于矫正控制措施制定的针对性与合理性，还有利于总结同类型监控分区在施工过程中的变形规律，从而为新建地下管廊施工安全预警提供管控决策依据。

首先，地下管廊开挖施工区域主要以基坑工程施工环境的稳定性为主要预警控制对象，其监测范围则是整个工程施工区域，监控分区可根据现有相关规范、类似施工状况、监测点布设和工程经验等为依据进行划分。监测分区如图 3-4~图 3-5 所示，具体划分则应结合工程实际。

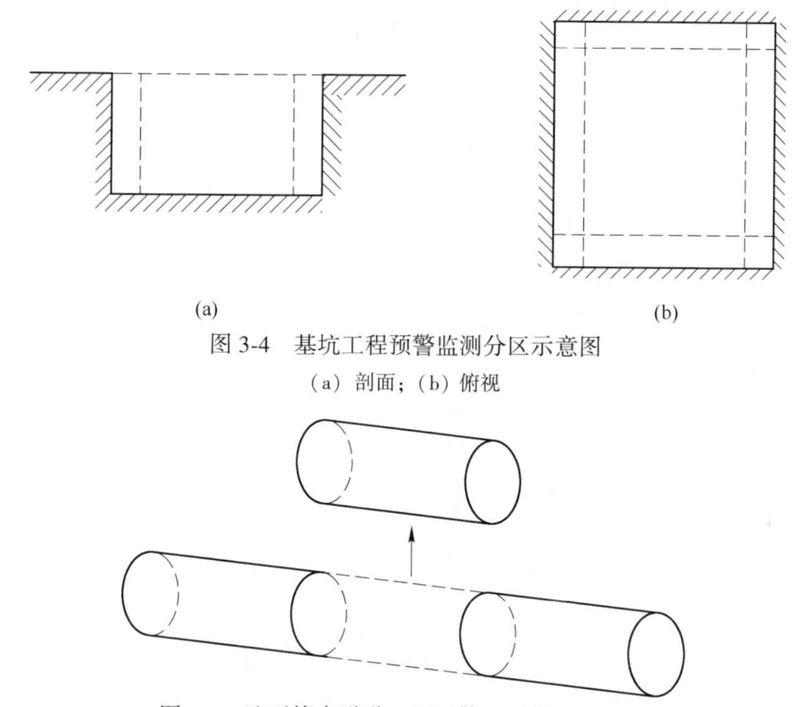

图 3-4　基坑工程预警监测分区示意图

（a）剖面；（b）俯视

图 3-5　地下管廊隧道工程预警监测分区示意图

周边环境区域主要以地表、道路、邻近建（构）筑物、邻近地下管线的变形为主要预警控制对象，其监测范围则是以地下管廊施工对周围土体扰动的影响范围，基坑工程的周边监测范围则主要与地质条件、基坑开挖深度、支护形式相关，地下管廊隧道工程的周边监测范围则主要与地质条件、管廊隧道开挖断面的半径、管廊隧道埋深相关。周边环境区域的监控分区可根据工程对周边环境不同距离的影响程度、影响范围内存在的物体以及工程经验等为依据。

B　指标确定

施工安全预警指标是安全事故发生前警兆的载体，是对施工现场随时间变化安全稳定性的度量依据，能够从定性与定量的角度反映施工现场的安全稳定性；其本身状态或监测数据的异常变化，是对施工过程中存在显著不稳定因素的直接反映。施工安全预警指标确定原则主要包括灵敏性、独立性、系统性及可量测，具体如下：

（1）灵敏性。施工安全预警指标在安全事故发生前相对其他指标，其变化趋势与变化程度更为突出，即该施工安全预警指标对安全风险具有灵敏性。施工安全指标的灵敏性越高，越能准确预测、诊断警情；相反，不敏感或敏感性较低的指标不仅不利于预测警情，还会增加预警监测的工作量，应予以剔除。

（2）独立性。在诸多可选的指标中，部分指标之间存在一定程度的相关性，在确保准确预警功能的前提下，应采用科学的方法处理可选指标中相关程度较大的指标，从中提取代表性强、灵敏度高的指标作为施工安全预警指标，剔除剩余指标，以保证施工安全预警指标具有一定的独立性。

（3）系统性。施工安全预警指标体系应能够客观反映施工现场的安全现状，这要求其应具有良好的系统性，否则易导致预警综合诊断结果的偏差，直接影响安全管理者的决策。

（4）可量测性。施工安全预警指标应具有可量测性，即该预警指标能够通过仪器或巡查的方式，以数值或定性描述的方式说明其状态，但有些指标则无法进行量测，如人的不安全行为，由于其随机性大、记录性差，虽然是施工过程中占比较大的不安全因素，但难以对其进行量测。

C　动态监测

施工安全预警监测应在现行标准规范、工程概况、水文地质及安全风险分析、确立预警指标体系的基础上，确定合理的监测方案，方案主要内容包括监测点布设、监测方法与监测频率。监测点的布设对于可通过观察获取数据的预警指标确定其观察区域或部位即可；对于需通过监测仪器获取数据的预警指标，其监测点的布设应确定各预警指标布设监测点的时间、位置与数量，施工安全预警指标监测点体系如图 3-6 所示。施工安全预警监测数据质量的高低、监测工作量的大小则均取决于监测方案设计的合理性。

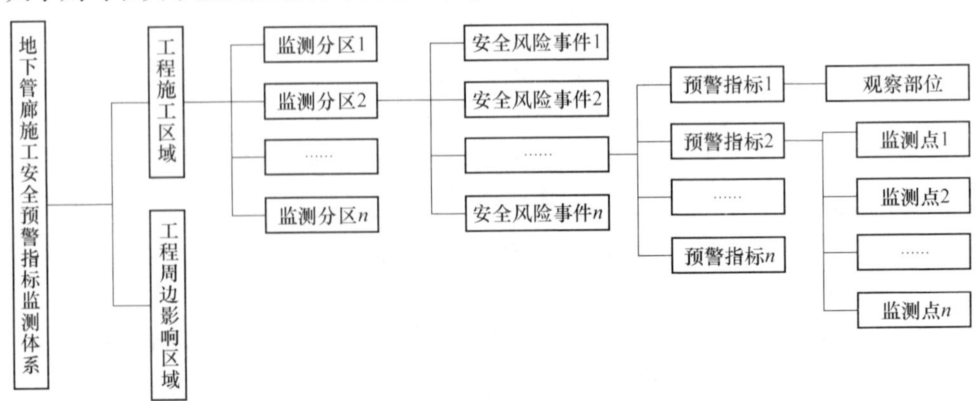

图 3-6　施工安全预警指标监测点体系

在施工安全预警指标现场动态监测的海量数据中，由于监测人员失误、监测点受扰动、监测仪器误差或故障以及其他影响因素，均可能导致监测数据失真，若该数据用于警情预测、诊断，则极易导致错警、漏警情况。因此，对海量数据应进行信息辨伪，可采用的方法有多源信息分析印证、确定信息时点是否传输错误、事理分析、后验性反证、不利性反证。例如，当预警指标发生较大波动时，可以留一定的观察期跟踪其变化，若预警指标数据在某一时刻落入危险区，但很快又恢复正常，且继续处于安全区稳定状态，则可推测为存在数据失真的情况。

3.4.3.3 诊断报警模块

A 警级划分

警级的划分原则通常可遵循客观性原则、实用原则与奇数原则，根据已有研究，将地下管廊施工安全预警警级划分为3级，即轻警、中警、重警，分别用黄色、橙色、红色表示，此外，宜用绿色表示无警状态。其中，黄色等级表示施工现场存在较小的危险性，应予以重视并加强监测、巡查，施工活动与进度应根据实际适当调整；橙色等级表示施工现场存在较大的危险性，应通过警情原因分析采取一定的加固措施，施工活动与进度应根据警情预测结果减缓或停止，并加强监测、巡查；红色等级表示施工现场存在很大的危险性，施工活动与进度应立即停止，应通过专家会议综合判定警情原因并制定经论证可靠的控制措施。

B 预警区间

目前，施工安全预警大部分指标多采用双控的方式，即对预警指标的累计值与变化速率分别设定阈值；其余指标则采用单控，仅对其累计值设定阈值。

安全风险警戒值的确定则需要结合标准规范、勘察设计文件、监测等级、施工经验与工程实际综合确定，主要参考以下数值：（1）相关规定值。随着基坑工程、隧道工程设计和施工经验的积累和完善，国家及地方相应出台了一些规定值。（2）经验类比值。地下工程的施工经验十分重要，尤其是类似已建工程，其工程经验与相关参数，可作为确定基础。（3）设计预估值。地下管廊在设计时，对结构的内力、变形及周围的水土压力等均做过详细的计算，警戒值确定可以计算结果作为设定基础，但是由于地质条件的复杂性以及工程的独特性，部分指标的设计计算或估算往往并不精确，甚至偏差较大，因此，该类指标的设计预估值可作为预警区间设定的参考依据，需通过工程实际反馈进行适当调整。

C 警情诊断

地下管廊施工安全应及时明确施工现场安全现状，根据监测数据和巡视结果进行单一指标警情确定，然后依据安全事故与预警指标的关联关系，综合确定施工现场当前的安全事故状态。其中，对单指标警情的确定，大部分预警指标需综合考虑累计值与变化速率，剩余部分指标则仅考虑累计值。现行规范《北京市地铁工程监控量测技术规程》（DB11/T 490—2007）中给出了地铁工程双控指标警情等级的确定方法，如表 3-2 所示。

表 3-2 隧道工程施工安全预警等级划分

预警等级	预 警 状 态
黄色预警	变形监测的绝对值和速率值双控指标均达到监测报警值的 70%，或双控指标之一达到监测报警值的 85%
橙色预警	变形监测的绝对值和速率值双控指标均达到监测报警值的 85%，或双控指标之一达到监测报警值
红色预警	变形监测的绝对值和速率值双控指标均达到监测报警值

通过事理分析、专家访谈，认为预警指标警情的确定应综合考虑实际情况并对警情进行量化，应确定指标的警级与量化数值，这有助于安全管理决策者快速理解同一警情等级下不同的严重程度。通过分析认为宜首先对监测数据进行规范化处理，取监测数据与警戒值的比值为规范化后的数值。需要说明的是，考虑到重警状态的危急性，不再对其进行程度量化，即当计算比值大于等于 1 时，此时其规范化数值取 1；然后对规范化后的数值进行警情等级判定，根据现行规范与工程实际调研，判定依据宜参考表 3-3。

表 3-3 警情等级判定依据

颜色	绿色（无警）	黄色（轻警）	橙色（中警）	红色（重警）
区间	[0，0.7)	[0.7，0.85)	[0.85，1)	1

D 趋势预测

施工安全警情预测应以安全事故的发生规律、警兆变化规律、类似工程项目历史事故案例、本工程项目施工安全预警指标历史监测数据、数值模拟分析等为基础，运用预测技术对施工现场安全状态的发展趋势进行预测，并结合警情诊断技术明确未来的警情状况。通过施工安全警情预测结果与现有施工活动的综合分析，对采取下一步施工措施提供重要的决策依据，是预防安全事故发生的重要策略。施工安全警情预测的方法中，较为传统的预测方法有回归统计模型、概率统计分析法，方法原理与适用性见表 3-4。

表 3-4 施工安全警情传统预测方法

名称	原 理	地下管廊施工安全预警适用性
回归分析模型	通过确定自变量和因变量之间的映射关系来建立预测模型	对因素众多、非线性关系明显的地下工程建立映射关系，困难且不实际

续表 3-4

名称	原　理	地下管廊施工安全预警适用性
概率统计分析	认为对象服从一定的概率分布，可通过测量值分析，确定其概率分布函数	需要大量监测数据提取内在分布规律，但数据噪声较大时则很难分析

目前，多以数值分析或工程项目施工安全预警指标的历史监测数据为基础进行预测工作，常用方法有反分析法、灰色系统理论、人工神经网络等。预测方法宜根据工程实际与方法适用性综合确定。

反分析法，是以现场量测到的反映系统力学行为的某些物理信息量（如位移、应变、应力或荷载等）为基础，通过反演模型（系统的物理性质模型及其数学描述，如应力与应变关系式），反演推算得到该系统的各项或一些初始参数（如初始应力、本构模型参数、几何参数等）。其最终目的是建立一个更接近现场实测结果的理论预测模型，以便能较正确地反映或预测岩土结构的某些力学行为。根据现场量测信息的不同，岩土工程反分析可以分为应力反分析法、位移反分析法及应力（荷载）与位移的混合反分析法。由于位移特别是相对位移的测定比其他监测数据更容易获得，因此位移反分析法的应用最为广泛。

灰色预测理论将一些随机上下波动时间序列的离散数据序列进行累加生成有规律的数据序列，然后进行建模预测。该方法并不要求大量的原始数据，最少仅有 4 个以上的数据就可以建立灰色模型，且计算较为简单。灰色模型中的时序数列符合地下管廊施工变形“时间—位移”预测的需要。但为保证预测精度，预测时间段一般不宜过长，应采用最新观测数据建模，每预测一步，参数尽量作一次修正，使预测模型不断优化、更新。

人工神经网络是根据人类大脑活动的相关理论，以及人类自身对大脑神经网络的认知与推理，进而模仿大脑神经网络的结构和功能所构建出的一种信息处理系统。这种信息处理系统是以理论化的数学模型为基础，它的组成结构是由大量的简单元件相互连接形成的一个复杂的具有高度非线性的网络。BP 神经网络是当前神经网络模型中最广泛应用的一种多层前馈型网络，其学习规则是最速下降法，采用的算法是误差逆向传播，即通过误差反向传播来对神经网络的权值、阈值进行不断地调整，从而达到网络误差平方和最小的目的。该方法预测结果在数值上与实测数据贴合度很高，避免了在地下工程中过于复杂且不准确的理论分析，但其模型训练学习需要大量的数据样本，收敛速度慢且易陷入局部最优等，影响了预测结果的精度和稳定性。如果工况发生突变等情况时，模型会因无法即时适应产生较大误差。

E 警情预报

当施工现场某安全事故已发生、通过诊断确定现状存在警情或通过预测确定短期内可能出现警情后，应立即向工程各参与主体发出警报，警报的内容有已发生的安全事故、警情的类型、级别、位置、时间、具体情况、发展速率、影响范围以及施工现场安全现状。警报的关键在于报告内容的全面准确与报告工作的快速高效。为保证施工安全警报工作的效率，应设有良好的信息综合平台与畅通的信息传递渠道。

3.4.3.4 警情决策模块

A 应对策略

当警报发出后，应立即根据警报内容、现有控制措施与工程施工经验，综合判断警情的可控程度，选择采取矫正控制措施或应急管理措施。需要说明的是，警报应对策略采用矫正控制措施还是应急管理措施，不以安全事故的发生时点为依据，应以已发生安全事故、警情的可控程度为主要依据，即当警情尚未成灾、可控度高时，则选择采用矫正控制措施；当已形成灾害或即将成灾、可控程度低时，则立即采用应急管理措施，如图 3-7 所示。警情是否可控在一定程度上还取决于安全管理决策者对警报的综合认知能力与应对经验。

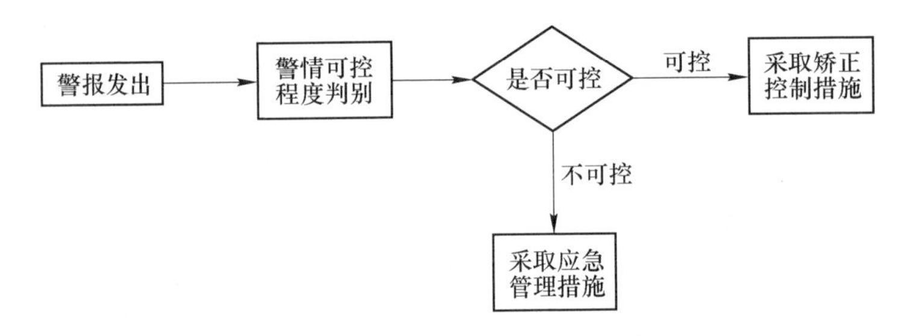

图 3-7 警情应对策略

为快速准确地制定矫正控制措施或应急管理措施，应建立矫正控制预案库与应急措施预案库，二者可合称为警情对策库。对策库中除了有正确的对策外，还应基于失败学理论存有错误的对策，明确什么措施可采取、什么措施不可采取，需综合理性分析后进行决策。

B 矫正控制措施

矫正控制措施是针对诊断确定的警情，通过矫正技术措施使其远离预警状态逐渐回归安全稳定的状态，或针对已发生的尚未成灾、可控度高的安全事故，通过控制技术措施阻止其继续发生发展并进入稳定状态，所以矫正控制措施包括预警阶段控制措施与安全事故控制措施。采取矫正控制措施后，还应进行持续跟踪，直至确定完全稳定后方可解除警报。同时，还应确保施工现场具有足够的资源配备，保证矫正控制措施的顺利实施。

C 应急管理措施

应急管理措施是针对已经成灾的安全事故或不可避免、即将发生、灾害性强的警情采取的紧急应对措施。工程施工项目部应建立有应急管理制度，成立应急管理组织结构，并建立应急响应机制；同时，对相关人员进行应急组织培训与周期模拟训练；还应确保施工现场具有足够的资源配备与实施条件保证应急管理措施的顺利实施，如截水堵漏的必要器材，抢险所需的钢材、水泥、草袋及堵漏材料等，保证应急通道畅通。

应急组织管理机构的设置，应根据应急管理中协同指挥、信息平台、技术处理、监测要求、物资配备、现场保卫、秩序组织、抢险救援、医疗救护等功能建立相应的指挥部、工作组，并清晰明确各组的职责，保证应急工作的快速高效。

应急管理工作主要包括启动应急响应机制，应急汇报和社会通告，人员、机械等紧急撤离，灾害减缓、隔离、避灾等应急决策，现场紧急封闭与保护，协同抢险救援工作，周边社会支援协同配合，灾后恢复等。

3.4.3.5 信息管理模块

施工安全预警功能是预警监测、诊断报警、警情决策模块的有机协同共同实现的，而模块之间的有机协同工作则有赖于各模块工作相关信息的存储、传递。预警监测模块的监测数据、工程项目的施工记录均应建立数据库予以存储；诊断报警、警情决策功能的实现除提取监测数据外，还需基于事故案例及致因机理数据库、矫正控制预案库、应急管理预案库，这些数据库均应由信息管理模块统一管理。为实现警情预报、矫正控制、应急管理等工作的高效性，信息管理模块还应具有警情发布、应急通告的功能。

4 地下管廊结构沉降变形安全控制体系

4.1 安全事故致因理论

安全事故致因理论是探索事故发生、发展规律，研究事故始末过程，揭示安全事故本质的理论。通过对已发生安全事故的调查与分析，总结安全事故原因与结果之间的关系特性，则有利于提高警情诊断的准确性。

安全事故致因理论的发展历程，可总结为如下三个阶段：（1）1936 年，海因里希（W. H. Heinrich）对当时美国工业安全实际经验进行总结和概括，提出事故因果连锁论，揭示了事故发生的行为本质。（2）第二次世界大战时期，随着许多新式、复杂武器装备的使用，用于解说事故的能量意外释放论等被广泛用来研究事故各因素间的关系特征，揭示了事故发生的物理本质。（3）20 世纪 60 年代以后，技术系统、生产设备、产品工艺越来越复杂，将信息论、系统论、控制论等应用于复杂系统的事故致因理论和模型，揭示了事故发生的涌现本质。因此，安全事故致因理论的发展规律可归纳为涌现本质、物理本质、行为本质三种模式，如图 4-1 所示。

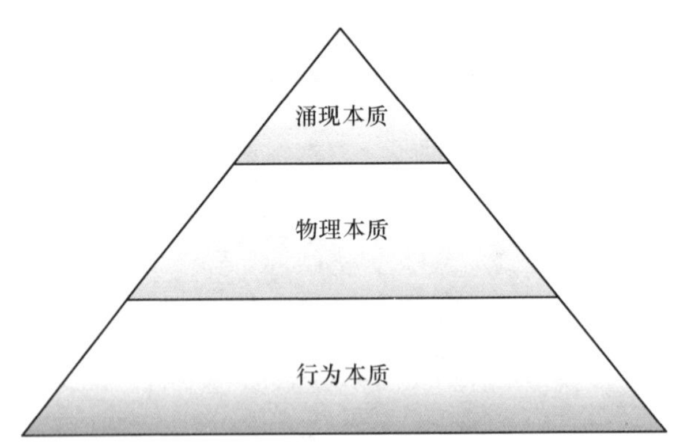

图 4-1 安全事故致因理论的发展规律

4.1.1 理论基础

4.1.1.1 行为本质理论

行为本质理论以点为起源，强调事故的因果连锁反应，主要包括海因里希事故致因理论、博德事故因果连锁理论、瑟利事故理论等。

A　海因里希事故致因理论

1936年美国人海因里希（W. H. Heinrich）最早提出事故因果连锁理论。海因里希认为，伤害事故的发生是一连串的事件，是按一定因果关系依次发生的结果。他用五块多米诺骨牌形象地说明这种因果关系，即第一块牌倒下后会引起后面的牌连锁反应而倒下，最后一块牌即为伤害。因此，该理论也被称为“多米诺骨牌”理论。

海因里希指出，控制事故发生的可能性及减少伤害和损失的关键在于消除人的不安全行为和物的不安全状态，即在骨牌系列中，如果移去中间的一张骨牌，则连锁被破坏，事故过程被终止。只要消除了人的不安全行为或是物的不安全状态，伤亡事故就不会发生，由此造成的人身伤害和经济损失也就无从谈起。这一理论从产生伊始就被广泛应用于安全生产工作中，被奉为安全生产的经典理论，对后来的安全生产产生了巨大而深远的影响。

海因里希认为事故连锁模型如图4-2所示，其中五张多米诺骨牌分别代表以下因素：（1）遗传及社会环境。遗传及社会环境造成人的缺点的原因。遗传因素可能使人具有鲁莽、固执、粗心等不良性格，社会环境可能妨碍人的安全素质培养，助长不良性格的发展，这种因素是因果链上最基本的因素。（2）人的缺点。包括鲁莽、固执、过激、神经质、轻率个体等性格上的先天缺点，以及缺乏安全生产知识和技术等后天缺点。（3）人的不安全行为或物的不安全状态。指那些曾经引起过事故，可能再次引起事故的人的行为或机械、物质的状态，它们是造成事故的直接原因。（4）事故。即由于人、物或环境的作用或反作用，使

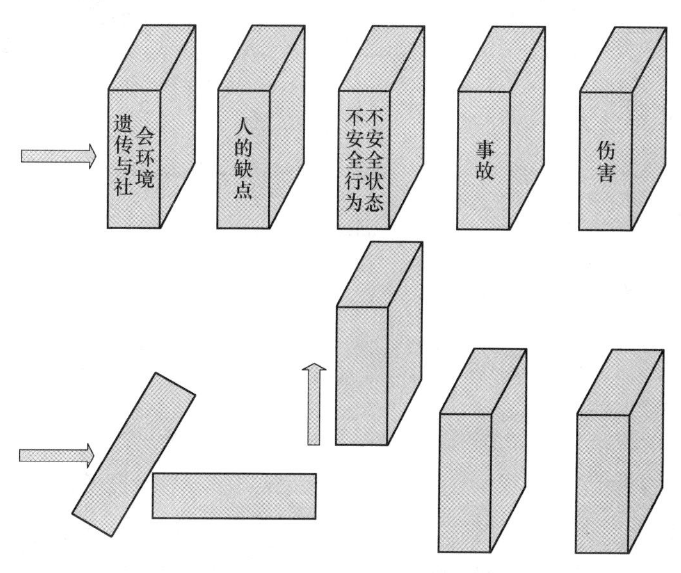

图4-2　海因里希因果连锁理论模型

人员受到伤害或可能受到伤害、出乎意料之外的、失去控制的事件。(5) 伤害。即直接由事故产生的财产损害或人身伤害。

B 博德事故因果连锁理论

博德事故因果理论认为，事故发生的根本原因是管理缺陷，如图 4-3 所示。博德事故因果连锁过程包括 5 种因素：(1) 本质原因，即安全管理。(2) 基本原因，即个人原因和工作条件。(3) 直接原因，即人的不安全行为或物的不安全状态。人的不安全行为包括违章作业，操作失误等；物的不安全状态包括个人安全防护品不合格，机械设备损伤破坏等。直接原因一般为事故发生的导火索，是安全巡查中需重点关注的对象。(4) 事故。(5) 损失。

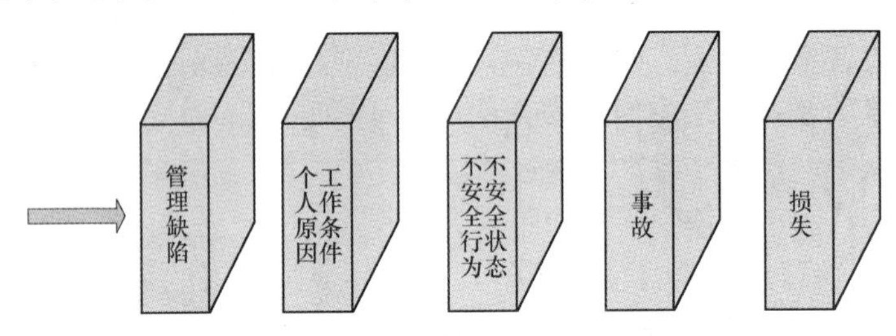

图 4-3 博德事故因果连锁

C 瑟利事故理论

瑟利事故理论以人对信息的处理过程为基础描述事故发生因果关系，其模型称为瑟利事故模型 (Surry's accident model)。这种理论认为，人在信息处理过程中出现失误从而导致人的行为失误，进而引发事故 (见图 4-4)。

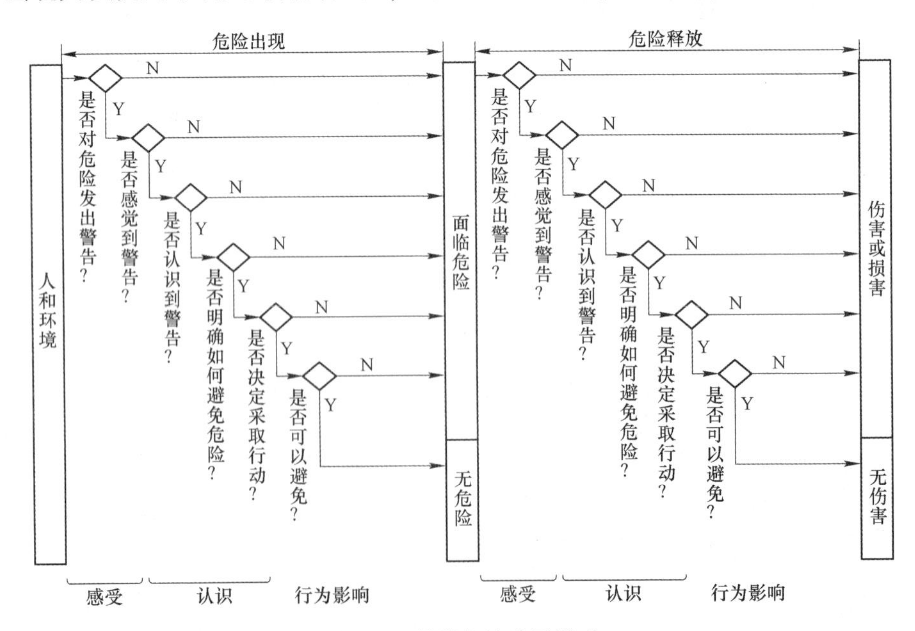

图 4-4 瑟利事故致因模型

瑟利事故致因模型把事故的发生分为危险出现和危险释放两个阶段，这两个阶段各自包括一组类似的人为信息处理过程，即感觉、认识和行为响应过程。在危险出现阶段，如果人的信息处理的每个环节都正确，危险就能被消除或得到控制；反之，就会使操作者直接面临危险。在危险释放阶段，如果人的信息处理过程的各个环节都是正确的，则虽然面临着已经显现出来的危险，但仍然可以避免危险释放出来，不会带来伤害或损害；反之，危险就会转化成伤害或损害。

瑟利模型在实际安全管理过程中，给出了分析危险出现、释放直至导致事故的原因，与此同时，还为事故预防提供了一个良好的思路。即要想预防和控制事故，首先，应采用技术的手段使危险状态充分地显现出来，使操作者能够有更好的机会感觉到危险的出现或释放，这样才有预防或控制事故的条件和可能；其次，应通过培训和教育的手段，提高人感觉危险信号的敏感性，包括抗干扰能力等，同时也应采用相应的技术手段帮助操作者正确地感觉危险状态信息，如采用能避开干扰的警告方式或加大警告信号的强度等；第三，应通过教育和培训的手段使操作者在感觉到警告之后，准确地理解其含义，并知道应采取何种措施避免危险发生或控制其后果。

4.1.1.2 物理本质理论

物理本质理论以线为路径，强调事故因素间的相互作用及其共同产生的结果，将点的思维转为线性思维。物理本质理论主要包括能量意外释放理论和扰动起源理论。

A 能量意外释放理论

Gibson（1961 年）和 Haddon（1966 年）对生产条件、机械设备和物质的危险性在事故致因中的作用进行了研究，提出了事故发生物理本质的能量意外释放理论，进一步发展了事故致因理论。认为事故是一种不正常的或不被希望的能量释放，各种形式的能量是构成伤害的直接原因。因此，应通过控制能量，或者控制作为能量达到人体媒介的能量载体来预防伤害事故，如图 4-5 所示。

能量转移理论与其他事故致因理论相比，具有以下优点：（1）把各种能量对人体的伤害归结为伤亡事故的直接原因，从而决定了以对能量源及能量传送装置加以控制作为防止或减少伤害发生的最佳手段这一原则；（2）依照该理论建立的对伤亡事故的统计分类，是一种可以全面概括、阐明伤亡事故类型和性质的统计分类方法。

B 扰动起源理论

1972 年，贝纳提出了事件链和事故过程链的逻辑图。他认为，在调查导致事故发生原因的过程中，每一次环境的变化都可以看作是一次事件，这样的事

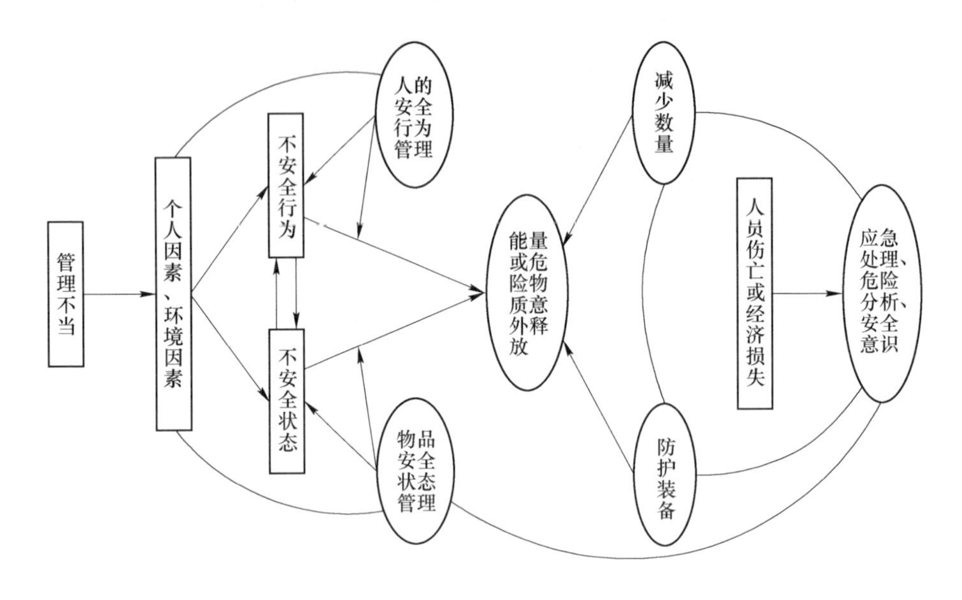

图 4-5 能量意外释放理论

件或者可以避免，或者成为导致另一事件发生的源泉。贝纳将引起事件发生的人或物称为“行为者”，其举止活动则称“行为”，外界条件的变化称为“扰动”。在贝纳的基础上，劳伦斯（Lawrence）于 1974 年提出扰动起源论，简称为 P 理论（Perturbation occurs）。他指出，事故发生的根本原因在于事件受到扰动。在一组相继的事件链中，如果存在某种扰动，促使事件链按一定的逻辑顺序流经系统，破坏系统的动态平衡状态，激化危险，则会造成人员伤害或物体损害，导致事故的发生。事件是事故发生的基本因素，任意事故的发生都有一个起源事件，起源事件在事故萌芽状态时就有了某种非正常的“扰动”，如图 4-6 所示。

4.1.1.3 涌现本质理论

涌现本质理论以面为载体，强调事故因素的层次结构、关联关系及其动态演化发展过程，主要包括轨迹交叉理论、系统安全理论和涌现理论。

A 轨迹交叉理论

轨迹交叉理论认为伤害事故是许多相互联系的事件顺序发展的结果。这些事件概括起来不外乎人和物（包括环境）两大发展系列。当人的不安全行为和物的不安全状态在各自发展过程中（轨迹），在时间、空间发生了接触（交叉），能量转移于人体时，伤害事故就会发生。而人的不安全行为和物的不安全状态之所以产生和发展，又是受多种因素作用的结果，如图 4-7 所示。

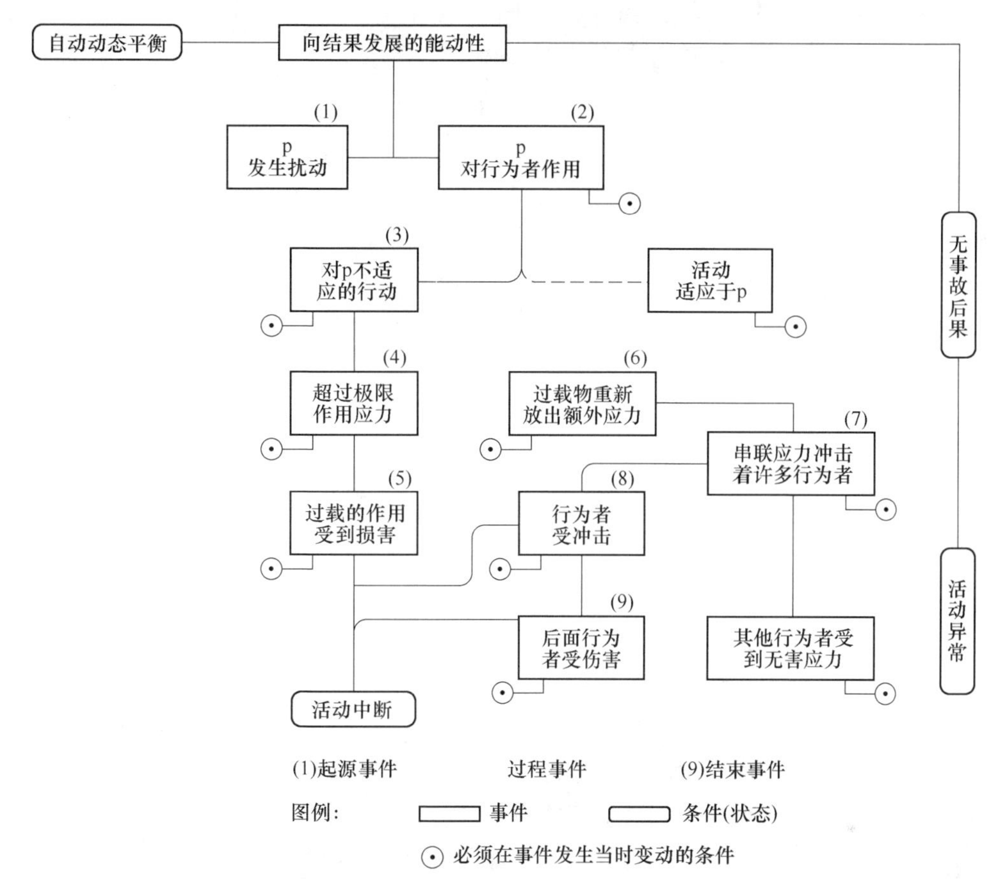

图 4-6　P 理论事故现象一般模型

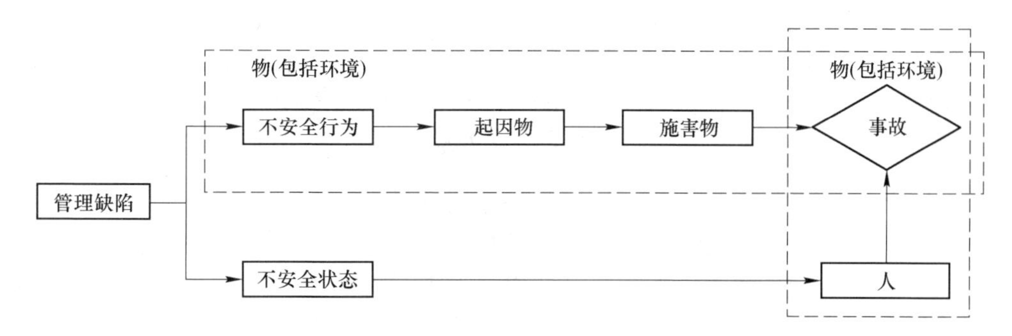

图 4-7　轨迹交叉理论事故模型

轨迹交叉理论强调人的因素和物的因素在事故致因中占有同样重要的地位。轨迹交叉理论将事故的发展过程描述为：基本原因→间接原因→直接原因→事故→伤害。因此，需要从事故发展运动的角度，描述事故致因导致事故的运动轨迹，具体包括人的因素运动轨迹和物的因素运动轨迹，见表 4-1。

表 4-1　人与物的因素轨迹

人的因素运动轨迹	物的因素运动轨迹
A. 生理、先天身心缺陷	a. 设计上的缺陷，如用材不当、强度计算错误、结构完整性差等
B. 社会环境、企业管理上的缺陷	b. 制造、工艺流程上的缺陷
C. 后天的心理缺陷	c. 维修保养上的缺陷，降低了可靠性
D. 视、听、嗅、味、触觉等感官能量分配上的差异	d. 使用上的缺陷
E. 行为失误	e. 作业场所环境上的缺陷

在施工过程中，人的因素运动轨迹按其 A→B→C→D→E 的方向顺序进行，物的因素的运动轨迹按其 a→b→c→d→e 的方向进行。人与物两轨迹相交的时间与地点，就是发生施工安全生产事故的“时空”，也就是导致事故发生的原因。

B　系统安全理论

系统安全是指在系统生命周期内，应用系统安全工程和系统安全管理方法，辨识系统中的隐患，并采取有效的控制措施使其危险性最小，从而使系统在规定的性能、时间和成本范围内达到最佳的安全程度。该理论认为：没有任何事物是绝对安全的，任何事物中都潜伏着危险因素。造成安全事故的危险因素通常称为危险源，危险源是潜在的危险因素。根据危险源在事故发生、发展中的作用，把危险源划分为两大类，即第一类危险源和第二类危险源。

（1）第一类危险源。根据能量意外释放论，事故是能量或危险物质的意外释放，作用于人体的过量的能量或干扰人体与外界能量交换的危险物质是造成人员伤害的直接原因。于是，把系统中存在的、可能发生意外释放的能量或危险物质称作第一类危险源。第一类危险源具有的能量越多，一旦发生事故其后果越严重。相反，第一类危险源处于低能量状态时比较安全。同样，第一类危险源包含的危险物质的量越多，干扰人的新陈代谢越严重，其危险性越大。

（2）第二类危险源。在施工过程中，为了利用能量，让能量按照人们的意图在系统中流动、转换和做功，从而按照人们的意愿完成生产活动，必须采取措施约束、限制能量，即必须控制危险源，防止能量意外释放。实际上，绝对可靠的控制措施并不存在，在许多因素的复杂作用下约束、限制能量的控制措施可能失效，能量屏蔽可能被破坏而发生事故。导致约束、限制能量措施失效或破坏的各种不安全因素称作第二类危险源。

第一类危险源的存在是事故发生的前提，没有第一类危险源就谈不上能量或危险物质的意外释放，也就无所谓事故。另一方面，如果没有第二类危险源破坏对第一类危险源的控制，也不会发生能量或危险物质的意外释放。第一类危险源在事故时释放出的能量是导致人员伤害或财物损坏的能量主体，决定事故后果的严重程度；第二类危险源出现的难易决定事故发生的可能性的大小。两类危险源共同决定危险源的危险性。

在注重管理操作人员的不安全行为的同时，还应通过改善物的系统的可靠性来提高复杂系统的安全性，从而避免事故。不确定性和耦合性（强或弱）是导致事故发生的根本原因。在一个新系统的规划、设计阶段，就应开始注意安全工作，且一直贯穿于制造、安装、投产，直到报废为止的整个系统寿命周期内。依据系统安全理论，针对地下管廊，可以通过制定有效的管理方法，如安全事故判定技术、管廊节段标准化作业、职业安全分析或提高人员安全意识等进行安全风险管理。

C 涌现理论

涌现（emergence），也译为突现，其理论主要奠基人约翰·霍兰德（John Henry Holland）指出：涌现是一个系统中个体间预设的简单互动行为所造就的无法预知的复杂样态的现象。对涌现的揭示随着系统论、控制论和信息论的发展以及对复杂系统的研究而逐渐推进。20 世纪 80 年代，圣塔菲研究所（Santa Fe Institute）开始正式讨论复杂系统中的问题，标志着复杂性科学的诞生。系统科学把复杂系统整体才具有的，而孤立的系统元素及其总和不具备的特性，称为涌现。该理论认为，事故是微观致因因素耦合交互所导致的系统层面的突变式涌现，致因因素之间的耦合关联及其进一步所导致的事故涌现是复杂系统事故规律日益复杂的重要原因之一。涌现形成的机制为：大量自治性个体在环境刺激下，共同装载某些相同的行为规则，通过行为规则中的反馈作用，生成某种宏观上的有序现象。

综合上述几种事故致因理论可以得出：事故致因理论在不断的发展中，从片面地将事故的发生归因为人的事故，到从人、物等不同的角度进行分析，可以看出事故致因理论为事故原因的分析提供理论；轨迹交叉理论引导我们从不同的角度进行分析引发事故的原因；因果连锁理论中，某一因素出现问题引发另一因素出现问题，进而形成多米诺骨牌效应，导致事故的发生。从理论上说，可以看到不同的事故发生往往都不是简单地由一个单一的风险因素造成的，常与风险因素相互影响和相互作用有关。

4.1.2 理论特性

4.1.2.1 行为本质理论的缺陷

行为本质理论的基本观点为：事故是由于一系列直接关联的事件造成的，通过监控导致损失的事故链可以有效预防事故。Heinrich 的多米诺骨牌模型（1936）是最早发表的一般性的事故模型之一，该模型中事故序列被比作 5 个前后排列的多米诺骨牌，其中遗传或者社会环境导致人为失误，人为失误是不安全性行为和状态的直接原因，不安全行为和状态导致事故的发生，事故发生导致伤害发生。1976 年，Bird 等将管理决策因素引入多米诺模型。同年，亚当斯提出了一种不同的增加管理的事故模型。20 年后 Reason 重塑了多米诺模型，并命名为瑞士奶酪模型，其实只是用多层奶酪代替了骨牌，并且将奶酪或者骨牌界定为拥有瑕疵的防御层。事故链模型对于只包含简单物理失效的事故是适用的，但是该模型忽略了对事故链非直接致因的考虑。行为本质理论中只是包括事件或者导致事件的状态，链式结构表示事件和状态的一种交互出现，事件和状态之间的区别在于事件发生在有限的时间内，而状态能持续直到一些事件发生，从而导致新的或变化的状态。行为本质理论的重要缺陷主要体现在：直接的因果关系假设，主观地选择事件、状态，以及缺乏对系统因素的考虑。

（1）直接的因果关系假设。行为本质理论中事件间（或者骨牌、奶酪之间）的因果关系是直接的和线性的，也即前序事件必须发生，与之相关的状态必须出现，后续的事件才会发生：如果事件 A 没有发生，那么与之相连的后续事件 B 也就不会发生。每一个事故链模型只是给出了有限的线性因果关系，很难也不可能去解释非线性关系。

（2）事件或状态选择的主观性。选择包含在事件链中的事件依赖于确定事件解释范围的停止法则和信息的充足与否。链中的第一个事件被界定为初始事件或者根源事件，但初始事件的选择是任意的，一般而言，初始事件的前序事件或者状态往往可以被补充。有时初始事件被选择是因为它代表了一种类型的事件，这类事件是被人所熟知的，而且作为事件的解释能被接受，或者它就是对标准的一种背离。

（3）缺乏对系统因素的考虑。事故链模型将事故视为链式的事件和状态，可能限制对事故的理解和学习，并且可能导致忽略一些系统性的事故因素。每一个用于解释事故的行为本质理论都关注引发事故的直接事件，但导致事故的基础致因经常是隐藏了很多年。一个事件触发了某种事故，但是如果这个事件没有发生，其他的事件仍会导致事故。

4.1.2.2 涌现系统理论的优势

生产力发展水平的提高，促进了安全观念的转变，使事故致因理论不断发展完善。由于事故链模型和病理学模型不能较好地解释复杂系统中元素间的各种动态性和非线性交互作用，系统论模型被提出，该理论认为事故发生对应于系统元素间非线性作用所涌现出的一种不安全状态，系统中存在的危险源是事故发生的根本原因。

系统论模型研究中，Leveson 教授从复杂性科学的角度出发提出了系统理论事故模型和流程分析法（systems theoretic accident model and process，STAMP），把安全看作是在一定环境下系统元素相互作用而产生的涌现（emergence）特性，而涌现特性受到与系统元素行为相关约束的控制或强制。Hollnagel 教授的认知可靠性和失误分析方法（cognitive reliability and error analysis method，CREAM），以及功能共振事故模型（functional resonance accident model，FRAM）都是较为典型的系统论模型。

系统论模型应用现代系统论的观点来考查事故成因，其区别于传统非系统论模型的优势主要体现在：

（1）考虑如何通过提高部件可靠性、交互可靠性及环境稳定性来提高复杂系统安全性，从而避免事故。

（2）认为安全是相对的，任何系统中都潜伏着危险因素。

（3）不追求根除一切危险源，只是通过减少现有危险源的危险性来减少总的危险性。

（4）通过控制危险源，降低事故发生概率，或在事故发生时，把伤害和损失降到最低。

（5）考虑危险源的动态特性，关注危险源非线性交互所导致的系统临界状态。

系统论模型立足于风险客观性和安全相对性的视角，强调了对危险源的动态控制。通过提高部件可靠性和交互可靠性来避免事故，是本质安全化设计理念的体现；将危险源控制在一定范围内，与安全边界有关，也与安全性设计关联。然而系统论模型的精髓主要体现在其对事故过程动态性和整体性的思考，即将事故过程看成是因素动态交互作用的结果。因此，从一定程度上而言，事故过程就是风险的动力学。

4.2 地下管廊结构沉降变形安全系统事故致因因素

4.2.1 安全系统致因指标筛选

复杂系统事故状态的出现是事故系统结构发生某种阶跃式突变，从而触发了安全事故。地下管廊施工是一项涉及多因素的系统工程，无疑属于复杂系统的范畴。复杂系统的安全事故包括部件失效、交互紊乱、环境扰动、适应性衰退和信息缺乏 5 个一级致因要素。现有研究现状对 5 个致因指标的描述为：（1）部件失效包括物理部件故障、人为失误、安全文化薄弱、组织失效等；（2）交互紊乱包括约束失效、非功能性交互、重复或遗漏控制、部件协同性差等；（3）环境扰动主要指环境冲击造成的信息、物质、能量交互过程的紊乱或者中止；（4）适应性衰退包括行为失控、系统结构脆性等；（5）信息缺乏包括因信息缺乏所导致的认知缺陷和应变能力差等。

结合地下管廊系统风险因素的类型，从事故致因的角度研究地下管廊施工安全风险的演化与形成。在进行安全致因因素指标筛选时，应首先明确下列原则：

（1）针对性。从客观复杂系统到事故系统是遵循扩大系统边界的原则，以使涵盖更多的系统性事故因素。明确复杂系统是重点针对人-机系统而进行的指标描述，因此，在概念的描述上具有偏向性，在进行指标概念界定时，即使选择同样的指标名称，其内涵也有所改变。

（2）全面性。事故致因因素的内容应结合工程项目的特点，有针对性地对内容进行外延或局限，如复杂系统的环境主要针对内部环境因素，因此在考虑环境扰动时，应将环境指标进行外延，体现内部环境和外部环境两个方面。除此之外，组织层面的因素对事故发生起着至关重要的作用，在进行指标筛选和内容界定时，不能忽视其重要性。

因此，通过上述方式共筛选出 14 个一级事故致因因素，这些因素是复杂系统安全事故致因因素在工程项目中的具体特征表现，对于多数复杂工程项目是适用的；也可以对以上 14 个因素进行进一步细分，更具有针对性地寻找安全致因因素。

4.2.2　指标描述

若 5 个一级致因因素相互作用，则造成系统风险状态的演变。如果将与复杂系统安全性相关的系统结构状态定义为系统风险状态，则必定存在一个临界的风险状态，一旦系统风险状态超过临界阈值则可能会导致系统崩溃，即触发安全事故。假定 5 个一级致因所处的状态用 a_1、a_2、a_3、a_4、a_5 来描述，则系统的风险状态可描述为

$$f_R - (a_1,\ a_2,\ a_3,\ a_4,\ a_5)$$

其中，f_R 为系统的风险状态，它是关于 a_1、a_2、a_3、a_4、a_5 的函数。

（1）机械设备故障。指施工机械及附属设备的各种失效与故障。将物理部件故障因素表述为机械设备故障。

（2）人为失误。指操作人员未按规程而进行的错误操作，如疲劳工作、安全防护不到位、技术不熟练、违规操作、重复或遗漏施工。人为失误中，应排除特定环境下的操作者行为，特殊环境下的违规操作可能可以有效避免事故的发生。考虑到重复或遗漏控制是由于人为因素而造成的，因此将该风险指标归入人为失误这一因素。

（3）安全文化薄弱。指单位的安全文化建设不到位而产生的组织管理缺陷，

如安全氛围不浓厚、安全观念淡薄、安全教育不到位、安全监督关系缺失。

(4) 组织失效。指管理部门或人员的组织措施失效，如机构设置不合理、安全检查落实不到位、事故应急处理迟缓。约束失效中本身包含硬约束和软约束。硬约束主要指物理部件间的相互制约关系失效，其施作主体为机械，一并归入机械设备故障因素。该指标在此主要指软约束。

(5) 非功能性交互。是用来评价系统运行状态的需求，主要指可预期的交互作用外的非线性耦合作用，如基坑监测方案不合理、施工安全预警机制不健全。考虑到非功能性交互概念中，监控需求包含需要监控哪些数据、如何监控、需要什么样的报警以及是否运用了合理的工具这四个概念；性能需求包含是否有做性能测试的需求这一概念。因此，可将停工时间不合理、监测方案不合理、预警机制不健全指标作为该风险指标的具体内容。

(6) 物质交互受阻。指物质无法正常交互，如施工人员、机械、材料、水源的不足。考虑到对于工程项目而言，物质的形式更多元化，但仍以有形物质为主，不考虑无形物质因素。将该指标的内容进行外延，由复杂事故致因因素描述中的机械能量延伸为力学理论中的动能和势能。

(7) 能量交互受阻。指能量无法正常传递，如施工作业突然断电。

(8) 信息交互受阻。指急需信息无法及时提供，如施工人员通讯不畅、无事故事件通报。无事故事件通报，主要指同性质单位之间对于事故事件不进行相互通报，或者对事故事件通报视而不见。考虑该因素是由于主观形成的信息交互受阻，将该处信息交互受阻指标内容进行外延，包含主观和客观两种信息交互模式。

(9) 行为失控。指人员行为失控，如人的心理素质、生理状况异常。行为失控中的机械行为失控，主要是机械的行为异常，一并归为机械设备故障因素。

(10) 系统结构脆性。指系统与生俱来的容易崩溃的性质，是系统的本质属性，如不良地质、地下水位升高。该属性与系统所受的内外界的干扰和冲击强度有关，施工所依附的项目地质环境、水文环境等自身环境条件，属于其本身的个体特征，一并归入该指标的范围。

(11) 知识更新慢。指安全认知能力提高缓慢，新的安全知识不能被及时接受，高效的安全控制手段不能被及时采纳。

(12) 应变能力差。指应对突发情况不能采取及时有效的纠正措施，不能根据实际环境修正规则制度所确定的行为。

(13) 认知缺陷。指不能及时发现系统的安全隐患，对事故机理缺乏准确的认知，如安全管理水平不足、应急处理能力不足。

(14) 不确定性。指因信息缺乏所导致的各种难以做出正确决策的情形，如人员信息资料不全、地质勘查信息缺失、监控视频信息疏漏、自然灾害的突发性。

4.2.3 安全事故致因因素分析

4.2.3.1 调研问卷分析

A 调研问卷的发放与回收

为保证调查质量，取得满意的调查效果，调查范围和被调查人员的选择十分重要。本次问卷调查选择目前在建和已建的地下管廊项目进行，调查对象主要包括中建三局、中建五局、中建八局、中冶十七集团各施工单位的安全领域专家、高层管理人员、现场技术人员和现场作业人员。由于致因因素变量为 14 个，调查共发放问卷 150 份，回收问卷 130 份，其中有效问卷 120 份，无效问卷 10 份，有效回收率为 92.3%。有效回收问卷大于 5 倍观测变量（70），符合数据统计分析的要求。无效问卷认定标准为连续或全部选择同一影响程度、存在漏选现象、选择互相矛盾、出现答案完全相同的问卷（视为 1 份）等。

B 信度与效度检验

使用 SPSS24.0 软件对问卷进行信度效度检验。信度反映量表的一致性及稳定性，可分为内部信度与外部信度。目前，内部信度通常用 Cronbach α 系数来表示。Cronbach α 值在 0.6~0.7 之间，则表示信度尚可；若在 0.7~0.8 之间，则表示信度佳；若在 0.8~0.9 之间，则表示信度甚佳；若满足 0.9 以上，则说明信度非常理想。

从表 4-2 可知：信度系数值为 0.924，大于 0.9，说明数据信度质量很高。针对“项已删除的 Cronbach α 系数”，分析项被删除后的信度系数值并没有明显的提升，说明题项全部均应该保留，进一步说明数据信度水平高。针对“CITC 值”，分析项对应的 CITC 值全部均高于 0.4，说明分析项之间具有良好的相关关系，同时也说明信度水平良好。因此，数据信度系数值高于 0.9，删除题项后信度系数值并不会明显提高，综合说明数据信度质量高，可用于进一步分析。

表 4-2 地下管廊施工安全致因因素调查量表信度分析

序号	致因因素	校正项总计相关（CITC）	项已删除的 α 系数	Cronbach α 系数
1	机械设备故障	0.583	0.921	0.924
2	人为失误	0.620	0.919	
3	安全文化薄弱	0.666	0.918	
4	组织失效	0.723	0.916	
5	非功能性交互	0.730	0.916	
6	物质交互受阻	0.578	0.921	
7	能量交互受阻	0.462	0.925	
8	信息交互受阻	0.730	0.916	

续表 4-2

序号	致因因素	校正项总计相关（CITC）	项已删除的 α 系数	Cronbach α 系数
9	行为失控	0.690	0.917	0.924
10	不确定性	0.515	0.923	
11	系统结构脆性	0.685	0.917	
12	认知缺陷	0.699	0.917	
13	应变能力差	0.698	0.917	
14	知识更新慢	0.780	0.914	

效度检验的目的是为了确保调查量表的正确性和有效性。所调查问卷效度越高则越能反映调查内容。然而，对于内容效度的检验，多基于主观判断。本节所设计的调查问卷是基于相关文献研究，通过风险辨识及分析整理、结合现场调研、征询专家意见后确定的。同时，在数据收集过程中，有针对性地选择地下管廊项目及被调查对象，因此认为本调查问卷具有较高的内容效度。

4.2.3.2 层次聚类分析

层次聚类是针对定量数据进行研究，探索分析项的类别归属的分析方法。层次聚类（hierarchical clustering）是聚类算法的一种，通过计算不同类别数据点间的相似度来创建一棵有层次的嵌套聚类树。层次聚类的合并算法通过计算两类数据点间的相似性，对所有数据点中最为相似的两个数据点进行组合，并反复迭代这一过程。在聚类树中，不同类别的原始数据点是树的最低层，树的顶层是一个聚类的根节点。层次聚类算法原理如图 4-8 所示。

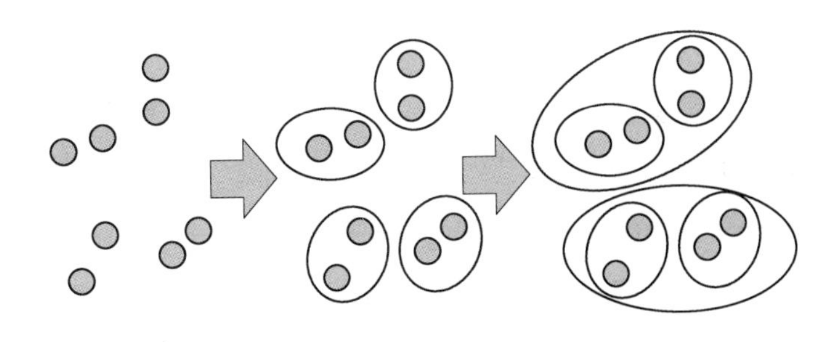

图 4-8 层次聚类算法原理

层次聚类使用欧氏距离来计算不同类别数据点间的距离（相似度），通过创建欧氏距离矩阵来计算和对比不同类别数据点间的距离，并对距离值最小的数据点进行组合。计算结果见表 4-3 和表 4-4。

表 4-3 地下管廊结构施工安全事故致因因素聚类项描述

序号	致因因素	最小值	最大值	平均值	标准差	中位数
1	机械设备故障	1.000	5.000	2.919	1.140	3.000
2	人为失误	1.000	5.000	3.324	1.056	3.000
3	安全文化薄弱	1.000	5.000	3.459	1.120	3.000
4	组织失效	1.000	5.000	3.595	1.301	4.000
5	非功能性交互	1.000	5.000	3.757	1.211	4.000
6	物质交互受阻	1.000	5.000	3.541	1.192	3.000
7	能量交互受阻	1.000	5.000	3.243	1.116	3.000
8	信息交互受阻	1.000	5.000	3.243	1.140	3.000
9	行为失控	1.000	5.000	3.054	1.129	3.000
10	系统结构脆性	1.000	5.000	3.243	1.188	3.000
11	知识更新慢	1.000	5.000	3.270	1.122	3.000
12	应变能力差	1.000	5.000	3.378	1.037	3.000
13	认知缺陷	1.000	5.000	3.351	1.060	3.000
14	不确定性	2.000	5.000	3.486	1.121	3.000

表 4-4 地下管廊结构施工安全事故致因因素聚类类别

序号	致因因素	所属类别
1	不确定性	Cluster_ 1
2	认知缺陷	Cluster_ 1
3	知识更新慢	Cluster_ 1
4	应变能力差	Cluster_ 1
5	安全文化薄弱	Cluster_ 1
6	组织失效	Cluster_ 1
7	非功能性交互	Cluster_ 1
8	行为失控	Cluster_ 2
9	系统结构脆性	Cluster_ 2
10	机械设备故障	Cluster_ 2
11	人为失误	Cluster_ 2
12	物质交互受阻	Cluster_ 3
13	能量交互受阻	Cluster_ 3
14	信息交互受阻	Cluster_ 3

将前面每一步的计算结果以树状图的形式展现出来就是层次聚类树。最底层是原始 A 到 G 的 7 个数据点。依照 7 个数据点间的相似度组合为聚类树的第二层 (A，F)，(B，C)，(D，E) 和 G。以此类推生成完整的层次聚类树状图，如图 4-9 所示。

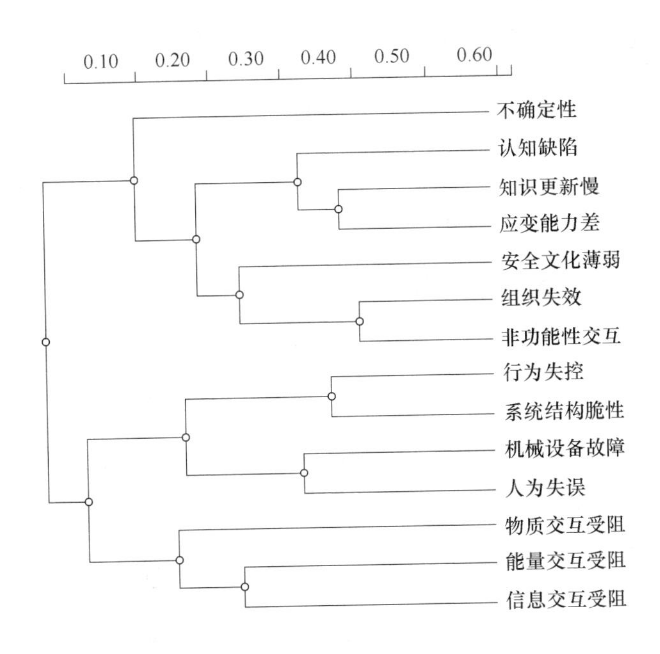

图 4-9 地下管廊施工安全事故致因因素层次聚类树状图

在对各指标进行重新界定、合并、删减之后，针对地下管廊结构施工安全的致因因素进行了重新归类。通过上述聚类树状图可以直观地看出，环境扰动所包含的三大类仍然聚类为一类，分布在最底层；机械设备故障、人为失误、行为失控和系统结构脆性四项归为一类，主要体现人、物和自身环境的影响，可以表述为个体特征缺陷；安全文化薄弱、组织失效和非功能性交互三项归为一类，主要体现管理者的组织管理的影响，可以表述为组织紊乱；认知缺陷、知识更新慢、应变能力差三项归为一类，主要体现管理者对安全本身的认知及应急处理能力的不足，仍然可以表述为适应性衰退，这里的适应性是指对新知识、新事物、突发状况的认知与适应；不确定性主要体现的各种信息，包括设计勘察等资料的缺失，仍然表述为信息缺乏。因此，通过层次聚类，将地下管廊结构施工安全事故 5 个致因因素进行重新归类和界定，细分为以下 5 类地下管廊结构安全系统事故致因因素图，如图 4-10 和图 4-11 所示。

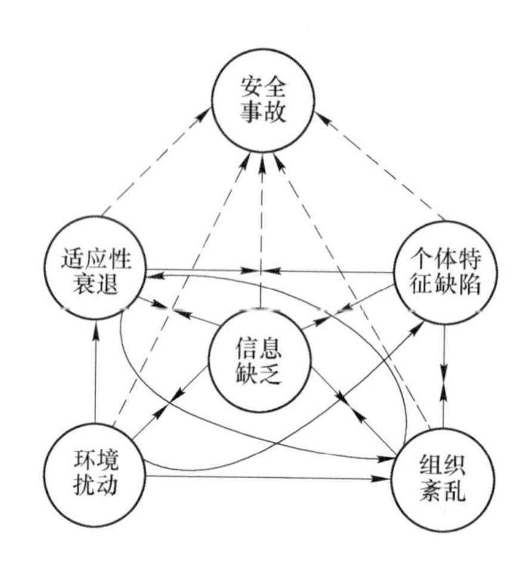

图 4-10　地下管廊结构施工安全系统风险构成

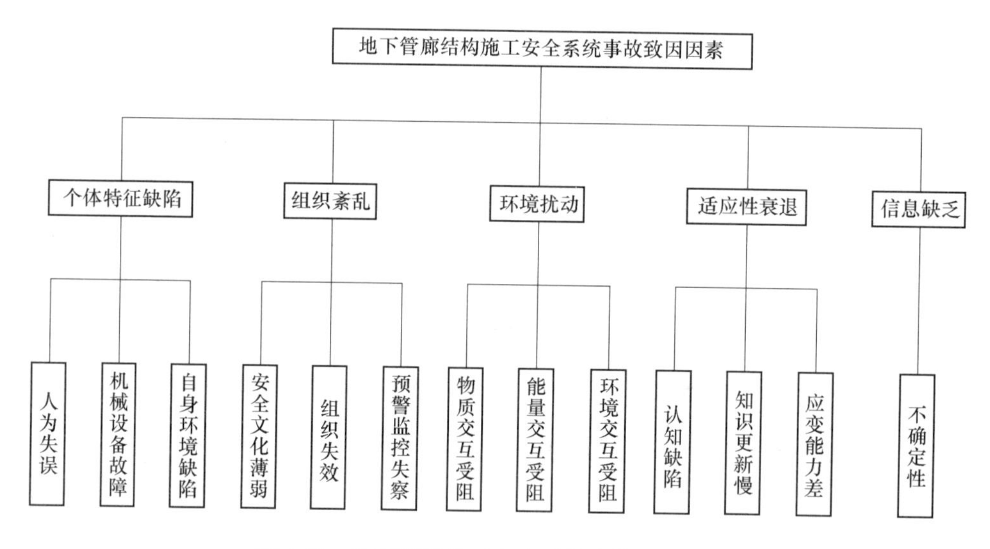

图 4-11　地下管廊施工安全系统事故致因因素

4.3　地下管廊结构沉降变形安全风险控制机理

4.3.1　地下管廊结构沉降变形管理风险控制

地下管廊施工安全管理风险影响机理，是有序多事件系统状态的演化过程。该类安全风险的发生，往往是由一个或多个风险源出现致险因子开始的，倘若对这些风险源不加以合理控制，就会导致风险的继续扩大，进而导致安全事故的发生。具体的风险发生机理，如图 4-12 所示。

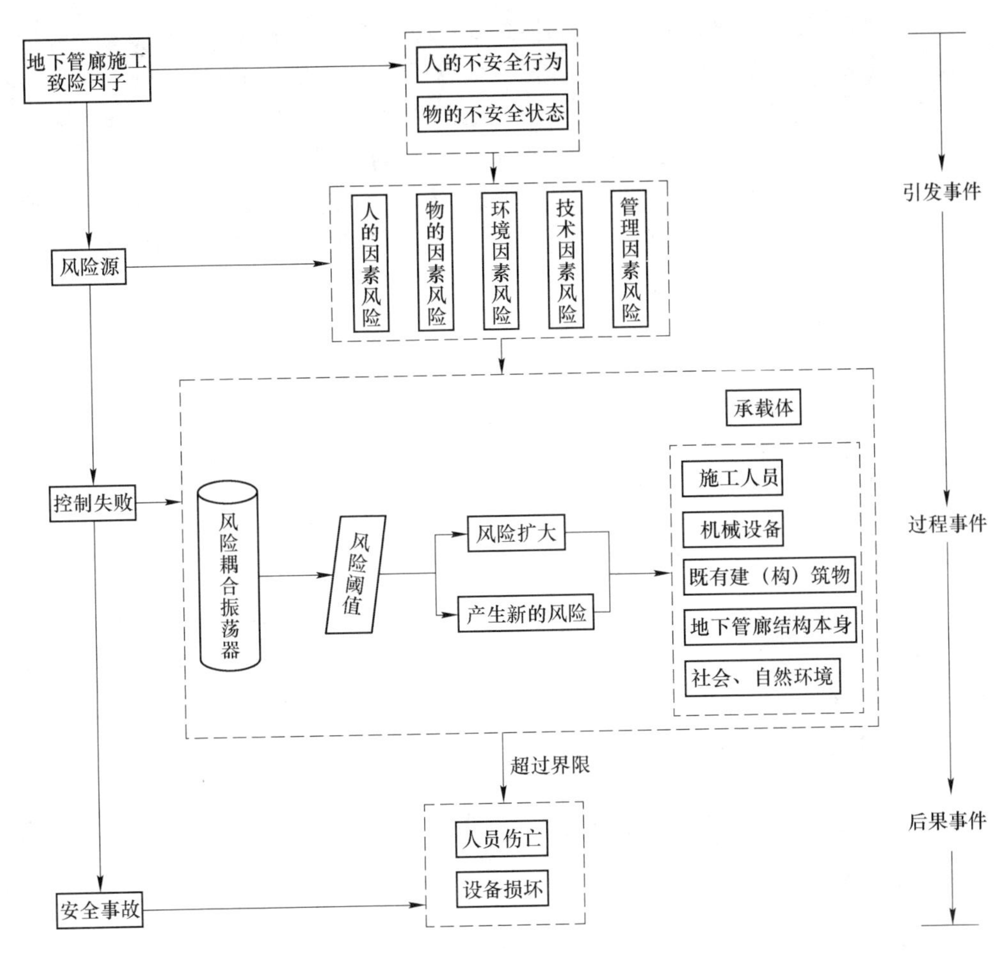

图 4-12　地下管廊安全管理风险影响机理

致险因子具备多样性、随机性、耦合性等特征，人的不安全行为及物的不安全状态，诱发人为因素、物的因素、环境因素、技术因素、管理因素五大风险，进而形成可能引发安全事故的场景条件。场景条件主要由引发事件、过程事件及后果事件三部分构成。引发事件的发生意味着安全事故的开始。过程事件是紧跟其后的可能发生的事件，如果控制不利或不被控制，将会引起后果事件。后果事件则是产生损失的事件，它会造成人员、经济、环境等损失。对于地下管廊施工项目而言，新建工程现场与既有结构组成的复杂环境、各类施工专项支护方案和现场多维管理等共同构成安全事故发生的前提条件，是需要重要监控管理的对象。

4.3.2　地下管廊结构沉降变形技术风险控制

安全风险预警的研究重心在于事前控制中的预警分析、决策选择两方面。预警模型所调整的信息数据将会反馈到信息处理库，能够保证在同等条件下不安全状态的消除，从而循环往复不断对预警模型进行优化。风险预警模型的工作内容包括指标体系构建、安全监测方案制定、安全风险预警系统建立等，工作的顺利完成是施工安全风险预警模型能够有效顺利实施的技术保障。

安全风险控制是建立在监测、风险评估和预警模型的基础上，通过三者间的协调配合，全面掌握施工阶段的安全状态，制定相应预控策略方案。通过有效的风险预警，既能够保证施工阶段安全状态的维持，又可以将危险状态的关键因素锁定，避免连锁反应，同时针对不安全状态，还可以进一步优化预控方案，直到恢复正常状态。

为实现安全风险控制，应对某一施工状态下，所涉及的安全风险事件的类型、特征和状态进行监控，并分析风险事件历史数据，对风险事件进行状态描述。同时，在此基础上进行安全风险评价，然后基于安全监测与风险评价，进行施工安全预警，当预警指标阈值超过安全阈值，则应给出预警信号。最后，通过要素间的相互作用机理、方法体系、工作流程、运作模式等关键信息，应用多情境条件下的预警模型，达到优化施工任务和路径的目的。因此，安全风险控制的主要工作包括施工安全监测、预警以及相关安全控制措施的开展。其中，施工安全监测包括检测项目确定、监测方案制定、监测数据处理等。具体的安全系统控制机理如图 4-13 所示。

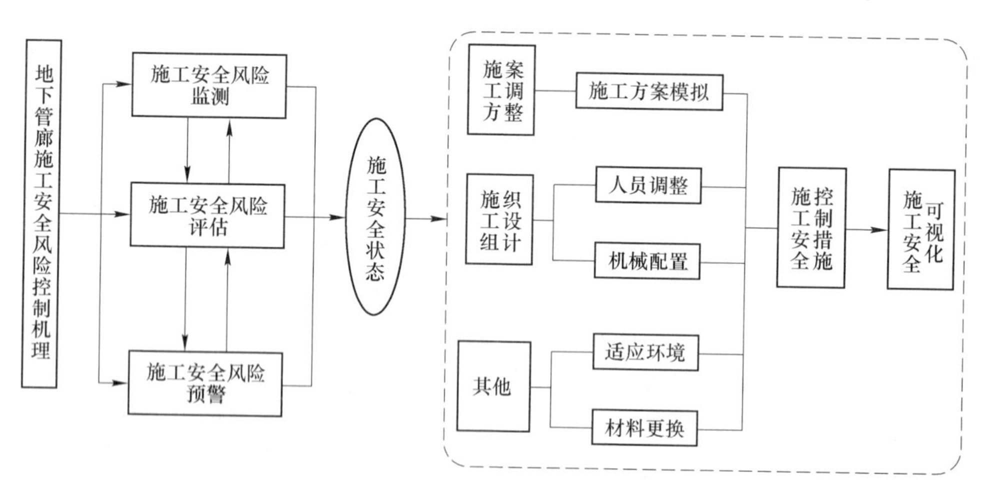

图 4-13 地下管廊安全技术风险控制机理

4.3.3 地下管廊结构沉降变形安全系统风险控制

安全问题实际上是一个控制问题，通过“认知—约束”思想实施的一系列控制行为及过程。“认知—约束”模型中，认知是前提，约束是手段，安全是目的。认知主要从结构和功能两个方面进行，而约束就是对结构演变中的风险状态的出发和转移进行控制。从系统观念出发，明确可能引发事故发生的风险事件及其风险因素，在安全认知的基础上，提前规避风险，做好控制行为，继而达到安全约束的目的，是非常必要且有效的安全控制手段，如图 4-14 所示。

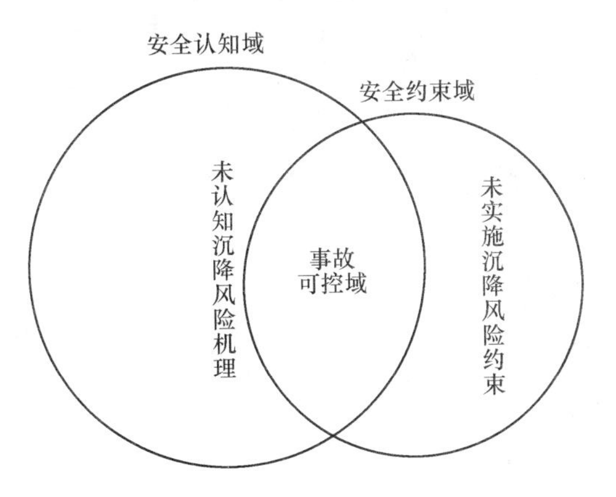

图 4-14 “认知—约束”模型广义内涵

从安全事故致因理论、事故分析及现状调研来看，组织管理等因素对于地下管廊施工安全有着关键的影响。除此之外，事故可以看作是控制不足导致的结果，而不是某一失效事件造成的后果，是系统元素相互作用而产生的一种涌现现象。地下管廊事故的发生可以认为是系统安全的一种表现形式，针对其进行安全分析的系统思想应当把安全看作一种涌现现象。

如果把地下管廊施工的技术任务或活动看作是一个控制过程，认知是指对施工过程中系统涵盖的个体、组织、环境、适应性及信息的认识，约束是指为了实现地下管廊施工安全而进行的一系列控制行为，通常为了实现约束的目标，需要以技术作为桥梁。将认知与约束进行衔接，最终通过组织措施的实施，来达到安全控制的目的。

5 地下管廊结构沉降变形施工风险评估

5.1 地下管廊结构沉降变形施工风险评估指标体系

5.1.1 施工管理风险影响因素

风险影响因素的识别，是在分析风险因素的基础上，做出相应的风险预控及应对决策。地下管廊施工中涉及的风险因素众多，事故的产生是由多个风险因素共同作用的结果。从地下管廊施工安全管理风险影响机理来看，人、物、环境、技术及管理因素是影响施工安全的风险因素类别，具体表现为：

（1）人的因素。人的因素引起的安全风险，是指由于人的不安全行为导致的安全风险。人是施工过程的直接参与者，人的不安全因素是导致事故发生的直接因素。人的不安全行为会引发管理失误、机械不安全等问题，从而直接或间接导致施工安全事故。我国地下管廊建设起步较晚，施工人员可能存在违章操作、冒险操作、操作技术不娴熟、使用不安全设备等专业技术知识不足问题。因此，人员技术素质、人员安全意识及人员安全防护是人的因素中的主要影响因素。

（2）物的因素。物的因素引起的安全风险，是指由于机械设备的不安全状态或材料性能的不安全而导致的安全风险。在地下管廊盾构施工过程中，盾构机及其设备是否正常运作，将直接影响施工的安全。盾构机属于较复杂且自动化程度较高的设备，由许多机械设备组装而成，因此，一旦机械本身出现故障或其他因素导致机械失误，都将会导致安全风险的发生。造成机械设备发生事故的原因，主要包括设备的质量、维修和报废三个方面。机械设备的质量与施工安全性能密切相关，应严格把控机械设备质量、及时进行机械设备维修、定期报废老旧机械等，以避免施工安全事故的发生。

同时，材料质量及性能是否合格直接关系着既有结构加固作业的安全。若在施工过程中未能做好施工材料的准备与储藏工作，或材料性能不达标，都很可能导致一系列安全问题的发生。为了减少物的因素导致的不安全行为发生的可能性，通过合理配备安全防护可以在一定程度上减少安全事故的发生。因此，机械设备的状态、机械设备的运行控制、材料的质量控制及安全防护投入是物的因素的主要影响因素。

（3）环境因素。环境因素引起的安全风险，是指由于地下管廊所处地质环境及其在作业过程中其他环境的不确定性导致的安全风险。对于地下管廊施工项目而言，受现场环境因素的影响较大。环境因素是影响穿越施工的重点风险，也是最为突出的风险，包含地质水文、自然环境、法制环境等多方面因素。其中，满足可控性原则的风险主要体现在地质水文环境、施工环境及既有结构环境三方面。

（4）技术因素。技术因素引起的安全风险，是指由于施工工艺及技术的不安全作业而导致的安全风险。施工前的勘查工作、施工中的技术决策及实时动态监测的开展，是保障其安全的关键。通常，地质勘查、工程现场等设备有限，若勘查资料不详实，很可能造成计算失准，影响后续设计工作。若引起设计失误等问题，则会使结构的安全度不足，从而可能诱发安全事故。地下管廊施工环境相对复杂，其施工方案与检测监测方案的确定需要考虑的因素众多，施工方案的合理性及检测监测方案的合理性直接影响安全风险发生的大小及概率。另外，采取相应的辅助施工措施，是保障既有结构安全的有效措施。

（5）管理因素。管理因素引起的安全风险，是指由于机构设置、制度建立、安全教育、安全培训等方面的不足，影响人员、机械、环境等因素而形成的安全风险。通常，组织管理是影响地下管廊施工安全的关键因素。组织管理是建筑产品形成过程中的重要投入手段，为了达到良好的施工安全目标，安全生产责任制度的制定及组织机构的建立是其进行的先决条件。同时，定期进行安全培训教育，完善的安全检查制度也是保证施工安全的必备管理手段。

5.1.2 施工管理风险预警指标

5.1.2.1 人的因素（R_1）

人的因素是指由于人的不安全行为及不安全状态而导致的安全风险。人的因素主要体现为人员技术素质、人员安全意识及人员安全防护三个方面。其中，人员专业技能掌握情况、安全培训作业情况、特种作业无证上岗比例、人员文化素质水平是人员技术素质的体现。

A 人员专业技能掌握情况（R_{11}）

我国地下管廊事业起步较晚，面临穿越各类既有结构的现状相对复杂，专业技术或实践经验丰富的人才匮乏，多数施工人员不具备娴熟的施工技术，常存在违章操作、操作技术不熟练、安全设备使用不当等专业技术问题。

B 安全培训教育情况（R_{12}）

通过定期安全培训，可以有效提高人员安全意识及施工人员的安全重视程度，促进施工人员安全技术能力的提升，管理人员的责任感也会随之提高。应根据作业施工情况，按工种、作业部位、施工进度等进行安全教育专业性划分，以实现动态安全教育，避免安全事故的发生。

C 特种作业无证上岗比例（R_{13}）

《建设工程安全生产管理条例》规定，项目专职安全生产管理人员、项目负责人、施工单位主要负责人，必须经考核合格后才可任职。同时，特种作业人员须经考核通过后方能持证上岗。

D 人员文化素质水平（R_{14}）

目前，多数地下管廊作业人员文化水平普遍偏低，仍存在未经专业技术培训参与施工作业的现象。应加强作业人员上岗前“三级教育”及技术交底，配合开展人员文化教育与职业技术培训，进一步提高施工队伍人员综合素质。

E 人员安全意识（R_{15}）

当人员安全意识出现疏忽或滞后，则易产生人的不安全行为。地下管廊施工过程中人员安全意识薄弱主要表现在安全意识淡薄、作业时注意力不集中等方面。

F 人员安全防护用品穿戴情况（R_{16}）

进入施工现场必须按照施工人员职能带好红、黄、蓝、白色安全帽并系好下颌带，且佩戴好胸牌。当施工现场防护设施不完善时，操作人员必须系挂安全带。

5.1.2.2 物的因素（R_2）

物的因素包括机械因素与材料因素。物的因素指由于物的不安全状态而使施工过程存在不安全的可能性。物的因素主要体现为机械设备状态、机械设备运行控制、材料质量控制及安全防护设施投入四个方面。物的不安全状态是由机械运行状态及材料质量的优劣决定的，机械设备运行状态良好，是保证施工安全的前提，是现场安全管理的重点，可通过检测机械运行状态、材料质量合格率进行指标分析。另外，机械缺乏相应的管理与维护，主要由机械故障率、机械保养及维修情况来反映，而安全防护设施的投入情况主要由安全防护设施的投入比例来反映。

A 机械设备故障率（R_{21}）

机械设备故障指在设备寿命期内，由磨损或操作使用等原因造成的，设备暂时丧失原有功能的状态。设备在投入服役期限内，发生故障的次数和使用时间之间有着一定宏观规律。设备故障率的演变分为初期故障期、偶发故障期和磨损故障期。因此，明确机械设备的使用阶段可以相对应地判别设备故障率，处于初期故障期和磨损故障期的机械设备故障率高于偶发故障期。

B 机械设备的保养与维护情况（R_{22}）

每日加强对机械设备的保养与维护，保证施工机械能够安全、平稳地运行，是避免由于物的因素出现不安全状态的必不可少的措施。

C 机械设备质量合格率（R_{23}）

机械设备的质量、维修和报废，是造成机械设备发生事故的原因。机械设备的质量直接影响着施工安全及设备性能，所购买的机械设备质量好坏，会影响安全风险发生的概率。

D 机械设备安全管理（R_{24}）

机械设备的安全管理一般是由设备管理部门和安全管理部门共同担任。其中，设备管理部门侧重于设备正常运行与损坏方面的管理；安全管理部门侧重于因设备引起的伤害方面的管理。机械设备安全管理贯穿于设备管理的整个过程，一是确保设备处于安全可靠的状态，避免或减少设备事故的发生；二是遵守设备安全管理的标准和规定，制定和完善本单位设备安全管理标准和规定等。

E 材料质量合格率（R_{25}）

由于地下管廊施工项目空间狭小及怕潮湿等特征，在施工过程中应严格把控材料质量。材料准备与储藏的合理性、材料购买流程的规范性，都可以直接或间接影响施工安全。因此，应严格控制材料储存环境的温度、湿度、清洁度，且对材料购买流程进行合理监控。

F 安全防护投入情况（R_{26}）

地下管廊施工过程中，现场施工情况较为复杂，且施工场地处于不断的变化中。如作业区深受水文地质影响，长期地下施工，易发生触电或机械伤害等。通过配备安全防护用品，可以有效防止各种不利因素造成的危险。另外，为避免机械设备对人员伤害的可能性，应进行有效的安全隔离，防止机械设备与周边车辆发生危险，利用安全警示以及反光材料等，保护设备的安全运行。

5.1.2.3 环境因素（R_3）

通常的环境因素涵盖社会环境、自然环境和施工环境因素。社会环境与政府监督、经济法律及文化因素相关，并通过影响安全文化及安全意识，间接影响施工安全。该内容与人的因素重叠。因此，在地下管廊施工安全风险环境因素中，主要考虑地质水文环境、管廊隧道自身环境、现场施工环境及周边既有结构环境四个方面。其中，地质水文状况由工程地质条件复杂程度及不良地质状况决定，地下管廊自身风险由截面尺寸及埋深因素决定。

A 地质水文环境（R_{31}）

地下工程施工易受现场地质水文影响。当土质变异性较大时，极易引起施工突发状况。若所处地质水文条件良好，则地表沉降较易控制。若所处地质为软土层或高地下水处，则不利于施工作业面的稳定，需要采取辅助措施，避免安全风险事故的发生。参考相关规范及文献，地质条件复杂程度，可根据场地地形地貌、工程地质条件及水文地质条件，按表 5-1 进行划分。不同工法应考虑的不良地质，按表 5-2 进行划分。

表 5-1 地质条件复杂程度等级划分

复杂程度	等级划分标准
复杂	地形地貌复杂；不良地质作用强烈发育；特殊性岩土需要专门处理；地基、围岩和边坡的岩土性质较差；地下水对工程的影响较大，需要进行专门研究和处理
中等	地形地貌复杂；不良地质作用一般发育；特殊性岩土不需要专门处理；地基、围岩和边坡的岩土性质一般；地下水对工程的影响较小
简单	地形地貌简单；不良地质作用不发育；地基、围岩和边坡的岩土性质较好；地下水对工程无影响

注：符合条件之一，即为对应的地质条件复杂程度，从复杂开始，向中等、简单推定，以最先满足的为准。

表 5-2 不良地质因素

工法	工程地质因素	水文地质因素
明挖法	围护结构背后的空洞；基坑范围内的软弱夹层；土质软弱；不良地层；地下空洞	地下水位较高，降水困难；上层滞水
矿山法	结构范围内含水粉细砂层；初支背后的空洞；不良地质地段	地下水位较高，降水困难；上层滞水，层间水
盾构法	隧道范围内有大卵石层、漂石；空洞	始发、接受位置地下水、水压；砂性土同时存在

注：不良地质因素在风险分级时应予以考虑。

B 管廊隧道自身环境（R_{32}）

通常，可依据支护结构发生变形或破坏、岩土体失稳等，对地下管廊隧道自身的风险等级进行评估，也可依据地下管廊隧道埋深、断面尺寸等，按表 5-3 划分。另外，地层等级可依据围岩等级，按表 5-4 进行划分。

表 5-3 管廊隧道工程的自身风险等级

工程自身风险等级		等级划分标准
管廊隧道工程	一级	超浅埋隧道；超大断面隧道
	二级	浅埋隧道、近距离并行或交叠的隧道；盾构始发与接收区段；大断面隧道
	三级	深埋隧道；一般断面隧道

注：1. 超大断面隧道是指断面尺寸大于 $10m^3$ 的隧道；大断面隧道是指断面尺寸在 $50 \sim 100m^3$ 的隧道；一般断面隧道是指断面尺寸在 $10 \sim 50m^3$ 时的隧道。

2. 近距离隧道是指两隧道间距在一倍开挖宽度（或直径）范围以内。

3. 隧道深埋、浅埋和超浅埋的划分根据施工工法、围岩等级、隧道覆土厚度与开挖宽度（或直径），结合当地工程经验综合确定。

表 5-4 地层等级划分

围岩分级	等级划分标准
Ⅰ	围岩稳定、无坍塌，可能产生岩爆
Ⅱ	暴露时间长，可能会产生局部小坍塌、侧壁稳定
Ⅲ	拱部无支护时，可产生小坍塌，侧壁基本稳定，爆破振动过大易塌
Ⅳ	拱部无支护时，可产生较大坍塌，侧壁有时会失稳，围岩易坍塌，处理不当会产生较大坍塌，侧壁正常
Ⅴ	出现小范围坍塌、浅埋时，易产生地表下沉或塌至地表
Ⅵ	围岩极易变形，有水时土与砂一起涌出，浅埋时易塌至地表

C 现场施工环境（R_{33}）

地下管廊盾构施工作业空间有限，在进行盾构施工时与周边既有结构的距离通常较近，这就极大程度地增加了地下管廊施工作业的变形控制要求，对地下管廊隧道及既有结构的安全提出了双向要求。地下管廊综合井通常沿地面交通侧分带及绿化带分布情况交错布置，且综合井具备投料、通风、逃生及出线功能，盾构施工时可以依据具体施工需求结合综合井功能，合理设置始发井和接收井，并选择适当的综合井作为设备吊装口。因此，这类综合井往往要与其他隧道对接，在施工时对既有结构也会产生较大的影响，极有可能导致安全风险的发生。

D 周边既有结构环境（R_{34}）

新建地下管廊施工会引起既有结构位移，同时，既有结构的属性也影响着地下管廊施工安全，二者相互影响并制约。因此，施工前应评估安全影响范围内的既有结构类型与新建管廊的相对位置关系等，并做出合理的安全评估，明确既有结构抗力，这也是控制安全风险的必要手段。周边环境风险等级划分，见表 5-5。

表 5-5 周边环境风险等级

周边环境风险等级	等级划分标准
一级	主要影响区内，存在既有轨道交通设施、重要建（构）筑物、重要桥梁与隧道、河流或湖泊
二级	主要影响区内，存在一般建（构）筑物、一般桥梁与隧道、高速公路或重要地下管线；次要影响区内，存在既有轨道交通设施、重要建（构）筑物、重要桥梁与隧道、河流或湖泊；隧道工程上穿既有轨道交通设施
三级	主要影响区内，存在城市重要道路、一般地下管线或一般市政设施；次要影响区内，存在一般建（构）筑物、一般桥梁与隧道、高速公路或重要地下管线
四级	次要影响区内，存在城市重要道路、一般地下管线或一般市政设施

5.1.2.4 技术因素（R_4）

技术因素主要针对勘查设计技术及现场施工技术两个方面。勘查方案与现场的符合程度越高，对环境因素的认知越明确，设计方案与施工方案契合度越高，因为设计方案不合理而造成的安全风险就越小。现场施工技术主要包括地下管廊施工方案、检测监测方案及辅助措施等的合理性。在进行施工前期，应通过制定检测方案明确既有结构的基本情况及其抗变形能力，采取相应加固措施；而在进行施工时，应对既有结构进行安全监测以确保整个施工过程对既有结构的影响在安全范围之内。各种辅助措施的实施无疑也会直接影响整个项目的安全。

A 勘查设计方案与现场的符合程度（R_{41}）

与现场实际地质水文、地形等的符合程度主要通过地勘报告中持力层和承载力、地下水、重要的岩土参数及重要评价结论的检查比较来实现。符合程度越高表明勘查设计工作越精准，但该符合程度受外界环境的干扰也相对较大。

B 穿越施工方案合理性（R_{42}）

通常，安全风险的发生在设计阶段需要提早干预，合理的穿越施工方案包括地下管廊的穿越方式（上穿、下穿等穿越方式）的选择，施工方式的选择，盾构、浅埋暗挖、顶管等工法的选择，这些都关系着整个施工的作业安全，严重影响既有结构及地下管廊的安全性。

C 检测监测方案合理性（R_{43}）

在地下管廊施工过程中，会不可避免地扰动原有土层并引起土层变形，导致既有结构发生破坏与位移。因此，需要考虑新建施工对既有结构的影响，并进行合理的实时监控，以预控施工引起的地层变形。通过预测施工过程中的变形发展，合理控制既有结构的影响程度。

D 辅助措施合理性（R_{44}）

地下管廊施工可通过对既有结构进行加固、降水等辅助施工措施，有效控制施工安全风险。为了避免既有结构出现塌方、变形等安全风险，应对既有结构的注浆加固方式、注浆加固材料、注浆加固范围等进行合理界定。通常，地下水是诱发安全事故的主要原因。因此，在穿越工程施工中，应及时采取有效的降排水措施，监控其效果是否满足安全需求。

5.1.2.5 管理因素（R_5）

施工过程中，管理因素显著影响着人的不安全行为、物的不安全状态、安全技术、施工环境等。

A 安全生产责任制执行情况（R_{51}）

健全的安全管理机构和完善的安全生产责任制度，是衡量穿越既有结构的地下管廊施工安全管理是否有效的首要环节。同时，在施工过程中，将制定的安全制度和安全计划落实到位，是保障安全施工的重要措施。

B 安全检查制度执行情况（R_{52}）

安全检查是开展安全工作的重要手段，利用这种形式可以提高人员的安全意识，进一步探寻并查明各种不安全隐患，监督各项安全规章制度的实施。禁止违章作业，是落实安全组织管理、完善安全组织制度的最后一道程序。

C 现场安全管理情况（R_{53}）

现场安全管理情况是衡量安全管理水平的重要指标，可通过现场操作人员管理、临时设施管理、设备机械管理及施工区域管制体现。此外，还可通过建立应急小组控制现场突发情况，保证施工现场秩序的稳定。

5.1.3 施工管理风险指标筛选

5.1.3.1 问卷设计

结合地下管廊施工特点设置调研问卷，其中包含定量及定性两种变量，依据初步识别出的风险因素及风险因素之间的影响关系，设计调查问卷。Likert-type利用五点量表形式，对风险因素的重要程度进行打分，分值设计从 1 分到 5 分，表示“不重要”到“非常重要”5 个分值等级。

5.1.3.2 预调研

为保证调查问卷设计的科学性和合理性，需进行预调研。将调查问卷采用电子问卷的形式发送给地下管廊施工领域的专家进行试填，收集试填过程中遇到的问题及提出的意见，如风险指标存在包含或重复关系、风险指标遗漏等，在正式发放调查问卷前对原问卷进行修改和完善。完善后的风险指标共包含 20 个题项，见表 5-6。

表 5-6 初选风险指标

一级指标 R_i	风险因素	二级指标 R_{ij}
人的因素 R_1	人员技术素质	人员专业技能掌握情况 R_{11}
		安全培训教育情况 R_{12}
		人员文化素质水平 R_{13}
	人员安全意识	人员安全意识 R_{14}
	人员安全防护	人员防护用品穿戴情况 R_{15}
物的因素 R_2	机械设备状态	机械设备故障率 R_{21}
		机械设备保养及维护情况 R_{22}
	机械设备管理	机械设备安全管理情况 R_{23}
	安全防护设施	安全设施投入情况 R_{24}
环境因素 R_3	地质水文环境	地质条件复杂程度 R_{31}
	地下管廊隧道自身环境	管廊隧道自身环境等级 R_{32}
	现场施工环境	现场施工环境 R_{33}
	周边既有结构环境	周边环境风险等级 R_{34}
技术因素 R_4	勘查设计技术	勘查设计方案资料与现场符合程度 R_{41}
	现场施工技术	穿越施工方案合理性 R_{42}
		检测监测方案合理性 R_{43}
		辅助措施合理性 R_{44}
管理因素 R_5	组织管理	安全生产责任制执行情况 R_{51}
		安全检查制度执行程度 R_{52}
		现场安全管理情况 R_{53}

5.1.3.3 数据收集

调查问卷结果是筛选地下管廊施工安全风险因素进行数据分析的基础。本次调查共发放问卷 280 份，回收问卷 205 份。筛除差异较大、填写错误、空题率大于 15%的问卷，最终形成有效问卷 168 份，问卷有效率达到 82.0%。参与调研的人员信息见图 5-1 和图 5-2。从单位分布、专家职称、教育程度、参与项目数量等方面，综合考虑调研对象选取的合理性，使问卷符合代表性和可参考性的要求。

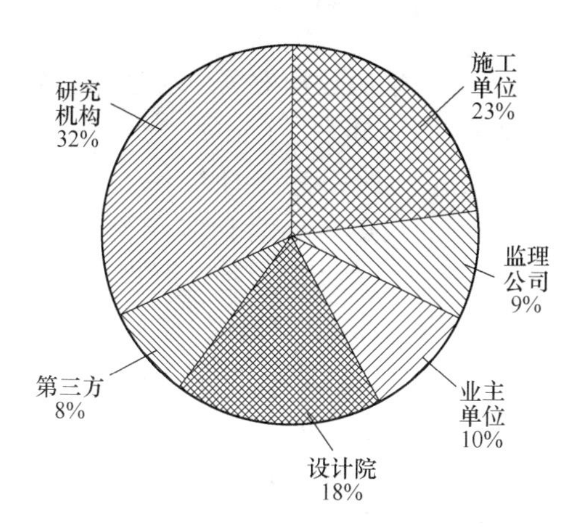

图 5-1　参与调研人员所在单位分布

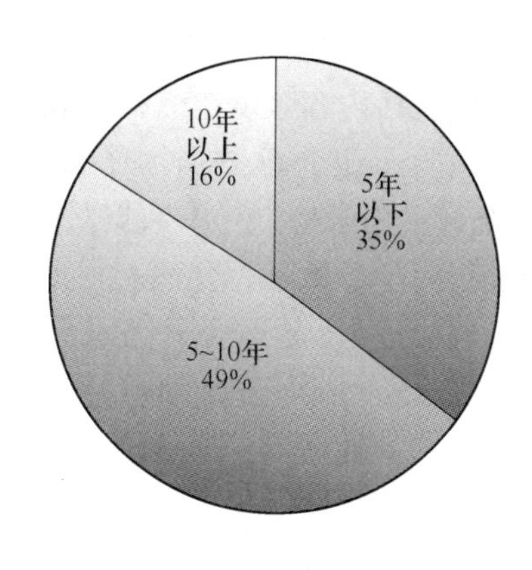

图 5-2　参与调研人员工作年限分布

5.1.3.4　信度检验

使用 SPSS24.0 软件对问卷进行信度效度检验。信度反映量表的一致性及稳定性，可分为内部信度与外部信度。目前，内部信度通常用 Cronbach α 系数来表示。Cronbach α 值在 0.6~0.7 之间，则表示信度尚可；若在 0.7~0.8 之间，则表示信度佳；若在 0.8~0.9 之间，则表示信度甚佳；若满足 0.9 以上，则说明信度非常理想。

本次调查问卷共设计 20 个题项，第 1~5 题为人的因素，第 6~9 题为物的因素，第 10~13 题为环境因素，第 14~17 题为技术因素，第 18~20 题为管理因素。对各维度及整体量表做信度检验，人的因素的 Cronbach α 系数为 0.822；物的因素的 Cronbach α 系数为 0.929；环境因素 Cronbach α 系数为 0.752；技术因素的 Cronbach α 系数为 0.854；管理因素的 Cronbach α 系数为 0.734。各个维度和整体量表的 Cronbach α 系数值在 0.752~0.929 之间，说明各个维度和整体量表的信度理想，见表 5-7。

表 5-7　量表的信度分析

维度	Cronbach α 系数	项数
人	0.822	5
物	0.929	4
环境	0.752	4
技术	0.854	4
管理	0.734	3
整体量表	0.860	20

5.1.3.5 效度检验

效度包括内容效度、效标关联效度与建构效度。采用建构效度，通过因子分析进行检验。在进行数据因子分析之前，应先进行 KMO 和 Bartlett 球体检验。KMO 统计量用来检测样本数据是否充足，检验变量间偏相关性的大小，即检验用于进行因子分析是否合适。根据 Kaiser（1974）的观点，KMO 值应介于 0 到 1 之间，越接近 1，越适合于作因子分析。当 KMO 值超过 0.7 时，则适合进行因子分析；当 KMO 值小于 0.5 时，则不适合做因子分析。Bartlett 球体检验用来检验变量间的独立性。当 p 值达到显著性水平时（$p<0.05$），则适合进行因子分析。

量表各个维度的探索性因素分析：表 5-8 的结果表明，除了管理维度外，各个维度和整体量表的 KMO 值均大于 0.7，且巴特利特检验显著性 p 值均小于 0.001，说明人、物、环境、技术、管理及整体量表适合做因子分析。管理维度的 KMO 值较低，为 0.594，但巴特利特检验显著性 p 值小于 0.001，表示该维度可以做因子分析。综合来看，该问卷数据适合做因子分析。

表 5-8 KMO 和 Bartlett 球体检验

维度	KMO	巴特利特检验		
		近似卡方	自由度	显著性
人	0.753	339.925	10	0.000
物	0.774	1338.512	6	0.000
环境	0.739	166.384	6	0.000
技术	0.802	291.674	6	0.000
管理	0.594	128.329	3	0.000
整体量表	0.792	2582.203	190	0.000

表 5-9 的因子分析结果表明，各因子方差解释率均超过 58%，公因子能够较好反映原始问题信息，聚合效度较好，各因素载荷均在 0.6 以上，说明各个维度的结构效度较好。

表 5-9 风险指标各维度结构效度检验

维度	题项	因素载荷	特征根	累计方差解释率
人	R_{11}	0.669	2.949	58.981
	R_{12}	0.905		
	R_{13}	0.750		
	R_{14}	0.690		
	R_{15}	0.802		

续表 5-9

维度	题项	因素载荷	特征根	累计方差解释率
物	R_{21}	0.981	3.332	83.288
	R_{22}	0.668		
	R_{23}	0.979		
	R_{24}	0.982		
环境	R_{31}	0.854	2.320	58.001
	R_{32}	0.725		
	R_{33}	0.800		
	R_{34}	0.653		
技术	R_{41}	0.831	2.783	69.577
	R_{42}	0.795		
	R_{43}	0.876		
	R_{44}	0.833		
管理	R_{51}	0.894	1.968	65.615
	R_{52}	0.745		
	R_{53}	0.783		

5.1.3.6 重要性检验

重要性检验是对题项的认可度，即可用性和有效性的验证。采用最大频率法对调查数据进行处理，当正面评价比例大于反面评价，即 5 分、4 分、3 分出现的总体频数大于 2 分、1 分出现的频数时，则将题项列入风险指标中。即 2 分的累计百分比小于 50 则保留指标，具体的重要性检验结果如表 5-10 所示。

表 5-10 重要性检验

题项	分值	频率	百分比	有效百分比	累计百分比	正面评价>反面评价
R_{11}	1	1	0.6	0.6	0.6	是
	2	10	6.0	6.0	6.5	
	3	71	42.3	42.3	48.8	
	4	48	28.6	28.6	77.4	
	5	38	22.6	22.6	100.0	
R_{12}	1	1	0.6	0.6	0.6	是
	2	3	1.8	1.8	2.4	
	3	53	31.5	31.5	33.9	
	4	59	35.1	35.1	69.0	
	5	52	31.0	31.0	100.0	

续表 5-10

题项	分值	频率	百分比	有效百分比	累计百分比	正面评价>反面评价
	1	2	1.2	1.2	1.2	
	2	28	16.7	16.7	17.9	
R_{13}	3	40	23.8	23.8	41.7	是
	4	56	33.3	33.3	75.0	
	5	42	25.0	25.0	100.0	
	1	5	3.0	3.0	3.0	
	2	20	11.9	11.9	14.9	
R_{14}	3	50	29.8	29.8	44.6	是
	4	51	30.4	30.4	75.0	
	5	42	25.0	25.0	100.0	
	1	2	1.2	1.2	1.2	
	2	19	11.3	11.3	12.5	
R_{15}	3	37	22.0	22.0	34.5	是
	4	59	35.1	35.1	69.6	
	5	51	30.4	30.4	100.0	
	1	7	4.2	4.2	4.2	
	2	45	26.8	26.8	31.0	
R_{21}	3	46	27.4	27.4	58.3	是
	4	50	29.8	29.8	88.1	
	5	20	11.9	11.9	100.0	
	1	9	5.4	5.4	5.4	
	2	20	11.9	11.9	17.3	
R_{22}	3	75	44.6	44.6	61.9	是
	4	45	26.8	26.8	88.7	
	5	19	11.3	11.3	100.0	
	1	8	4.8	4.8	4.8	
	2	44	26.2	26.2	31.0	
R_{23}	3	46	27.4	27.4	58.3	是
	4	50	29.8	29.8	88.1	
	5	20	11.9	11.9	100.0	

续表 5-10

题项	分值	频率	百分比	有效百分比	累计百分比	正面评价>反面评价
R_{24}	1	8	4.8	4.8	4.8	是
	2	44	26.2	26.2	31.0	
	3	46	27.4	27.4	58.3	
	4	55	32.7	32.7	91.1	
	5	15	8.9	8.9	100.0	
R_{31}	1	32	19.0	19.0	19.0	是
	2	44	26.2	26.2	45.2	
	3	51	30.4	30.4	75.6	
	4	26	15.5	15.5	91.1	
	5	15	8.9	8.9	100.0	
R_{32}	1	31	18.5	18.5	18.5	是
	2	47	28.0	28.0	46.4	
	3	53	31.5	31.5	78.0	
	4	26	15.5	15.5	93.5	
	5	11	6.5	6.5	100.0	
R_{33}	1	39	23.2	23.2	23.2	是
	2	42	25.0	25.0	48.2	
	3	60	35.7	35.7	83.9	
	4	20	11.9	11.9	95.8	
	5	7	4.2	4.2	100.0	
R_{34}	1	27	16.1	16.1	16.1	是
	2	50	29.8	29.8	45.8	
	3	44	26.2	26.2	72.0	
	4	28	16.7	16.7	88.7	
	5	19	11.3	11.3	100.0	
R_{41}	1	22	13.1	13.1	13.1	是
	2	38	22.6	22.6	35.7	
	3	54	32.1	32.1	67.9	
	4	42	25.0	25.0	92.9	
	5	12	7.1	7.1	100.0	

续表 5-10

题项	分值	频率	百分比	有效百分比	累计百分比	正面评价>反面评价
R_{42}	1	18	10. 7	10. 7	10. 7	是
	2	43	25. 6	25. 6	36. 3	
	3	61	36. 3	36. 3	72. 6	
	4	40	23. 8	23. 8	96. 4	
	5	6	3. 6	3. 6	100. 0	
R_{43}	1	27	16. 1	16. 1	16. 1	是
	2	33	19. 6	19. 6	35. 7	
	3	48	28. 6	28. 6	64. 3	
	4	52	31. 0	31. 0	95. 2	
	5	8	4. 8	4. 8	100. 0	
R_{44}	1	21	12. 5	12. 5	12. 5	是
	2	38	22. 6	22. 6	35. 1	
	3	59	35. 1	35. 1	70. 2	
	4	40	23. 8	23. 8	94. 0	
	5	10	6. 0	6. 0	100. 0	
R_{51}	1	27	16. 1	16. 1	16. 1	是
	2	54	32. 1	32. 1	48. 2	
	3	41	24. 4	24. 4	72. 6	
	4	26	15. 5	15. 5	88. 1	
	5	20	11. 9	11. 9	100. 0	
R_{52}	1	29	17. 3	17. 3	17. 3	是
	2	52	31. 0	31. 0	48. 2	
	3	41	24. 4	24. 4	72. 6	
	4	26	15. 5	15. 5	88. 1	
	5	20	11. 9	11. 9	100. 0	
R_{53}	1	29	17. 3	17. 3	17. 3	是
	2	54	32. 1	32. 1	49. 4	
	3	41	24. 4	24. 4	73. 8	
	4	26	15. 5	15. 5	89. 3	
	5	18	10. 7	10. 7	100. 0	

5.1.3.7 相关性检验

经过重要性检验筛选留下的风险因素，往往存在一定的相关性，为了避免重复，则需对相关性过大的风险因素予以删除。可从调查问卷结果入手，运用SPSS21.0对Pearson相关系数T_{ij}进行计算。在计算前，为避免不同风险因素量纲不同而造成的分析结果不准确，首先需对数据进行无量纲处理，原始问卷数据及其标准差分别记为x_i和s_i，则无量纲处理后的数据为：

$$y_i = \frac{x_i - \bar{x}}{s_i} \tag{5-1}$$

按照五个维度内各个题项的均值计算维度变量，使用Pearson相关性检验两两维度间的关系。表5-11的结果表明，各维度相关性显著。

表5-11 各维度相关性分析

相关性	人	物	环境	技术	管理
人	1	0.228**	0.166*	0.174*	0.257**
物	0.228**	1	0.456**	0.364**	0.305**
环境	0.166*	0.456**	1	0.161*	0.114
技术	0.174*	0.364**	0.161*	1	0.318**
管理	0.257**	0.305**	0.114	0.318**	1

注：**表示在0.01级别（双尾），相关性显著。*表示在0.05级别（双尾），相关性显著。

人的因素与物、环境、技术、管理有显著相关性，比较相关系数，与人的因素相关性从高到低排序为：管理、物、技术、环境。物的因素与其他各因素均有显著相关性，比较相关系数，与物的因素相关性从高到低排序为：环境、技术、管理、人。环境的因素与人、物和技术有显著相关性，与管理无显著相关性，比较相关系数，与环境的因素相关性从高到低排序为：物、人、技术。技术的因素与其他各因素均有显著相关性，比较相关系数，与技术的因素相关性从高到低排序为：物、管理、人、环境。管理的因素与人、物和技术有显著相关性，与环境无显著相关性，比较相关系数，与管理的因素相关性从高到低排序为：技术、物、人。除此之外，还需分析各因素间的相关性。当$|T_{ij}| \geqslant 0.6$时，两个风险因素具有强相关性，需删除其中之一。题项间相关性检验结果见表5-12。

表 5-12 地下管廊施工安全管理风险因素相关性分析

相关性 / 显著性	R_{11}	R_{12}	R_{13}	R_{14}	R_{15}	R_{21}	R_{22}	R_{23}	R_{24}	R_{31}	R_{32}	R_{33}	R_{34}	R_{41}	R_{42}	R_{43}	R_{44}	R_{51}	R_{52}	R_{53}
R_{11}	1	0.421**	0.466**	0.384**	0.376**	0.249**	0.231**	0.257**	0.231**	0.232**	0.050	0.288**	0.135	0.229**	0.244**	0.197*	0.170*	0.264**	0.169*	0.199**
		0.000	0.000	0.000	0.000	0.001	0.003	0.001	0.003	0.002	0.523	0.000	0.081	0.003	0.001	0.011	0.028	0.001	0.028	0.010
R_{12}	0.421**	1	0.637**	0.374**	0.431**	0.152*	−0.107	0.169*	0.114	0.011	−0.076	0.056	−0.001	0.012	0.138	0.065	0.144	0.125	0.239**	0.011
	0.000		0.000	0.000	0.000	0.050	0.169	0.029	0.141	0.888	0.326	0.472	0.985	0.872	0.075	0.402	0.062	0.106	0.002	0.884
R_{13}	0.466**	0.637**	1	0.518**	0.770**	0.475**	0.017	0.459**	0.444**	0.142	0.089	0.287**	0.079	0.115	0.205**	0.161*	0.102	0.239**	0.202**	0.060
	0.000	0.000		0.000	0.000	0.000	0.824	0.000	0.000	0.067	0.250	0.000	0.307	0.137	0.008	0.037	0.139	0.002	0.008	0.441
R_{14}	0.384**	0.374**	0.518**	1	0.421**	0.362**	−0.040	0.362**	0.375**	0.113	0.025	0.221**	0.085	−0.020	0.141	0.086	0.064	0.221**	0.091	0.096
	0.000	0.000	0.000		0.000	0.000	0.608	0.000	0.000	0.144	0.749	0.004	0.275	0.800	0.069	0.267	0.413	0.004	0.241	0.216
R_{15}	0.376**	0.431**	0.770**	0.421**	1	0.319**	−0.064	0.305**	0.288**	0.066	0.046	0.199**	0.044	0.026	0.132	0.109	0.077	0.213**	0.191*	0.038
	0.000	0.000	0.000	0.000		0.000	0.408	0.000	0.000	0.393	0.551	0.010	0.575	0.734	0.088	0.160	0.322	0.005	0.013	0.623
R_{21}	0.249**	0.152*	0.475**	0.362**	0.319**	1	0.519**	0.993**	0.985**	0.355**	0.223**	0.460**	0.215**	0.277**	0.275**	0.265**	0.296**	0.354**	0.207**	0.162*
	0.001	0.050	0.000	0.000	0.000		0.000	0.000	0.000	0.000	0.004	0.000	0.005	0.000	0.000	0.001	0.000	0.000	0.007	0.036
R_{22}	0.231**	−0.107	0.017	−0.040	−0.064	0.519**	1	0.522**	0.548**	0.360**	0.191*	0.389**	0.236**	0.310**	0.202**	0.183*	0.228**	0.220**	0.162*	0.159*
	0.003	0.169	0.824	0.608	0.408	0.000		0.000	0.000	0.000	0.013	0.000	0.002	0.000	0.009	0.018	0.003	0.004	0.035	0.040
R_{23}	0.257**	0.169*	0.459**	0.362**	0.305**	0.993**	0.522**	1	0.978**	0.355**	0.224**	0.459**	0.212**	0.279**	0.266**	0.262**	0.303**	0.359**	0.213**	0.168*
	0.001	0.029	0.000	0.000	0.000	0.000	0.000		0.000	0.000	0.004	0.000	0.006	0.000	0.000	0.001	0.000	0.000	0.006	0.029
R_{24}	0.231**	0.114	0.444**	0.375**	0.288**	0.985**	0.548**	0.978**	1	0.346**	0.213**	0.457**	0.205**	0.301**	0.293**	0.288**	0.315**	0.361**	0.219**	0.163*
	0.003	0.141	0.000	0.000	0.000	0.000	0.000	0.000		0.000	0.006	0.000	0.008	0.000	0.000	0.000	0.000	0.000	0.004	0.035
R_{31}	0.232**	0.011	0.142	0.113	0.066	0.355**	0.360**	0.355**	0.346**	1	0.483**	0.594**	0.461**	0.110	0.081	0.031	0.399	0.224**	−0.010	0.022
	0.002	0.888	0.067	0.144	0.393	0.000	0.000	0.000	0.000		0.000	0.000	0.000	0.156	0.297	0.693	0.201	0.003	0.894	0.774

续表 5-12

显著性 \ 相关性	R_{11}	R_{12}	R_{13}	R_{14}	R_{15}	R_{21}	R_{22}	R_{23}	R_{24}	R_{31}	R_{32}	R_{33}	R_{34}	R_{41}	R_{42}	R_{43}	R_{44}	R_{51}	R_{52}	R_{53}
R_{32}	0.050	-0.076	0.089	0.025	0.046	0.223**	0.191*	0.224**	0.213**	0.483**	1	0.456**	0.277**	0.047	0.052	0.059	0.085	0.083	-0.167*	0.033
	0.523	0.326	0.250	0.749	0.551	0.004	0.013	0.004	0.006	0.000		0.000	0.000	0.545	0.502	0.445	0.274	0.284	0.031	0.668
R_{33}	0.288**	0.056	0.287**	0.221**	0.199**	0.460**	0.389**	0.459**	0.457**	0.594**	0.456**	1	0.334**	0.143	0.214**	0.072	0.173*	0.287**	0.041	0.157*
	0.000	0.472	0.000	0.004	0.010	0.000	0.000	0.000	0.000	0.000	0.000		0.000	0.064	0.005	0.354	0.025	0.000	0.596	0.043
R_{34}	0.135	-0.001	0.079	0.085	0.044	0.215**	0.236**	0.212**	0.205**	0.461**	0.277**	0.334**	1	0.053	0.109	0.028	0.078	0.190*	-0.039	0.030
	0.081	0.985	0.307	0.275	0.575	0.005	0.002	0.006	0.008	0.000	0.000	0.000		0.494	0.160	0.717	0.317	0.014	0.619	0.696
R_{41}	0.229**	0.012	0.115	-0.020	0.026	0.277**	0.310**	0.279**	0.301**	0.110	0.047	0.143	0.053	1	0.509**	0.696**	0.561**	0.379**	0.374**	0.186*
	0.003	0.872	0.137	0.800	0.734	0.000	0.000	0.000	0.000	0.156	0.545	0.064	0.494		0.000	0.000	0.000	0.000	0.000	0.016
R_{42}	0.244**	0.138	0.205**	0.141	0.132	0.275**	0.202**	0.266**	0.293**	0.081	0.052	0.214**	0.109	0.509**	1	0.578**	0.588**	0.218**	0.196*	0.052
	0.001	0.075	0.008	0.069	0.088	0.000	0.009	0.000	0.000	0.297	0.502	0.005	0.160	0.000		0.000	0.000	0.005	0.011	0.502
R_{43}	0.197*	0.065	0.161*	0.086	0.109	0.265**	0.183*	0.262**	0.288**	0.031	0.059	0.072	0.028	0.696**	0.578**	1	0.629**	0.318**	0.269**	0.161*
	0.011	0.402	0.037	0.267	0.160	0.001	0.018	0.001	0.000	0.693	0.445	0.354	0.717	0.000	0.000		0.000	0.000	0.000	0.037
R_{44}	0.170*	0.144	0.102	0.064	0.077	0.296**	0.228**	0.303**	0.315**	0.099	0.085	0.173*	0.078	0.561**	0.588**	0.629**	1	0.278**	0.182*	0.045
	0.028	0.062	0.189	0.413	0.322	0.000	0.003	0.000	0.000	0.201	0.274	0.025	0.317	0.000	0.000	0.000		0.000	0.018	0.565
R_{51}	0.264**	0.125	0.239**	0.221**	0.213**	0.354**	0.220**	0.359**	0.361**	0.224**	0.083	0.287**	0.190*	0.379**	0.218**	0.318**	0.278**	1	0.539**	0.593**
	0.001	0.106	0.002	0.004	0.005	0.000	0.004	0.000	0.000	0.003	0.284	0.000	0.014	0.000	0.005	0.000	0.000		0.000	0.000
R_{52}	0.169*	0.239**	0.202**	0.091	0.191*	0.207**	0.162*	0.213**	0.219**	-0.010	-0.167*	0.041	-0.039	0.374**	0.196*	0.269**	0.182*	0.539**	1	0.306**
	0.028	0.002	0.008	0.241	0.013	0.007	0.035	0.006	0.004	0.894	0.031	0.596	0.619	0.000	0.011	0.000	0.018	0.000		0.000
R_{53}	0.199**	0.011	0.060	0.096	0.038	0.162*	0.159*	0.168*	0.163*	0.022	0.033	0.157*	0.030	0.186*	0.052	0.161*	0.045	0.593**	0.306**	1
	0.010	0.884	0.441	0.216	0.623	0.036	0.040	0.029	0.035	0.774	0.668	0.043	0.696	0.016	0.502	0.037	0.565	0.000	0.000	

注：**表示在 0.01 级别（双尾），相关性显著；*表示在 0.05 级别（双尾），相关性显著。

5.1.3.8 鉴别能力检验

鉴别能力即特征差异性能力，鉴别能力强的风险因素能够在不同的地下综合管廊项目中保持其独立鉴别能力。鉴别能力的检验通常采用变差系数法，其计算公式为：

$$M_i = \frac{s_i}{\bar{x}} \tag{5-2}$$

式中，M_i为鉴别能力；$\bar{x}$ 为原始问卷数据的均值；s_i为标准差。

风险因素得分一直处于较高或较低水平，则鉴别能力较弱，反之鉴别能力较强。由于在重要性检验中已将得分较低的因素筛选掉，变差系数较大则是由于被调查者意见不统一性较强造成的，因此变差系数较小的因素则是应保留的风险因素。鉴别能力检验结果如表 5-13 所示。通过重要性、相关性、鉴别能力三轮检验，风险因素筛选结果如表 5-14 所示。

表 5-13 鉴别能力检验

题项	最小值	最大值	$\bar{x}$	s_i	M_i	检验结果
R_{11}	1	5	3.67	0.913	0.249	保留
R_{12}	1	5	3.64	1.068	0.293	保留
R_{13}	1	5	3.94	0.867	0.220	保留
R_{14}	1	5	3.63	1.076	0.296	保留
R_{15}	1	5	3.82	1.028	0.269	保留
R_{21}	1	5	3.27	0.994	0.304	保留
R_{22}	1	5	3.18	1.087	0.342	保留
R_{23}	1	5	3.18	1.096	0.345	保留
R_{24}	1	5	3.15	1.059	0.336	保留
R_{31}	1	5	2.69	1.204	0.448	保留
R_{32}	1	5	2.64	1.145	0.434	保留
R_{33}	1	5	2.49	1.100	0.442	保留
R_{34}	1	5	2.77	1.232	0.445	保留
R_{41}	1	5	2.90	1.133	0.391	保留
R_{42}	1	5	2.89	1.155	0.400	保留
R_{43}	1	5	2.84	1.023	0.360	保留
R_{44}	1	5	2.88	1.093	0.380	保留
R_{51}	1	5	2.75	1.242	0.452	保留
R_{52}	1	5	2.74	1.254	0.458	保留
R_{53}	1	5	2.70	1.231	0.456	保留

表 5-14 风险因素筛选结果

编号	重要性检验			相关性检验		鉴别能力检验			筛选结果
	正面评价/%	反面评价/%	正面评价>反面评价	强相关风险因素	$\|T_{ij}\| \geq 0.6$ 具体取值	$\bar{x}$	s_i	M_i	
R_{11}	93.5	6.5	是	—	—	3.75	0.506	0.135	保留
R_{12}	97.6	2.4	是	R_{13}	0.637	3.67	0.913	0.249	保留
R_{13}	82.1	17.9	是	R_{12}	0.637	3.64	1.068	0.293	删除
R_{14}	85.1	14.9	是	—	—	3.94	0.867	0.220	保留
R_{15}	87.5	12.5	是	—	—	3.63	1.076	0.296	保留
R_{21}	69.0	31.0	是	R_{23}	0.993	3.82	1.028	0.269	删除
R_{22}	82.7	17.3	是	—	—	3.27	0.994	0.304	保留
R_{23}	69.0	31.0	是	R_{21}/R_{24}	0.993/0.978	3.18	1.087	0.342	保留
R_{24}	69.0	31.0	是	R_{23}	0.985	3.18	1.096	0.345	删除
R_{31}	54.8	45.2	是	—	—	3.15	1.059	0.336	保留
R_{32}	53.6	46.4	是	—	—	2.69	1.204	0.448	保留
R_{33}	51.8	48.2	是	—	—	2.64	1.145	0.434	保留
R_{34}	54.2	45.8	是	—	—	2.49	1.100	0.442	保留
R_{41}	64.3	35.7	是	R_{43}	0.696	2.77	1.232	0.445	保留
R_{42}	63.7	36.3	是	—	—	2.90	1.133	0.391	保留
R_{43}	64.3	35.7	是	R_{41}	0.696	2.89	1.155	0.400	删除
R_{44}	64.9	35.1	是	—	—	2.84	1.023	0.360	保留
R_{51}	51.8	48.2	是	—	—	2.88	1.093	0.380	保留
R_{52}	51.8	48.2	是	—	—	2.75	1.242	0.452	保留
R_{53}	50.6	49.4	是	—	—	2.74	1.254	0.458	保留

5.1.4 施工管理风险指标体系

本书涉及的地下管廊盾构施工风险指标体系包括四部分内容：（1）地下管廊施工安全管理风险指标体系；（2）地下管廊盾构施工安全风险指标体系；（3）既有建筑物安全风险指标体系；（4）既有地铁安全分析指标体系。其中，图 5-3 为经过指标筛选建立的地下管廊施工安全管理风险指标体系。地下管廊盾构施工安全风险指标参考相关文献，并依据本章风险的识别方法进行筛选归纳，如图5-4 所示。

既有结构主要针对既有建筑物及既有地铁，其安全风险指标参考相关文献，并依据本章风险的识别方法进行筛选归纳，如图 5-5 及图 5-6 所示。

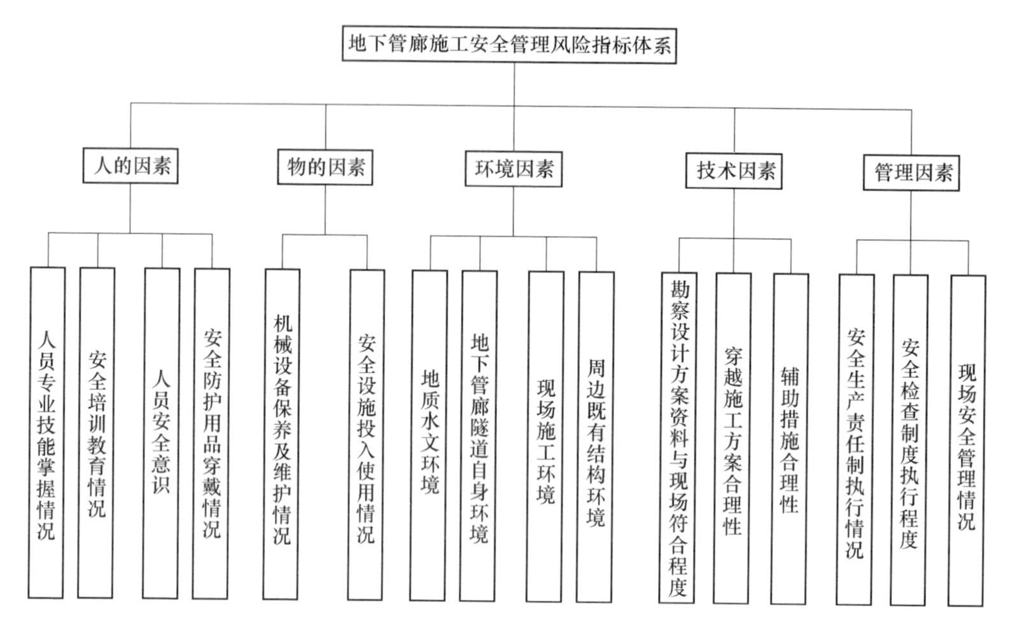

图 5-3 地下管廊施工安全管理风险指标体系

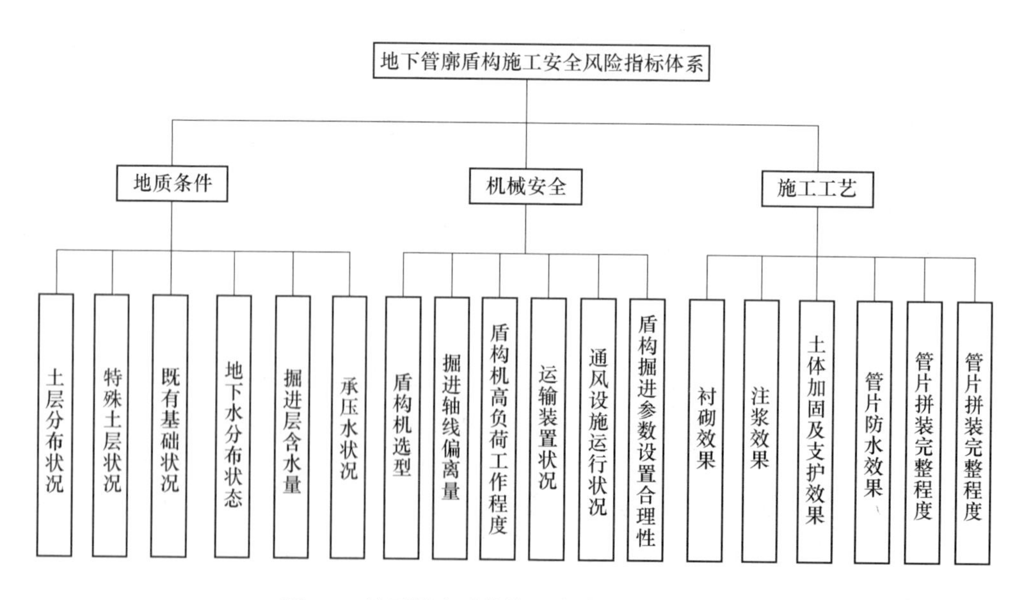

图 5-4 地下管廊盾构施工安全风险指标体系

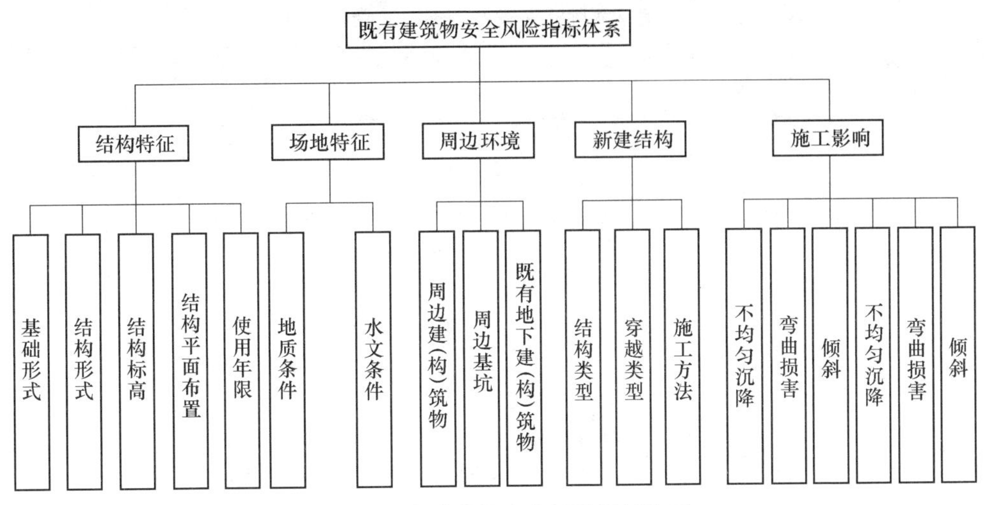

图 5-5 既有建筑物安全风险指标体系

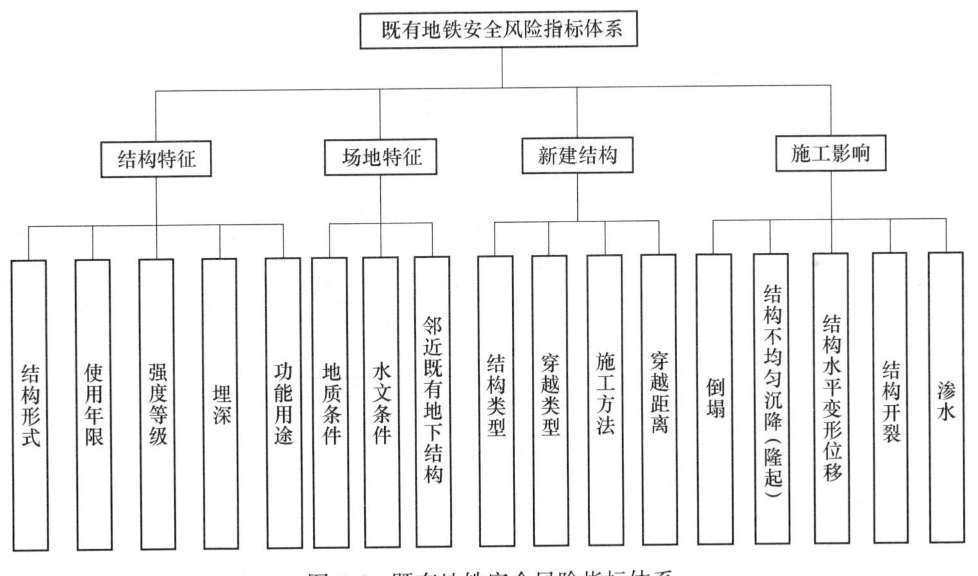

图 5-6 既有地铁安全风险指标体系

5.2 地下管廊结构沉降变形施工风险指标评估

5.2.1 地下管廊结构沉降变形施工管理风险指标评估体系

根据图 5-3 建立的安全风险指标体系，对指标评估标准及其取值范围进行定义，见表 5-15。指标评估依据《安全生产法》《建筑法》《地铁工程施工安全评价标准》（GB 50715—2011）、JGJ/T 77—2010 及相关项目资料，通过人工检

表 5-15　地下管廊施工安全管理风险指标评估体系

一级指标	二级指标	取值范围	评估标准
人的指标	人员专业技能掌握情况 R_{11}	[80，100]	技术掌握娴熟，无违章操作情况
		[60，80]	技术掌握良好，偶尔出现违规操作
		[40，60]	技术掌握一般，违规操作情况较少
		[20，40]	技术掌握较差，造成违规操作情况较多
		[0，20]	技术掌握很差，违规操作情况很严重
	安全培训教育情况 R_{12}	[80，100]	积极参加安全培训教育，对安全的重视程度较高
		[60，80]	定期参加安全培训教育，对安全的重视程度良好
		[40，60]	基本参加安全培训教育，对安全的重视程度一般
		[20，40]	几乎不参加安全培训教育，对安全的重视程度低
		[0，20]	完全不参加安全培训教育，对安全的重视程度极低
	人员安全意识 R_{14}	[80，100]	人员安全警惕性高，安全应急反应及时，可以迅速将警情上报
		[60，80]	人员安全警惕性较好，安全应急反应较好，可以较好将警情上报
		[40，60]	人员安全警惕性一般，安全应急反应一般，基本可以将警情上报
		[20，40]	人员安全警惕性差，安全应急反应差，无法迅速将警情上报
		[0，20]	人员无安全意识，无法做出安全应急反应
	安全防护用品穿戴情况 R_{15}	[80，100]	安全防护用品穿戴规范，且可以正确使用
		[60，80]	安全防护用品穿戴基本规范或使用不当情况
		[40，60]	安全防护用品偶有穿戴不齐，基本能够正确使用
		[20，40]	安全防护用品穿戴不规范，不能正常使用安全防护用品
		[0，20]	安全防护用品穿戴严重不齐，不愿进行安全防护
物的指标	机械设备保养及维护情况 R_{22}	[80，100]	针对使用频繁的机械设备，严格按照规定保养与维护，运行中不会干扰其他作业
		[60，80]	针对使用频繁的机械设备，基本能够遵循规定保养与维护，运行中一定程度上影响其他作业
		[40，60]	针对使用频繁的机械设备，能够按照规定保养与维护，运行中对其他作业影响较大
		[20，40]	针对使用频繁的机械设备，保养与维护频率极低，运行中极影响其他作业
		[0，20]	针对使用频繁的机械设备，基本不保养与维护，运行中严重影响其他作业
	机械设备安全管理 R_{23}	[80，100]	施工作业重视机械设备安全检查，及时更新设备，并报废安全性能较低的设备
		[60，80]	施工作业进行机械设备安全检查，能够及时进行设备更新
		[40，60]	施工作业能够进行机械设备安全检查，设备安全性能尚可
		[20，40]	施工作业偶尔进行机械设备安全检查，设备安全性能差
		[0，20]	施工作业基本不进行机械设备安全检查，设备安全性能较差

续表 5-15

一级指标	二级指标	取值范围	评估标准
环境指标	地质水文状况 R_{31}	[80，100]	地质条件简单，地下水位不影响施工
		[60，80]	地质条件简单，地下水位偶尔对施工产生影响
		[40，60]	地质条件中等，地下水位对施工产生部分影响
		[20，40]	地质条件复杂，工程地质或水文地质不良，对施工产生较大影响
		[0，20]	地质条件复杂，工程地质及水文地质不良，常导致施工停止
	管廊隧道自身环境 R_{32}	[80，100]	管廊隧道自身环境风险等级为三级，围岩等级为Ⅰ级
		[60，80]	管廊隧道自身环境风险等级为二级，围岩等级为Ⅱ~Ⅲ级
		[40，60]	管廊隧道自身环境风险等级为二级，围岩等级为Ⅳ级
		[20，40]	管廊隧道自身环境风险等级为一级，围岩等级为Ⅴ级
		[0，20]	管廊隧道自身环境风险等级为一级，围岩等级为Ⅵ级
	现场施工环境 R_{33}	[80，100]	施工现场空间充足，施工现场通风及照明情况较好，作业环境保持干燥，消防设备和设施非常完善
		[60，80]	施工现场空间大，施工现场通风及照明情况好，作业环境湿度正常，消防设备和设施基本完善
		[40，60]	施工现场空间一般，施工现场通风及照明情况一般，作业环境湿度一般，消防设备和设施配备一般
		[20，40]	施工现场空间小，施工现场通风及照明情况差，临时线路多，作业环境湿度大，消防设备和设施不完善
		[0，20]	施工现场空间狭小，临时线路较多，作业环境湿度较大，消防设备和设施不完善
	周边既有结构环境 R_{34}	[80，100]	周边环境风险等级为四级，既有结构抗变形能力处于优良状态
		[60，80]	周边环境风险等级为三级，既有结构及抗变形能力较好
		[40，60]	周边环境风险等级为二级，既有结构抗变形能力尚可
		[20，40]	周边环境风险等级为一级，既有结构抗变形能力一般
		[0，20]	周边环境风险等级为一级，既有结构老化严重，抗变形能力很差
技术指标	勘查设计方案资料与现场符合程度 R_{41}	[80，100]	勘查设计方案与现场符合程度良好，完全不影响施工
		[60，80]	勘查设计方案与现场符合程度较好，基本不影响施工
		[40，60]	勘查设计方案与现场符合程度一般，偶有影响施工的情况
		[20，40]	勘查设计方案与现场符合程度差，常因施工停机而影响施工进度
		[0，20]	勘查设计方案与现场严重不符
	施工方案合理性 R_{42}	[80，100]	施工方案合理有效且较为完整，完全不影响施工
		[60，80]	施工方案比较合理，施工过程偶有不良现象
		[40，60]	施工方案基本合理，常有不良现象，调整后无妨，影响施工进度
		[20，40]	施工方案有不合理之处，常需调整掘进方向等，致施工停止
		[0，20]	没有完整连续的施工方案

续表 5-15

一级指标	二级指标	取值范围	评估标准
技术指标	辅助措施合理性 R_{44}	[80，100]	既有结构加固方法较为合理或加固安全度较为充足，降水效果极为显著
		[60，80]	既有结构加固方法合理，降水效果显著
		[40，60]	既有结构加固方法基本合理，降水效果一般
		[20，40]	既有结构加固方法稍有不当，降水效果不佳
		[0，20]	既有结构加固方法极为不当，降水效果极为不佳
管理指标	安全生产责任制执行情况 R_{51}	[80，100]	安全生产责任制度健全，安全计划落实情况极好
		[60，80]	安全生产责任制度基本健全，安全计划落实情况较好
		[40，60]	安全生产责任制度不健全，安全计划落实情况一般
		[20，40]	没有明确的安全生产责任制度，安全计划落实情况差
		[0，20]	未制定安全生产责任制度，没有具体的安全计划
	安全检查制度执行程度 R_{52}	[80，100]	安全检查制度完备，能够定期检查现场，及时登记现场安全状况，并制定安全检查计划
		[60，80]	安全检查制度基本完善，现场安全状况检查次数较多，进行安全状况反馈信息记录，有大致的检查计划
		[40，60]	安全检查制度不完备，偶尔检查现场，不记录安全状况
		[20，40]	没有明确的安全检查制度，基本不检查现场
		[0，20]	没有安全检查制度，从未进行安全检查
	现场安全管理情况 R_{53}	[80，100]	对现场的操作人员、临时设施及机械设备管理状况优良，能够保持良好的施工运作状态
		[60，80]	对现场的操作人员、临时设施及机械设备管理状况较好，能够保持较好的施工运作状态
		[40，60]	对现场的操作人员、临时设施及机械设备管理状况一般，施工运作状态受到一定影响
		[20，40]	对现场的操作人员、临时设施及机械设备管理状况不良，施工运作状态受到明显影响
		[0，20]	对现场的操作人员、临时设施及机械设备管理状况差，施工运作状态差或无法正常施工

查、咨询、资料复核方式由安全领域专家及管理层进行合理决策。

既有结构的安全风险评估是在结合自身结构特征的基础上，研究新建管廊施工及周边环境对其产生的影响。通过研究既有建筑物及既有地铁的安全风险，分别构建安全风险评估指标体系，见表 5-16。

表 5-16 既有建筑物安全风险评估指标体系

一级指标	二级指标	取值范围	评估标准
结构特征	基础形式 S_{11}	[80，100]	建筑物基础为桩基础
		[60，80]	建筑物基础为钢筋混凝土基础
		[40，60]	建筑物基础为毛石混凝土或素混凝土基础
		[20，40]	基础类型条石基础
		[0，20]	基础为砖混或毛石基础
	结构形式 S_{12}	[80，100]	建筑物结构为框架剪力墙结构或钢结构
		[60，80]	建筑物结构为框架结构或排架结构
		[40，60]	建筑物结构为地层框架上部砖混结构
		[20，40]	建筑物为砖混结构
		[0，20]	建筑物为砖木或砖石结构
	结构标高 S_{13}	[80，100]	建筑物长高比 $l/h \leqslant 2.0$
		[60，80]	建筑物长高比 $2.0 < l/h \leqslant 2.5$
		[40，60]	建筑物长高比 $2.5 < l/h \leqslant 3.0$
		[20，40]	建筑物长高比 $3.0 < l/h \leqslant 3.5$
		[0，20]	建筑物长高比 $l/h > 3.5$
	结构平面布置 S_{14}	[80，100]	平面布置极其规则、极其对称
		[60，80]	平面布置规则、比较对称
		[40，60]	平面布置比较对称
		[20，40]	平面布置较不规则、不对称
		[0，20]	平面布置极不规则、极不对称
	使用年限 S_{15}	[80，100]	使用年限 y，0 年$<y \leqslant$10 年
		[60，80]	使用年限 10 年$<y \leqslant$20 年
		[40，60]	使用年限 20 年$<y \leqslant$30 年
		[20，40]	使用年限 30 年$<y \leqslant$40 年
		[0，20]	使用年限 $y>$40 年
场地特征	地质条件 S_{21}	[80，100]	地质条件简单，围岩等级为Ⅰ级
		[60，80]	地质条件简单，围岩等级为Ⅱ～Ⅲ级
		[40，60]	地质条件中等，围岩等级为Ⅳ级
		[20，40]	地质条件复杂，围岩等级为Ⅴ级
		[0，20]	地质条件复杂，围岩等级为Ⅵ级
	水文条件 S_{22}	[80，100]	地下水位基本不影响施工
		[60，80]	地下水位偶尔对施工产生影响
		[40，60]	地下水位对施工产生部分影响
		[20，40]	水文地质不良，对施工产生较大影响
		[0，20]	水文地质不良，常导致施工停止

续表 5-16

一级指标	二级指标	取值范围	评估标准
周边环境	周边建（构）筑物 S_{23}	[80，100]	周边极邻近范围内没有重要建（构）筑物，或较邻近范围内没有重要建（构）筑物
		[60，80]	周边较邻近范围内一般建（构）筑物
		[40，60]	周边较邻近范围内有重要建（构）筑物，或周边极邻近范围有一般建（构）筑物
		[20，40]	周边极邻近范围内有重要建（构）筑物
		[0，20]	周边极邻近和邻近范围内均有重要建（构）筑物
	周边基坑 S_{31}	[80，100]	周边基坑处于非邻近范围，基本不影响建筑物安全
		[60，80]	周边基坑处于邻近范围，需要注意对建筑物安全的影响
		[40，60]	周边基坑处于邻近范围，需要关注对建筑物安全的影响
		[20，40]	周边基坑处于邻近范围，需要重视对建筑物安全的影响
		[0，20]	周边基坑处于极邻近范围，可能会严重影响建筑物的安全
	既有地下建（构）筑物 S_{32}	[80，100]	一般影响区，地下建（构）筑物为一般市政道路或其他基础设施
		[60，80]	一般影响区，地下建（构）筑物为重要市政道路或其他基础设施
		[40，60]	强烈影响区，地下建（构）筑物为一般市政道路或其他基础设施
		[20，40]	显著影响区，地下建（构）筑物为一般市政道路或其他基础设施
		[0，20]	显著影响区，地下建（构）筑物为重要市政道路或其他基础设施
新建结构	结构类型 S_{41}	[80，100]	新建结构为沉管结构、顶管结构或箱涵结构
		[60，80]	新建结构为盾构结构或地下连续墙结构
		[40，60]	新建结构为沉井（沉箱）结构
		[20，40]	新建结构为附建式结构
		[0，20]	新建结构为浅埋式结构
	穿越类型 S_{42}	[80，100]	显著影响区，盾构下穿一般建筑物或明挖邻近一般建筑物
		[60，80]	强烈影响区，盾构下穿一般建筑物或明挖邻近一般建筑物
		[40，60]	一般影响区，盾构下穿重要建筑物；或显著影响区，明挖邻近重要建筑物
		[20，40]	显著影响区，盾构下穿重要建筑物；或强烈影响区，明挖邻近重要建筑物
		[0，20]	强烈影响区，盾构下穿重要建筑物
	施工方法 S_{43}	[80，100]	采用明挖法，对施工场地要求较高
		[60，80]	采用盾构法，结构断面适应情况较差
		[40，60]	采用顶管法，结构断面适应情况较差
		[20，40]	采用浅埋暗挖法，施工对地层影响较大，防水困难
		[0，20]	采用多种施工方法同步施工，对施工场地要求较高及防水要求较高，对地层影响程度较大

续表 5-16

一级指标	二级指标	取值范围	评估标准
施工影响	不均匀沉降 S_{51}	[80，100]	不均匀沉降极小，基本不影响建筑物安全
		[60，80]	偶有不均匀沉降发生，沉降量较小，可暂不采取安全措施
		[40，60]	常有不均匀沉降，需采取安全措施，暂不影响建筑物安全
		[20，40]	不均匀沉降明显，需要采取安全措施，影响建筑物安全
		[0，20]	不均匀沉降较严重，甚至出现塌陷，需要及时采取安全措施，严重影响建筑物安全
	弯曲损害 S_{52}	[80，100]	未发生弯曲损害
		[60，80]	弯曲损害基本无表现
		[40，60]	弯曲损害一般，对建筑安全产生一定影响
		[20，40]	弯曲损害严重，极大影响建筑物安全
		[0，20]	弯曲损害使得建筑物有倒塌趋势，建筑物极其不安全
	倾斜 S_{53}	[80，100]	未见建筑物倾斜
		[60，80]	建筑物产生小幅度倾斜，不影响建筑安全
		[40，60]	建筑物产生倾斜幅度一般，倾斜有持续发展趋势
		[20，40]	建筑物倾斜幅度明显，影响建筑物安全
		[0，20]	建筑物倾斜幅度较明显，必须及时采取安全措施
	结构裂缝 S_{54}	[80，100]	未见明显裂缝
		[60，80]	裂缝数量较少，深度较浅
		[40，60]	存在明显的裂缝，且数量较多，一定范围内影响建筑物安全
		[20，40]	裂缝数量较多且范围较广，影响建筑物安全
		[0，20]	裂缝使建筑结构开裂或破损严重，严重影响建筑物安全
	外观破损 S_{55}	[80，100]	质量完好，外观无破损
		[60，80]	质量基本完好，外观基本无明显破损
		[40，60]	质量一般损坏，外观破损对建筑物安全产生一定影响
		[20，40]	质量严重损坏，外观破损严重影响建筑物安全
		[0，20]	危险建筑物，外观破损较严重，建筑物极其不安全
	地基浸水 S_{56}	[80，100]	地基未浸水，施工场地水位较低
		[60，80]	地基浸水量较小，基本不影响建筑物安全
		[40，60]	地基一定范围内存在浸水，可能影响建筑物安全
		[20，40]	地基浸水量大，范围广，严重影响建筑物安全
		[0，20]	地基完全浸水，结构稳定性受到严重影响，需要立即采取安全措施

5.2.2 地下管廊结构沉降变形施工管理风险指标赋权

5.2.2.1 赋权方法选择

权重的确定方法可分为主观法、客观法和主客观综合法。常见的主观赋权法有专家评判法和层次分析法，常见的客观赋权法有灰色关联分析法、熵值法和主成分分析法，见表5-17。

表5-17　常用赋权法

方法名称	方法简述	典型方法	方法描述
主观法	由决策者的自身素质决定，主要方法包括：层次分析法、德尔菲法、经验定权法、二项系数法等	层次分析法	对因素进行分解，形成目标、准则、方案等层次，进行定性和定量分析
		德尔菲法	通过征求专家建议，对信息进行多轮修正，以明确各指标排序情况
		经验定权法	专家结合自身的经验和知识，对指标进行赋权
客观法	利用属性指标来确定权重，主要方法包括：灰色关联分析法、熵值法、主成分分析法等	灰色关联分析法	对关联矩阵中的关联强度进行分析
		熵值法	信息熵与系统的程度成反比
		主成分分析法	将多指标简化，利用少数综合指标反映问题信息情况

从主客观两种权重确定的含义可以看出：权重确定时主要通过专家自身的经验和知识来进行判断的称为主观法，该法的主观随意性较大，一般靠专家对评价指标内涵和外延的理解结合自身素质来进行决策，受到个人的影响较大。而客观法在确定权重时着重考虑指标之间的关系及变异度，在一点程度上能够避免观随意性。采用组合赋权，即最大限度减少信息的损失，使赋权尽可能接近实际。

组合赋权能够兼顾主、客观权重信息，既能充分利用客观信息，又能满足决策者的主观愿望；又由于层次分析法、熵值法已经较为成熟，与调研数据匹配程度较好，并已在既往研究取得丰硕成果及应用，基于此，采取组合赋权法确定权重。

5.2.2.2　指标赋权

A　主观赋权

应用层次分析法进行主观赋权，获得指标的主观权重。

B　客观赋权

熵值法的主要思想为：应用熵值判断指标间的离散程度，通过价值系数判定指标的重要度。价值系数与指标的重要性成正比，指标的权重越大，对评价结果的影响越大，其价值系数就高。信息熵 $H(x)$ 按下面公式计算：

$$H(x) = -\sum_{i=1}^{n} P(x_i)\ln P(x_i) \tag{5-3}$$

式中，假定有 n 种状态，x_i为其中的第 i 个状态，$P(x_i)$ 为该状态的概率。

可依据以下步骤进行熵值法权重计算。

（1）数据处理。原始数据需进行标准化处理，首先假设有 m 个待评价对象，每个对象有 n 个相关评价指标，其评价系统矩阵可表示为：

$$X=\begin{bmatrix} x_{11} & x_{12} & \cdots & x_{1n} \\ x_{21} & x_{22} & \cdots & x_{2n} \\ \vdots & \vdots & & \vdots \\ x_{m1} & x_{m2} & \cdots & x_{mn} \end{bmatrix} \tag{5-4}$$

式中，x_{ij}为评价对象 i 相关的指标 j 的原有数据。

指标可分为正向指标、负向指标两种。在进行标准化处理时，可依据指标的正负向情况进行。正向即指标数值增大有利，负向指标即数值增大不利。正、负向指标的计算公式分别为：

$$x'_{ij}=\frac{x_{ij}-\min\{X_j\}}{\max\{X_j\}-\min\{X_j\}}$$

$$x'_{ij}=\frac{\max\{X_j\}-x_{ij}}{\max\{X_j\}-\min\{X_j\}} \tag{5-5}$$

式中，$\max\{X_j\}$ 和 $\min\{X_j\}$ 分别为对 m 个对象进行评价时，第 j 项指标的最大值及最小值；x'_{ij}为标准化处理后的数据。对标准化矩阵进行列归一化，得出指标 j 占第 i 个对象指标值的比重：

$$r_{ij}=x'_{ij}/\sum_{i=1}^{m}x'_{ij}\quad(0\leqslant r_{ij}\leqslant 1) \tag{5-6}$$

（2）计算信息熵和信息效用。进行指标信息熵 e_j的计算公式如下：

$$e_j=-K\sum_{i=1}^{m}r_{ij}\ln r_{ij} \tag{5-7}$$

式中，$K=1/\ln m$。

信息熵的作用，即反映指标对评价对象的贡献总量，若 e_j趋近于 1，表示该指标对不同评价对象的贡献度趋向一致。信息熵为 1，则表示指标对各对象的贡献度都相等，即该指标对评价对象的影响可忽略，其权重为 0。

因此，信息熵 e_j与 1 的差值，即代表指标的信息效用值 d_j由下式计算：

$$d_j=1-e_j \tag{5-8}$$

（3）计算指标 q_j的权重。通常，指标权重与其信息效用值成正比，若信息效用值较大，可表明该指标具有较高的重要度，对评价的影响也越大。因此，指标权重可由归一化信息效用值得出，当信息效用值为 0 时，需剔除指标，具体公式如下：

$$q_j=d_j/\sum_{j=1}^{n}d_j \tag{5-9}$$

C　应用 Lagrange 条件极值的组合赋权

最小离差组合权重能够精确反映主客观倾向，选择最小离差和（Lagrange 条件极值原理）组合赋权。基于已取得的主、客观权重，应用 Lagrange 条件极值进行综合赋权。具体计算过程如下。

（1）建立权重目标函数。依据主、客观权重得到综合权重。令 α 和 β 为 W' 和 W'' 的重要程度，得到

$$W = \alpha W' + \beta W'' \tag{5-10}$$

式中，W 为综合权重。假定 α 和 β 满足单位约束条件，即 $\alpha^2 + \beta^2 = 1$，a_j 是 x_{ij} 的规范化值，安全风险评估值为

$$\begin{cases} v_i = \sum_{j=1}^{n} a_{ij} w_j = \sum_{j=1}^{n} a_{ij}(\alpha w_j' + \beta w_j'') \\ i = 1, 2, \cdots, m \end{cases} \tag{5-11}$$

v_i 总是越大越好，v_i 越大方案越优，因此，可构造如下目标模型：

$$\begin{cases} \max Z = \sum_{i=1}^{m}\sum_{j=1}^{n} a_{ij}(\alpha w_j' + \beta w_j'') \\ \text{s.t. } \alpha^2 + \beta^2 = 1 \\ \alpha, \beta \geqslant 0 \end{cases} \tag{5-12}$$

（2）计算主、客观权重比例，可得

$$\begin{cases} \alpha_1^* = \dfrac{\sum_{i=1}^{m}\sum_{j=1}^{n} a_{ij} w_j'}{\sqrt{\sum_{i=1}^{m}\sum_{j=1}^{n} a_{ij} w_j' + \sum_{i=1}^{m}\sum_{j=1}^{n} a_{ij} w_j''}} \\ \beta_1^* = \dfrac{\sum_{i=1}^{m}\sum_{j=1}^{n} a_{ij} w_j''}{\sqrt{\sum_{i=1}^{m}\sum_{j=1}^{n} a_{ij} w_j'^2 + \sum_{i=1}^{m}\sum_{j=1}^{n} a_{ij} w_j''^2}} \end{cases} \tag{5-13}$$

对 α_1^* 和 β_1^* 进行归一化处理，有

$$\begin{cases} \alpha^* = \dfrac{\alpha_1^*}{\alpha_1^* + \beta_1^*} \\ \beta^* = \dfrac{\beta_1^*}{\alpha_1^* + \beta_1^*} \end{cases} \tag{5-14}$$

可得到

$$\begin{cases} \alpha^* = \dfrac{\sum_{i=1}^{m}\sum_{j=1}^{n} a_{ij} w_j'}{\sum_{i=1}^{n}\sum_{j=1}^{m} a_{ij}(w_j' + w_j'')} \\ \beta^* = \dfrac{\sum_{i=1}^{m}\sum_{j=1}^{n} a_{ij} w_j'}{\sum_{i=1}^{m}\sum_{j=1}^{n} a_{ij}(w_j' + w_j'')} \end{cases} \tag{5-15}$$

$$w_j = \alpha' w_j' + \beta' w_j'' \tag{5-16}$$

(3) 计算各级指标综合赋权后的权重值。其中，一级、二级指标层，均可采用上述方法进行综合赋权。当个别衡量指标缺失时，可将指标权系数平均分摊给同级指标。

$$\{\beta_{ijk}\} = \{\beta_{ij1}, \beta_{ij2}, \cdots, \beta_{ij5}\} \tag{5-17}$$

式中，i 为一级指标序号；j 为二级指标序号；k 为风险状态。

β_{ijk}表示，专家对第 i 个一级指标下的第 j 个二级指标 U_{ij} 对于第 k 个风险状态 V_k 直接预赋的确信度，其取值要满足：

$$0 \leqslant \beta_{ijk} \leqslant 1 \quad 且 \quad 0 \leqslant \sum_{k=1}^{5} \beta_{ijk} \leqslant 1 \tag{5-18}$$

依据上述方法，分别计算地下管廊施工安全管理风险指标权重、地下管廊盾构施工安全风险指标权重及既有建筑物安全风险指标权重，见表 5-18 ~ 表 5-20。

表 5-18 地下管廊施工安全管理风险指标权重

一级指标		二级指标	指标权重	
R_i	ω_i	R_{ij}	熵值法 w_{ij}	组合赋权 λ_{ij}
人的因素 R_1	0.6299	人员专业技能掌握情况 R_{11}	0.1823	0.4264
		安全培训教育情况 R_{12}	0.1122	0.1872
		人员安全意识 R_{14}	0.0115	0.0600
		安全防护用品穿戴情况 R_{15}	0.1765	0.3804
物的因素 R_2	0.0582	机械设备保养及维护情况 R_{22}	0.0656	0.8849
		机械设备安全管理状况 R_{23}	0.0170	0.1151
环境因素 R_3	0.1069	地质水文状况 R_{31}	0.0556	0.4116
		地下管廊隧道自身环境 R_{32}	0.0235	0.0954
		现场施工环境 R_{33}	0.03590	0.1927
		周边既有结构环境 R_{34}	0.0474	0.3003
技术因素 R_4	0.0871	勘查设计方案资料与现场符合程度 R_{41}	0.0157	0.0677
		穿越施工方案合理性 R_{42}	0.0585	0.5350
		辅助措施合理性 R_{44}	0.0498	0.3972
管理因素 R_5	0.1179	安全生产责任制执行情况 R_{51}	0.0230	0.091
		安全检查制度执行程度 R_{52}	0.0800	0.6475
		现场安全管理情况 R_{53}	0.0453	0.2602

表 5-19　地下管廊盾构施工安全风险指标权重

一级指标		二级指标	指标权重	
Z_i	ω_i	Z_{ij}	熵权法 w_{ij}	组合赋权 λ_{ij}
地质条件 Z_1	0.2104	土层分布状况 Z_{11}	0.0262	0.0650
		特殊土层状况 Z_{12}	0.0928	0.4369
		既有基础状况 Z_{13}	0.0504	0.1739
		地下水分布状态 Z_{14}	0.0361	0.1034
		掘进层含水量 Z_{15}	0.0243	0.0573
		承压水状况 Z_{16}	0.0489	0.1636
机械安全 Z_2	0.6956	盾构机选型 Z_{21}	0.1661	0.3311
		掘进轴线偏移量 Z_{22}	0.0284	0.0220
		盾构机高负荷工作程度 Z_{23}	0.0603	0.0715
		运输装置状况 Z_{24}	0.1646	0.3436
		通风设施运行状况 Z_{25}	0.1294	0.2298
		盾构掘进参数设置合理性 Z_{26}	0.0058	0.0020
施工工艺 Z_3	0.0940	衬砌效果 Z_{31}	0.0238	0.1271
		注浆效果 Z_{32}	0.0299	0.1792
		土体加固及支护效果 Z_{33}	0.0370	0.2461
		管片防水效果 Z_{34}	0.0396	0.2718
		管片拼装完整程度 Z_{35}	0.0122	0.0449
		管片环面平整程度 Z_{36}	0.0242	0.1307

表 5-20　既有建筑物安全风险指标权重

一级指标		二级指标	指标权重	
S_i	ω_i	S_{ij}	熵权法 w_{ij}	组合赋权 λ_{ij}
结构特征 S_1	0.3197	基础形式 S_{11}	0.1544	0.6713
		结构形式 S_{12}	0.0423	0.0913
		结构标高 S_{13}	0.0669	0.1869
		结构平面布置 S_{14}	0.0120	0.0136
		使用年限 S_{15}	0.0230	0.0372
场地特征 S_2	0.0238	地质条件 S_{21}	0.0309	0.7708
		水文条件 S_{22}	0.0141	0.2284

续表 5-20

一级指标		二级指标	指标权重	
S_i	ω_i	S_{ij}	熵权法 w_{ij}	组合赋权 λ_{ij}
周边环境 S_3	0.0569	周边建（构）筑物 S_{31}	0.0010	0.0578
		周边基坑 S_{32}	0.0493	0.6498
		既有地下建（构）筑物 S_{33}	0.0293	0.2928
新建结构 S_4	0.1839	结构类型 S_{41}	0.1065	0.6368
		穿越类型 S_{42}	0.0556	0.2448
		施工方法 S_{43}	0.0349	0.1183
施工影响 S_5	0.4157	不均匀沉降 S_{51}	0.1221	0.4051
		弯曲损害 S_{52}	0.1270	0.4016
		倾斜 S_{53}	0.0599	0.1204
		结构裂缝 S_{54}	0.0208	0.0243
		外观破损 S_{55}	0.0162	0.0166
		地基浸水 S_{56}	0.0250	0.0320

5.3 地下管廊结构沉降变形施工风险评估模型

5.3.1 构建基础

支持向量机（support vector machine，SVM）是一种较为常用、应用范围极广的统计学习方法。该方法通过借助最优化方法，解决数据挖掘中的相关问题，并在文本分类、生物信息、语音识别、遥感图像分析、故障识别和预测、时间序列预测、信息安全等领域得到良好应用。

5.3.1.1 机器学习

机器学习系统，即从已知的训练样本获取输入、输出间的对应关系，并依据输入准确预测输出。其原理用数学语言表示为：设 n 个训练样本 (x, y)，…，(x_n, y_n)，已知 x、y 间存在未知对应关系——联合概率密度 $F(x, y)$，现给定函数集 $f(x, \omega)$（ω 属广义参数）选取函数 $f(x, \omega_0)$，使其能准确反映 x、y 间的对应关系，预测未知样本。而选择函数 $f(x, \omega_0)$ 的标准，即期望风险最小，其中，损失函数 $L(y, f(x, \omega))$ 为预测 y 产生的差异。

$$R(\omega) = \int L(y, f(x, \omega)) \mathrm{d}F(x, y) \tag{5-19}$$

5.3.1.2 经验最小化原则

期望风险最小化决定了预测的准确性。经验风险对于新样本而言，不一定为最优，其最小化也并不等同于期望风险最小化。由于训练样本有限，且分布特性不明确，使得 $R(\omega)$ 无法计算。因此，可应用求解经验风险估计期望风险。

$$R_{\exp}(\omega) = \frac{1}{n}\sum_{i=1}^{n} L(y, f(x, \omega)) \tag{5-20}$$

5.3.1.3 结构风险最小化原则

若给定的某个函数，能够把含有 h 个样本的样本集，依据所有可能 2^h 种形式打散，则它能打散的最大样本数目 h，即为 VC 维。对于存在的所有函数，期望风险、经验风险满足的关系，至少以 $1-\mu(0 \leqslant \mu < 1)$ 的概率存在，即：

$$R(\omega) \leqslant R_{\exp}(\omega) + \varphi\left(\frac{h}{n}\right) \tag{5-21}$$

式中，$\varphi\left(\frac{h}{n}\right)$ 为置信区间，且

$$\varphi\left(\frac{h}{n}\right) = \sqrt{\frac{h\left[\ln\left(\frac{2n}{h}+1\right) - \ln\left(\frac{\mu}{4}\right)\right]}{n}} \tag{5-22}$$

该原则把函数集按 VC 维的大小顺序，分解为函数子集序列，从各子集中找出最小的经验风险，加上置信范围，当两者之和最小时，则子集达到最小期望风险，其原理如图 5-7 所示。

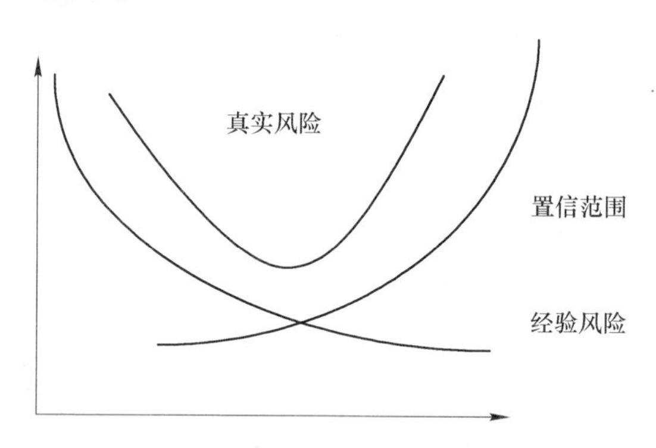

图 5-7 结构风险最小化原理

SVM 通过寻找最大间隔及平分最近点，来构造最优超平面，解决分类问题，以实现结构风险最小化，如图 5-8 所示。其中，“○”和“△”能被超平面 H_1 和 H_2 正确分开，但超平面 H_1 所留空白区域最大，故 H_1 就是最优超平面。处于最优超平面的样本数，即为支持向量。SVM 与三层结构的神经网络类似，由输入层、核函数层和输出层构成，同层单元之间无连接。支持向量、抽取输入向量的内积结果，共同构成了中间层单元，并通过线性组合得到输出结果。SVM 的结构如图 5-9 所示。

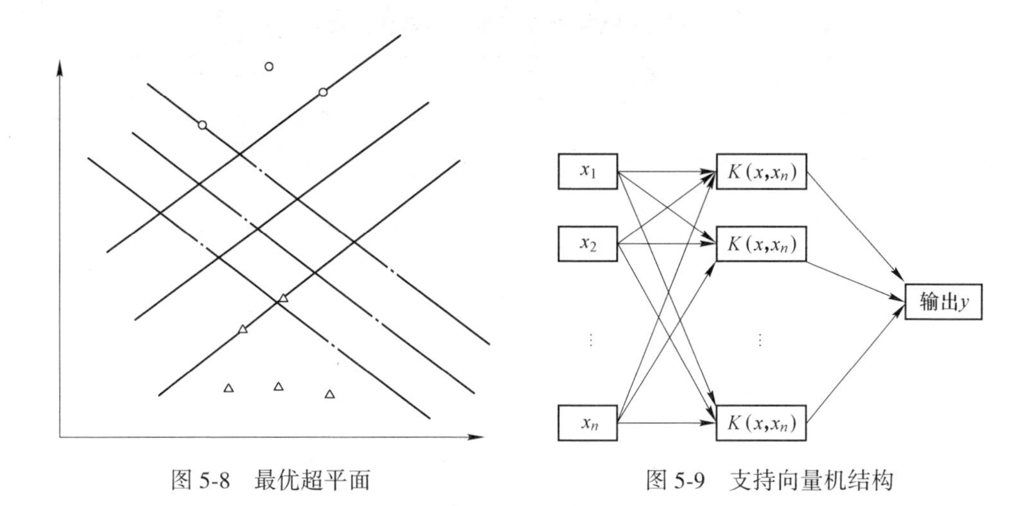

图 5-8 最优超平面

图 5-9 支持向量机结构

5.3.2 建模原理

鉴于受多种因素影响，施工安全风险评估带有非线性、不规则波动的特点，是一个高度非线性问题。传统的线性模型，很难对多变量间复杂关系进行描述，适合构建涵盖随机波动项、在一定阈值范围内、参数相对稳定的非线性回归模型。采用 SVM 进行穿越施工安全风险评估，利用参数优化可以弥补 SVM 算法的不足。而选择何种方式进行参数优化以得到预测精度较高的风险评估模型至关重要。地下管廊施工安全风险评估逻辑结构如图 5-10 所示。

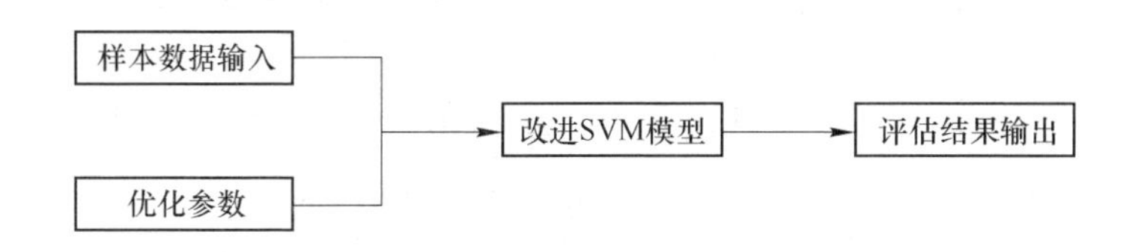

图 5-10 地下管廊施工安全风险评估逻辑结构

5.3.2.1 核函数选取

满足 Mercer 条件的核函数，可以用来代替映射函数，使输入变量 x 映射于高维特征空间。不同的核函数，会使 SVM 模型产生不同的特性，且在解决回归问题时产生不同结果。因此，选择合适核函数，是构建 SVM 模型的核心问题之一。在 SVM 分类算法中，引进核函数需符合 Mercer 条件，且保证 K (x_i, x_j) 为半正定。对于符合 Mercer 定理的核函数，可结合应用需求构造更为复杂的核函数。常见的核函数类型见表 5-21。

表 5-21 SVM 评估关键参数寻优方法

序号	方法	方法描述	基本原理
1	Grid Search	取代了早期学者，对大量样本数据、手动参数寻优的方式	依据经验确定大概参数区域，以每个单位步长为节点，生成网格，在搜索区域内选取网格节点，通过交叉验证，明确该参数下的平均分类精度
2	GA	为模拟生物在自然环境的遗传、进化过程，提出的自适应全局优化概率算法	以染色体来表示问题求解，选择适应于环境的染色体，进行复制，通过交叉、变异形成新一代染色体群，不断重复直至收敛求得最优解或次优解
3	QGA	是量子计算、遗传算法结合的产物，是一种新型概率进化算法	将量子态矢量表达应用于遗传编码，将量子比特几率幅应用于染色体编码，利用量子逻辑门，实现染色体的更新操作，实现目标优化求解

应用于 SVM 分类器性能优化，以上核函数的主要区别在于：当训练样本数量较少、维度不高时，均可提升 SVM 的泛化能力。当训练样本数量较大、维度不高时，RBF 核函数、SIGMOID 核函数较为适用。当训练样本数量较大、维度较高时，POLY 核函数、RBF 较为适用。结合穿越施工安全的特征与特性，本书采用 MATLAB 软件 Libsvm 软件包，实现基于 SVM 的地下管廊施工安全风险评估研究。

5.3.2.2 参数寻优方法选择

选择合适的核函数参数，能够得到学习能力、泛化能力较好的 SVM 分类器。惩罚因子和核函数参数是影响 SVM 性能的关键因素。当前，惩罚因子和核函数参数寻优方式，已经由手动方式进化为自动方式。常见的参数寻优算法有：网格搜索法（grid search）、遗传算法（genetic algorithm，GA）、量子遗传算法（quantum GA，QGA）等。而改进算法可以实现对参数的进一步寻优。

常见算法在进行参数寻优时，其优缺点主要表现为：由于 GA 不受问题性质、优化准则形式等因素限制，仅仅应用目标函数，在概率引导下开展全局自适应搜索，可处理传统优化手段难以解决的复杂问题，具有极高鲁棒性和广泛适用性。但若选择、交叉、变异的方式不当，GA 会表现出迭代次数多、收敛速度慢、已陷入局部极值的现象。与传统的遗传算法相比，QGA 算法具有运算效率高、全局寻优能力强、稳定性好等优点。

5.3.2.3 交叉验证

交叉验证（cross validation，CV）将样本集划分为训练集、检验集，通过训练集得出决策函数，并利用检验集对其进行检验，以此来验证选择参数的准确率。常用的交叉验证方法，见表5-22。

表5-22 交叉验证方法类型

方法名称	方法描述
Hold-Out CV	随机划分样本数据，利用训练集建立模型，并应用检验集来验证模型。该方法操作简便，但准确率受样本数据分组影响
K-fold CV	划分样本数据为互不相交的 k 个子集，对每个子集进行检验，选择剩余 k-1个子集作为训练集，依据模型检验集的准确率，选择最优参数构建模型
Leave-One-Out CV	检验集包含每个样本数据，训练集为剩余样本。该方法评估结果精确度高，但计算成本较高

由于穿越既有结构的地下管廊能够借鉴和收集的样本较少，为了提高支持向量回归机模型的有效性，选取LOO交叉验证法以提高所选参数的准确率。

5.3.3 SVM关键参数优化

5.3.3.1 QGA算法求解步骤及流程

QGA算法的具体计算步骤为：（1）初始化种群 $Q(t_0)$，随机生成 n 个染色体，应用量子比特进行编码；（2）对初始种群 $Q(t_0)$ 中的每个个体，均进行一次测量，得到对应的确定解 $P(t_0)$；（3）对各确定解进行适应度评估；（4）记录最优个体对应的适应度；（5）判断计算过程是否满足结束条件，若满足结束条件则退出，反之继续；（6）对种群 $Q(t)$ 中的每个个体，均实施一次测量，得到相应的确定解；（7）对各确定解进行适应度评估；（8）利用量子旋转门 $U(t)$，对个体实施调整，得到新的种群 $Q(t+1)$；（9）记录最优个体及对应的适应度；（10）将迭代次数 t 加1，返回步骤（5）。相应的流程图如图5-11所示。

算法（1）是初始化种群 $Q(t_0)$，种群中全部染色体的所有基因（α_i'，β_i'），均被初始化为（$\frac{1}{\sqrt{2}}$，$\frac{1}{\sqrt{2}}$），由此反映该染色体表达的全部可能状态的等概率叠加：

$$|\psi_{q_j^t}\rangle = \sum_{k=1}^{2^m} \frac{1}{\sqrt{2}^m} |S_k\rangle \tag{5-23}$$

式中，S_k 为该染色体的第 k 种状态，表明形式为一长度为 m 的二进制串（x_1，x_2，…，x_m），$x_i(i=1 \sim m)$ 的值为0或者1。

算法（2）是对初始种群个体进行测量，以获得 $P(t)=\{p_1^t,\ p_2^t,\ \cdots,\ p_n^t\}$ 的确定的解。其中，p_j^t 为第 t 代种群中第 j 个解，表现为长度等于 m 的二进制串；x_i 的值为0、1，可由量子比特的概率（$|\alpha_i^t|^2$ 或 $|\beta_i^t|^2$，$i=1, 2, \cdots, m$）确定。测量流程为：随机产生一个［0，1］区间数，若它大于概率幅的平方，则测量结果取1，否则取0。最终，需要对该组解进行适应度评估，将最佳适应度个体

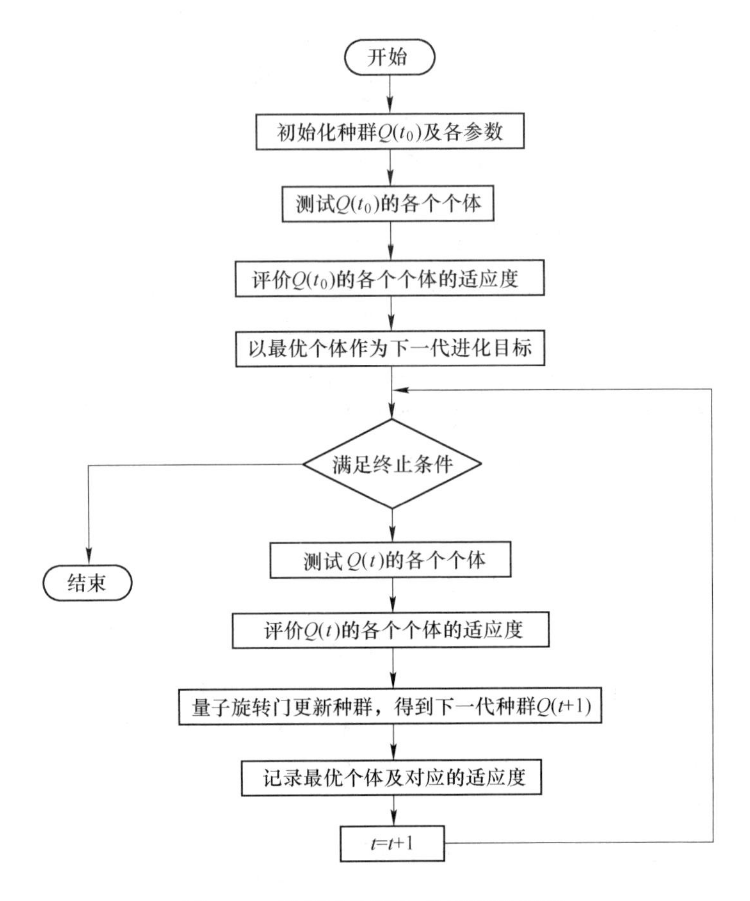

图 5-11 量子遗传算法求解流程框图

作为演化目标值。随着不断的循环迭代，种群的解会逐渐趋向于最优解。在每一次迭代中，应测量种群以获得确定解 $P(t)$ ，并计算每个解的适应度值，利用量子旋转门，调整种群个体以获得新种群。最终，比较最优解与目标值，若最优解大于目标值，则以新的最优解，作为下一次迭代的目标值，否则，保持该目标值不变。

5.3.3.2 QGA 优化 SVM 关键参数流程

QGA 优化 SVM 的关键参数流程如图 5-12 所示。

5.3.3.3 改进 SVM 后的评估模型

用 SVM 解决回归问题的基本思想如下：

设训练样本集 $D = \{(x_i, y_i) \mid i = 1, 2, 3, \cdots, l\}$ ，$x_i \in R^n$ ，$y_i \in R$。

分析线性回归问题，线性回归方程为：

$$f(x) = (w, x) + b \tag{5-24}$$

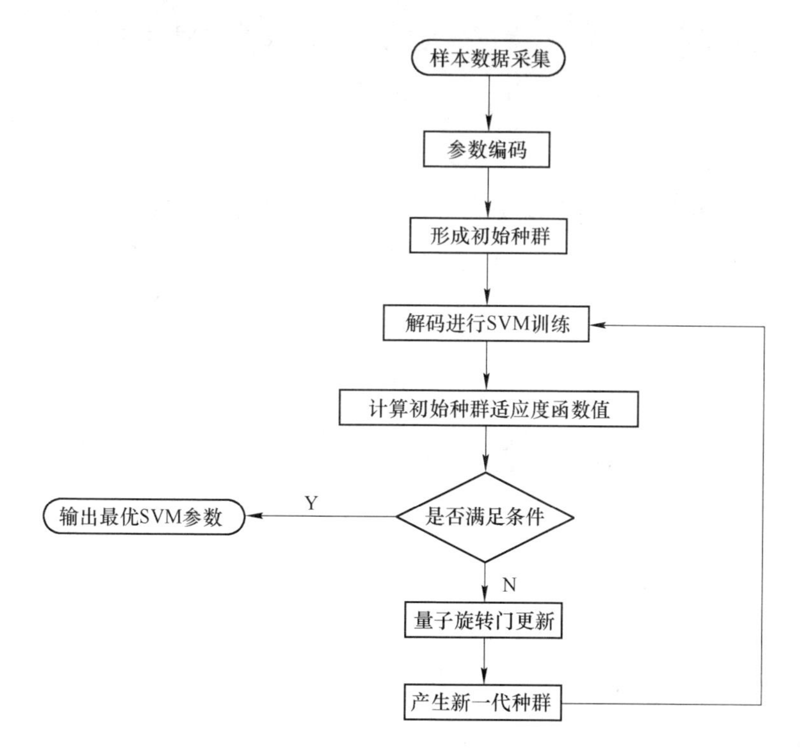

图 5-12 QGA 优化 SVM 的关键参数流程图

采用损失函数 ε-insensitive，其形式为：

$$L_{\varepsilon}(y)=\begin{cases}0, & |f(x)-y|<\varepsilon \\ |f(x)-y|<\varepsilon, & \text{其他}\end{cases} \tag{5-25}$$

求解回归问题，可以转化为 SVM 求解数学规划问题。

$$\begin{cases}\min\limits_{w,\ b,\ \xi_i,\ \xi_i^*} \phi=\dfrac{1}{2}\ \|w\|^2+C\sum\limits_{i=1}^{l}(\xi_i+\xi_i^*) \\ \text{s. t. } [(w\cdot x_i)+b]-y_i\leqslant\varepsilon+\xi_i,\ i=1,\ 2,\ 3,\ \cdots,\ l \\ y_i-[(w\cdot x_i)+b]\leqslant\varepsilon+\xi,\ i=1,\ 2,\ 3,\ \cdots,\ l \\ \xi_i,\ \xi_i^*\geqslant 0,\ i=1,\ 2,\ 3,\ \cdots,\ l\end{cases} \tag{5-26}$$

其对偶问题为：

$$\begin{cases}\max\limits_{a,\ a^*} W=\dfrac{1}{2}\sum\limits_{i=1}^{l}\sum\limits_{j=1}^{l}(\alpha_i-\alpha_i^*)(\alpha_j-\alpha_j^*)(x_i,\ x_j)+\sum\limits_{i=1}^{l}[\alpha_i(y_i-\varepsilon)-\alpha_i^*(y_i+\varepsilon)] \\ \text{s. t. } \sum\limits_{k=1}^{l}(\alpha_i-\alpha_i^*)=0 \\ 0\leqslant\alpha_i,\ \alpha_i^*\leqslant C,\ i=1,\ 2,\ 3,\ \cdots,\ l\end{cases} \tag{5-27}$$

对上述公式进行求解，获得拉格朗日乘子 α_i、α_i^*，回归方程式中的系数可表示为：

$$w = \sum_{i=1}^{l} (\alpha_i - \alpha_i^*) x_i \tag{5-28}$$

式中，α_i、α_i^* 不全为0，由 Karush-Kuhu-Tucker 条件得，若 $0 < \alpha_i < C$，当 $\xi_i = 0$ 时，不等式 $[(w \cdot x_i) + b] - y_i \leqslant \varepsilon + \xi_i b$ 为等式，可以计算出 b；同理，若 $0 < \alpha_i < C$，当 $\xi_i^* = 0$ 时，不等式 $y_i - [(w \cdot x_i) + b] \leqslant \varepsilon + \xi_i$ 为等式，也可以计算出 b。

对于非线性回归问题，回归方程可表示为：

$$f(x) = \sum_{i=1}^{l} (\alpha_i - \alpha_i^*) K(x_i, x) + b \tag{5-29}$$

求解下列规划问题：

$$\begin{cases} \max\limits_{a,\, a^*} W = \dfrac{1}{2} \sum\limits_{i=1}^{l} \sum\limits_{j=1}^{l} (\alpha_i - \alpha_i^*)(\alpha_j - \alpha_j^*) K(x_i, x_j) + \sum\limits_{i=1}^{l} [\alpha_i (y_i - \varepsilon) - \alpha_i^* (y_i + \varepsilon)] \\ \text{s. t.} \sum\limits_{k=1}^{l} (\alpha_i - \alpha_i^*) = 0 \\ 0 \leqslant \alpha_i, \alpha_i^* \leqslant C, i = 1, 2, 3, \cdots, l \end{cases} \tag{5-30}$$

其中，$K(x_i, x_j)$ 为核函数。

把量子遗传算法优化后的综合特征参数 Y 作为输入，把威胁度作为输出。此时核函数 $K(x_1, x)$ 采用高斯径向基核函数。

$$K(x_1, x) = \exp\left(- \frac{\| x_i - x \|}{2\sigma^2} \right) \tag{5-31}$$

5.3.4 施工安全管理风险评估等级标准

依据专家经验，结合已有工程项目资料，在参考表5-23基础上，分析地下管廊施工的安全特性，对安全管理风险做出评估。即通过改进 SVM 的训练模型所输出的结果，可作为地下管廊施工管理风险评估的依据。

表 5-23 地下管廊施工安全管理风险评估等级

风险等级	风险描述
一级（0~0.2）	安全风险极低，工程安全性很好
二级（0.2~0.4）	安全风险偏低，工程安全性较好
三级（0.4~0.6）	安全风险中等，工程安全性一般

续表 5-23

风险等级	风险描述
四级（0.6~0.8）	安全风险较高，工程安全性较差
五级（0.8~1）	安全风险极高，工程安全性很差

5.4　地下管廊结构沉降变形施工安全应急管理

5.4.1　应急预案编制

预案主要分为两个阶段：（1）预警阶段，事前做好预防措施；（2）应急阶段，事后做好抢险措施。当前多数预案都集中在预警阶段，需加强第二阶段的预案，同时着重于这两个阶段。应急预案的编制可以从预防、预警、预案阶段三个阶段展开。参考相关文献，结合施工安全事故模式，进行预案研究，见表 5-24。

表 5-24　地下管廊盾构施工安全应急预案分解表

应急阶段	应 急 措 施
预防阶段	（1）穿越施工需征得相关单位同意，施工前，认真履行施工方案报批，及时与相关部门签订施工安全协议，并办理施工许可证，进行施工计划申请； （2）为确保注浆施作时不影响既有结构安全，施工前联合相关管理单位对注浆施工影响范围内的通信、信号、电力、供电、给水管道及结构尺寸进行详细调查，对既有建（构）筑物采取相应保护措施； （3）对影响区域内地表建（构）筑物进行核查、第三方调查和现状评估，根据评价结果决定采取何种保护措施，对设计给出的预处理措施，需在盾构穿越前处理到位； （4）按照设计要求布设监测点，建立完善的监测网络； （5）围护结构需合理设计，如围护结构的止水处理、根据不同土质设置止水幕墙、隔水墙，坑外设置观察井和回灌井； （6）提前对刀具磨损情况进行检查，更换磨损严重的可更换刀
预警阶段	（1）通过始发试掘进，掌握盾构施工参数，合理选定平衡土压力、推进速度、同步注浆参数，严格控制盾构纠偏量； （2）根据监测数据及地质变化，及时调整盾构掘进参数； （3）进行渣土改良，避免刀盘结泥饼； （4）及时进行管片同步注浆、二次注浆； （5）加强盾尾刷保护，防止盾尾漏水、漏浆； （6）加强设备检查及保养，避免盾构长时间停机，确保盾构快速穿越； （7）明确盾构开仓检查、换刀要求及现场人员权限，严禁在地铁过街通道下方、高架桥墩周围，开仓检查和换刀； （8）盾构穿越后，结合监测数据持续进行跟踪注浆，控制地表沉降； （9）盾构下穿地铁过街通道、侧穿地铁高架桥墩时，须密切与地铁运营单位联系，在盾构到达前、穿越中、穿越后，采取相应地铁保护组织措施

续表 5-24

应急阶段	应 急 措 施
预案阶段	（1）盾构掘进参数异常： 1）调节水和泡沫使用量，增加渣土流动性，降低渣土的黏度和土仓内的温度，确保盾构正常掘进从而降低既有结构沉降风险。 2）渣土改良措施调整完成后，土仓压力无明显降低，检查刀盘前部是否形成泥饼和刀具磨损情况。 3）加大临近地铁结构检测密度、土体沉降检测频率，及时收集数据，做好检测预报工作。 4）调整盾构机推力，放慢推进速度，及时拼装管片及同步注浆工作。 5）损坏的盾尾刷及时更换，或在盾尾内垫棉絮或海绵，对盾尾进行堵漏。 6）结合建筑物监测现状，调整盾构施工参数，包括推进速度、土仓压力、同步注浆压力、注浆量、出土量、刀盘扭矩和总推力等
	（2）非正常停机： 1）不良地质下刀具损坏，地面又无加固条件时，采取气压换刀更换刀具。 2）不良地质下刀具损坏，土仓无法保压时，利用前盾超前注浆孔，用单液浆的形式固结刀盘前方、顶部的土体，然后开仓换刀。 3）停机土仓压力，需大于推进土仓压力，油缸行程需小于 1m。 4）在盾构机停机期间，应进行 24 小时监测，及时采集数据，并不定时移动
	（3）地面沉降超过控制值： 1）停止盾构掘进，及时与轨道公司联系，疏散周边客流，查找变化原因。 2）检查周边地层情况，对因地层塌方造成监测数据值异常变化的，及时进行注浆处理，确保结构稳定。 3）调整刀盘转速及掘进速度，减小地层扰动。 4）结合建筑物及周边地面变形情况，及时调整注浆量、注浆部位，针对沉降大的部位，及时进行二次注浆，并在沉降超标处、周围加密布置监测点，每半个小时监测一次，直至确定地面沉降稳定
	（4）地铁既有线变形超标： 1）分析检测数据超标的位置，正对变形的严重程度对周边土体进行注浆加固，增加监测频率，分析结构变形趋势，调整施工方案。 2）盾构掘进时减小掘进速度及刀盘转速，根据土体环境调整土仓压力，确保土仓压力与土体压力平衡，同时向土仓内注入泡沫剂、膨润土等提高渣土的流动性和止水性。 3）巡视是否存在渗漏水现象，分析渗漏水原因，管片拼装时注意清理拼缝杂物，对线路转角较大处在管片外侧涂刷油脂，增加拼缝密实度，避免渗漏水。 4）同步注浆及时进行，并对注浆质量进行监测，对不密实部位及时进行补浆处理。 5）定期检查盾尾刷密封质量，是否存在漏浆现象，油脂注入时确保注入压力

5.4.2 应急预案响应

5.4.2.1 应急准备

应急预案响应前，需进行应急准备。应急准备包括物资、人员、机构的准备及应急演练的实施。应急准备是应急救援的关键之一，为了行之有效地开展应急行动，需要针对可能发生的事故，提前进行应急准备工作，保持安全事故应急救援所需的应急能力。

A 应急物资

通常，应根据潜在风险事件配备相应的应急物资，包括救援机械、交通工具、医疗设备等，并进行定期检查、维护与更新，以保证应急物资处于完好状态。同时，应建立应急资源数据库，明确物资装备的类型、数量及位置等。

B 应急人员

应急人员包括管理人员及抢救人员。应进行安全事故预防、避险、自救等应急教育。当发生安全事故时，管理人员应依据安全系统提示的预警信号，迅速进行安全控制决策，并组建应急队伍，对施工现场进行救援。

C 应急演练

为了在事故出现时能够快速应对，应预设事故进行实地演练。应急演练方式包括桌面演练与实操演练。实操演练由于模拟实际情境，存在一定的安全风险，在进行实演练过程时应注意人员安全。在进行应急演练时，应做好记录，以作为后续完善应急预案的参考依据。

D 救援机构

应事先与邻近施工单位或其他周边单位签订互助协议，建立互助关系，以及时获得外部救援。在施工现场和办公、生活区域显著位置，张贴政府应急指挥中心及相关专业应急机构、医院等的应急联系电话一览表。

5.4.2.2 应急响应

应急响应包括接警、警情判断及应急救援等工作。应急响应的具体程序如图 5-13 所示。

地下管廊施工项目一旦发生危险，对周边既有结构及地面环境的安全性影响较大。应急响应包括管理层面的响应和技术层面的响应。其中，管理层面的响应包括：接警人员接受报警后，迅速向项目部负责人报告，负责人在进行安全决策时，应依据应急预案确定的分级，明确地下管廊自身及既有结构的事故状况，对事故进行初始评估，并及时做出安全决策，并启动应急预案，进行现场抢险工作；同时，应向周边公众发出警报，告知事故性质及注意事项，以保证公众能够及时做出自我防护响应；并考虑疏散人群的数量、所需时间等条件变化，做好疏

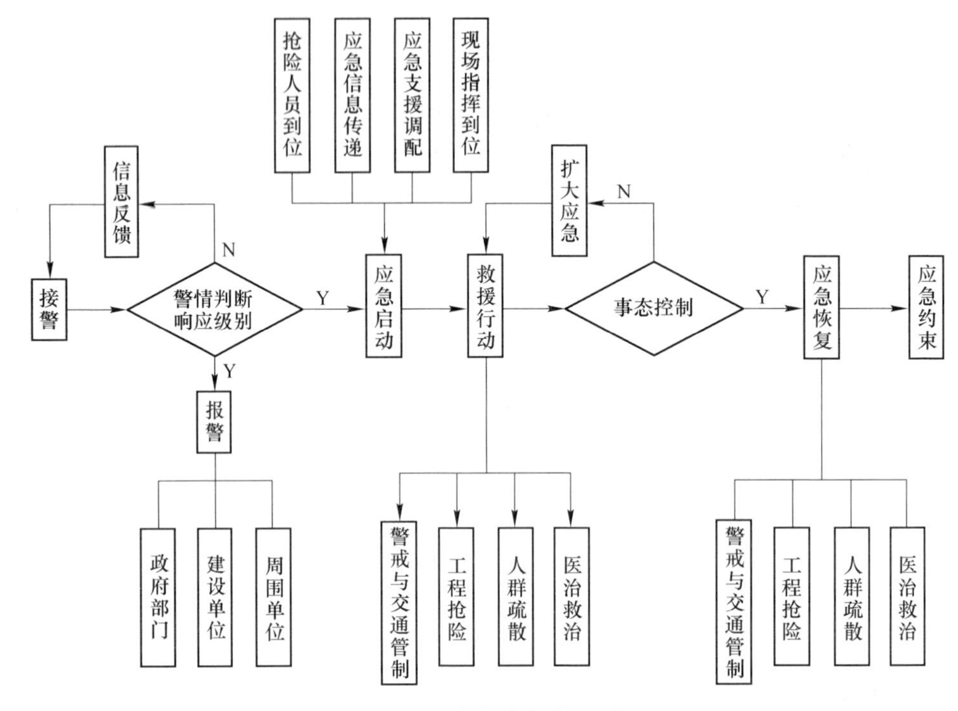

图 5-13 应急响应流程图

散工作；动态监测事故的发展势态，并在事故现场建立警戒区域，实施交通管制，维护现场治安。技术层面的响应包括：在施工安全事故发生后，应及时采取注浆加固等技术措施，控制事故险情。事故被控制后还需要进行短期恢复，即现场恢复。

6 地下管廊结构沉降变形施工风险控制

6.1 地下管廊结构沉降变形安全监测

预警监测的实施是构建安全预警模型的前提。穿越既有结构的地下管廊预警监测主要涵盖地下管廊盾构隧道自身及既有结构两部分内容。针对穿越施工的盾构隧道结构而言，施工监测是应对地层地质多变、岩土介质物理力学性质复杂、勘察局部性、岩土物理力学性质不确定性、沉降预估理论不准确性的有效途径。

6.1.1 新建工程监测范围

6.1.1.1 监测依据

《城市轨道交通工程监测技术规范》（GB 50911—2013）、《地下铁道工程施工及验收规范》（GB 50299—1999，2003 版）、《工程测量规范》（GB 50026—2007）、《城市测量规范》（CJJ/T 8—2011）、《国家一、二等水准测量规范》（GB 12897—2006），《城市轨道交通工程测量规范》（GB 50308—2008）、《建筑变形测量规程》（JGJ/T 8—2007）、《建筑基坑工程监测技术规范》（GB 50497—2009）、土建施工招投标文件及施工承包合同、附属结构监测图纸、建设单位有关管理文件、地方工程监控量测管理办法及国家现行其他监测规范和强制性标准，是进行施工监测的重点参考依据。

6.1.1.2 监测等级确定

工程监测等级宜根据地下管廊隧道工程的自身风险等级、周边环境风险等级，按表6-1 确定，确定后还应根据当地经验、地质条件复杂程度进行适当的工程监测等级调整。

表 6-1 地下管廊隧道工程监测等级

工程自身风险等级 \ 工程监测等级 \ 周边环境风险等级	一级	二级	三级	四级
一级	一级	一级	一级	一级
二级	一级	二级	二级	二级
三级	一级	二级	三级	三级

6.1.1.3 监测范围界定

地下管廊隧道工程施工安全技术预警监测范围，根据工程施工对周围岩土体扰动和周边影响环境的程度及范围，可分为主要、次要和可能影响分区，见表6-2。

表6-2 地下管廊隧道工程影响分区

基坑工程影响区	范围
主要影响区（Ⅰ）	隧道正上方及沉降曲线反弯点范围内
次要影响区（Ⅱ）	隧道沉降曲线反弯点及沉降曲线边缘2.5i处
可能影响区（Ⅲ）	隧道沉降曲线边缘2.5i外

注：i为隧道地表沉降曲线Peck计算公式中的沉降槽宽度系数。

竖井基坑工程的影响监测范围，包括主要影响区和次要影响区，应根据周边环境、地质条件、当地施工经验，综合确定工程影响分区界线，见表6-3。

表6-3 基坑工程监测范围分区

基坑工程影响区	范 围
主要影响区（Ⅰ）	基坑周边0.7H或$H\cdot\tan(45°-\varphi/2)$范围内
次要影响区（Ⅱ）	基坑周边0.7H~(2.0~3.0)H或$H\cdot\tan(45°-\varphi/2)$~(2.0~3.0)$H$范围内
可能影响区（Ⅲ）	基坑周边(2.0~3.0)H范围外

注：1. H为基坑设计深度，m；φ为岩土体内摩擦角。

2. 若基坑开挖范围内存在基岩，H可为覆盖土层与基岩强风化层厚度之和。

3. 工程影响分区的划分界线，取表中0.7H或$H\cdot\tan(45°-\varphi/2)$的较大值。

为了更加清晰地描述地下管廊隧道工程施工安全技术预警发现的问题，盾构施工自身以若干环为一监控分区，周边环境影响区域以同类型监控对象或不同程度的影响范围为一个监控分区，具体分区应结合隧道位置、水文地质情况、周边既有结构等进行设置。

6.1.2 既有结构检测范围

在地下管廊施工前，应通过调查、检测等手段，详细了解既有结构的原始资料、外观现状等基础情况，分析、评价既有建筑、隧道设施变形、劣化、损伤等状况。工前检测项目见表6-4，可根据既有建筑、隧道结构的实际情况进行调整。

现场外观初步调查包括对既有隧道结构的破损、渗漏、裂缝、变形缝张开，对既有建筑物的倾斜、裂缝、沉降等情况进行观察或测量。当发现既有建筑、隧道结构存有病害，应以影响记录或检测数据等方式对其发生部位及当前状态进行详细描述。

表 6-4 既有结构检测项目

项目名称		评估等级		
项目分类	项目名称	一级	二级	三级
结构	渗漏量检测	√	√	√
	混凝土裂缝检测	√	√	√
	变形缝调查	√	√	√
	建筑物基础检测	√	√	√
	混凝土强度检测		√	√
	碳化深度		√	√
	钢筋锈蚀检测			√
	混凝土保护层厚度检测			√
	钢筋位置监测			√
限界	建筑限界	√	√	√
轨道	轨道几何形位调查	√	√	√
	钢轨及零部件调查	√	√	√
	道床裂缝调查	√	√	√
	道床结构剥离调查		√	√
线路	线路平纵断面调查	√	√	√

6.1.3 穿越工程监测方案

穿越既有结构的地下管廊盾构施工监测涉及的监测对象包括地下管廊隧道结构、既有结构及其所依附的土体介质。而针对不同的监测对象，其监测部位也有所不同。具体的监测对象见图 6-1。

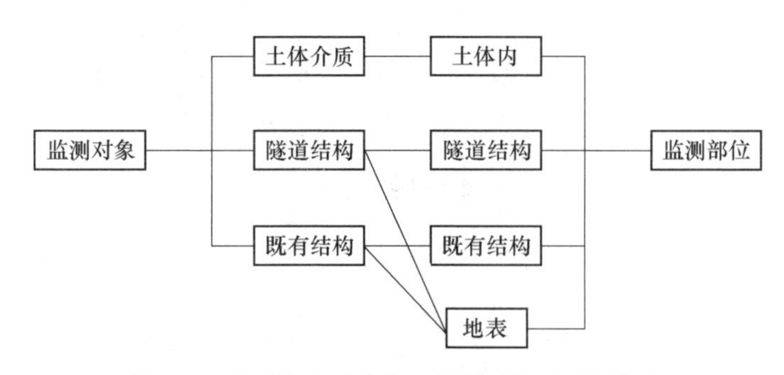

图 6-1 地下管廊盾构施工监测对象及监测部位

在穿越既有结构施工监测中，需要监测的物理量有位移、沉降、应力等多种类型。在实际施工作业中，可根据监测项目和精度，按照经济适用的原则选择合适的监测仪器。

6.1.3.1 监测项选择

监测项目的选择，需考虑如下因素：（1）工程地质及水文地质；（2）隧道埋深、直径、结构形式和施工工艺；（3）隧道与邻近隧道、管道的间距；（4）地面既有建（构）筑物的尺寸、位置、结构特点等；（5）设计提供的变形及其他控制值；（6）工程的具体情况及特殊要求。

地下管廊盾构施工安全监测项的确定，与穿越施工方式密切相关，不同的施工方式所需要进行的安全监测项也有所不同。其中以下穿既有结构的施工安全监测项内容最全面，侧穿次之，上穿最少。总结归纳各种穿越类型的施工安全监测项的主要内容，见表6-5。

表6-5 穿越既有结构施工安全监测方案监测项

监测项目＼穿越类型		既有建筑	既有地铁	既有公路	既有桥梁	既有桥墩	既有河道	既有地下管廊
既有结构	裂缝	①③	①②③	①②③	①	③		①②③
	倾斜	①③			①			
	沉降	①③	①②③	①③	①	③	①③	①②③
	水平位移	①	①②	①②③	①		①②③	①②
	收敛变形		①②③					①②③
	主要承重构件应力	①③	①②③		①	③		①②③
周围环境	土体侧压力	①③	①②③	①③	①	③	①③	①②③
	土体竖向压力	①③	①②③	①③	①	③	①③	①②③
	地下水位	①③	①②③	①③	①	③	①③	①②③
	孔隙水压力	①③	①②③	①③	①	③	①③	①②③
	土体沉降	①③	①②③	①③	①	③	①③	①②③
	土体水平位移	①③	①②③	①③	①	③	①③	①②③
	气温	①③	①②③	①③	①	①③	①③	①②③
	湿度	①③	①②③	①③	①	①③	①③	①②③
施工支护体系	侧向变形	①③	①②③	①③	①	③	①③	①②③
	竖向变形	①③	①②③	①③	①	③	①③	①②③
	主要构件应力	①③	①②③	①③	①	③	①③	①②③

注：①代表下穿，②代表上穿，③代表侧穿。

“____”表示应测项目，“～～～”表示选测项目，没有标注的表示可不监测项。

盾构法在各工程监测等级下支护结构、主体结构、周围岩土体应测、选测预警指标的参考依据，见表6-6。

表 6-6　盾构施工安全风险预警监测项目

序号	监测项目	工程监测等级		
		一级	二级	三级
1	管片结构竖向位移	√	√	√
2	管片结构水平位移	√	○	○
3	管片净空收敛	√	√	√
4	管片结构应力	○	○	○
5	管片链接螺栓应力	○	○	○
6	地表沉降	√	√	√
7	土体深层水平位移	○	○	○
8	土体分层竖向位移	○	○	○
9	管片围岩压力	○	○	○
10	孔隙水压力	○	○	○

注：√——应测项目，○——选测项目。

6.1.3.2　监测仪器及方法

穿越工程施工监测主要涉及沉降监测、倾斜监测、裂缝监测等类型。在实际施工作业中，可根据监测项目和精度，按照经济适用的原则选择合适的监测仪器。

A　沉降监测

沉降监测对于穿越既有结构施工来说至关重要，特别是对下穿既有结构，沉降的监测关系到整个工程的安全以及既有结构的安全。常用的监测方法包括几何水准测量法及液体静力水准测量法等。

几何水准测量法是用水准仪和水准尺测定地面上两点间高差的方法。静力水准测量法又名连通管法，各监测点间的液体通过管路连通，利用相连容器中静止液面在重力作用下保持同一水平这一特征来测量各监测点间的高差。静力水准测量有连通管式静力水准和压力式静力水准两种装置。目前在用的静力水准测量系统多为连通管式静力水准，监测仪器如表 6-7 所示。

表 6-7　监测仪器

序号	监测项目	位置或监测对象	仪器	仪器精度
1	围护桩顶水平位移和沉降	围护桩顶	全站仪	测距：$1\text{mm}+1\times10^{-4}\%$ 测角：1″
			水准仪	0.7mm/km

续表 6-7

序号	监测项目	位置或监测对象	仪器	仪器精度
2	围护结构变形	围护桩内	测斜管 测斜仪	0. 1mm/m
3	土体沉降及 水平变形	围护结构周边土体	分层沉降仪	1. 0mm
			测斜管 测斜仪	0. 1mm/m
4	支撑轴力	钢管支撑：端部 混凝土支撑：内部	频率读数仪 轴力计	0. 1Hz
5	锚杆轴力	锚杆端部	锚杆轴力计 频率读数仪	0. 1Hz
6	建（构）筑物 沉降、倾斜	（1）建（构）筑物四角、沿外墙每 10~15m 处或每隔 2~3 根柱基上； （2）裂缝、沉降缝、伸缩缝的两侧； （3）新旧建筑物、高低建筑物、纵横墙的交接处； （4）人工地基、天然地基的接壤处； （5）建筑物不同结构的分界处	全站仪	测距： $2mm+2\times10^{-4}\%$ 测角：2″
			水准仪	0. 7mm/km
7	地下水位	坑内降水观测井（孔），设置在基坑的每边中间和基坑中央，与降水井点的埋深相同；坑外降水观测井（孔），沿基坑外周边布设	水位仪	1. 0mm
8	地表沉降	布设范围为基坑深度的 2~3 倍，由密到疏布置，测点设在基坑纵横轴线。	水准仪	0. 7mm/km
9	建（构）筑物 裂缝	每条裂缝至少布设两组观测标志，一组在裂缝的最宽处，另一组在裂缝的末端。	裂缝观测仪	0. 1mm/m

B 倾斜监测

建筑主体倾斜观测应测定建筑顶部观测点相对于底部固定点或上层相对于下层观测点的倾斜度、倾斜方向及倾斜速率。对刚性建筑的整体倾斜，可通过测量顶面或基础的差异沉降来间接确定。建筑物的倾斜监测有直接法和间接法两类方法。

C 裂缝监测

在穿越既有结构施工过程中，裂缝和变形的进一步发展给工程等工程带来了很大的风险，通过采取适当的监测方法，可以实时掌握裂缝和变形的发展情况，以方便及时采取控制措施。对于裂缝监测，应监测裂缝的位置、走向、长度、宽度，必要时还应监测裂缝深度；而对于变形监测，主要监测其变形量和部位。在实际工作中，可根据监测项目和精度，按照经济、安全、使用和耐久等原则选择合理的监测仪器。

6.1.3.3 监测点布设

穿越既有结构的地下管廊盾构施工安全技术预警监测中，每个预警指标在单个监测断面的监测点不应少于5个。隧道工程中，盾构法技术预警监测点设置具体要求见表6-8。

表6-8 盾构施工安全技术预警监测点设置要求

序号	预警指标	监测点布设要求
1	管片结构位移	监测断面，布设于盾构始发与接收段、联络通道附近、左右线交叠或邻近段及小半径曲线段等位置
		存在地层偏压、围岩软硬不均、地下水位较高等地质条件、复杂区段，布设监测断面
		下穿或邻近重要建（构）筑物、地下管线、河流湖泊等周边环境条件复杂区段，布设监测断面
		宜在拱顶、拱底、两侧拱腰处，设置管片结构净空收敛监测点，可兼作位移监测点
2	盾构管片应力	设在存在地层偏压、围岩软硬不均、地下水位较高等地质环境条件复杂地段
3	孔隙水压力	应在水压力变化影响范围内，按土层布置，竖向间距宜为4~5m，涉及多层承压水位时，应适当加密。宜沿着应力变化最大方向，结合周边环境特点布设、监测点数量不宜少于3个。需提供孔隙水压力等值线的部位，测点应适当加密，同一高程测点高差宜小于0.5m
4	土体位移	针对复杂地段、特殊性岩土地段、施工对岩土体扰动较大地段、邻近重要建（构）筑物、地下管线等地段，应布设监测点
		监测孔的位置、深度应根据工程需要确定。土体分层竖向位移监测点，布设在各层土的中部或界面上，也可等间距布设
5	周边地表沉降	当监测等级为一级、二级时，监测点间距为5~10m。当监测等级为三级时，监测点间距为10~15m，沿隧道、分部开挖导洞轴线上方布设
		在分界部位，洞口、隧道断面变化等部位，及地质条件不良、易产生开挖面坍塌、地表过大变形的部位，应有横向监测断面控制
		横向断面监测点数量宜为7~11个，主要影响区监测点间距为3~5m，次要影响区监测点间距为5~10m

6.1.3.4 监测频率

监测频率应根据施工方法、施工进度、监测对象、预警指标、地质条件等情况和特点，并结合当地工程经验进行确定。监测频率应使监测信息及时、系统地反映监测对象的动态变化，并宜采取定时监测。盾构法施工监测频率见表6-9。

表 6-9 盾构法施工监测频率

监测位置	监测对象	开挖面与监测点、监测断面的距离	监测频率
开挖面前方	周围岩土体和周边环境	$5D<L\leq 8D$	1 次/(3~5d)
		$3D<L\leq 5D$	1 次/2d
		$L\leq 3D$	1 次/1d
开挖面后方	管片结构、周围岩土体和周边环境	$L\leq 3D$	(1~2 次)/1d
		$3D<L\leq 8D$	1 次/(1~2d)
		$L>8D$	1 次/(3~7d)

注：1. D 为盾构法隧道开挖直径；L 为开挖面与监测点、监测断面的水平距离。
2. 管片结构位移、净空收敛宜在衬砌环脱出盾尾，且能通视时进行监测。
3. 监测数据趋于稳定后，监测频率宜为 1 次/(15~30d)。

6.2 地下管廊结构沉降变形预警模型

6.2.1 安全风险预警指标体系

穿越既有结构安全风险预警指标信息获取途径主要包括：(1) 利用监测仪器，直接获取监测数据；(2) 管理人员通过日常安全管理工作，以获得相关资料；(3) 分析现有法律、法规、标准及事故案例等资料，以获得相关资料。安全风险预警应在考虑施工主体风险的同时，以周边既有结构安全风险预警为重点。因此，该指标体系可以划分为地下管廊盾构施工安全预警指标和既有建筑物安全预警指标两部分。由于各隧道工程地质条件、施工方法及难易程度、周边环境等不同，因此施工安全预警指标体系，应结合现场实际情况确定。

基于现行标准规范，通过文献分析、专家访谈与项目调研，对地下管廊盾构施工常见安全事故发生时变化较大的施工安全预警指标 (U_1) 汇总，见表 6-10。同时，对穿越施工过程中，对既有结构的安全性影响较大、并易于监测预警的指标 (U_2) 进行汇总，见表 6-11。

表 6-10 盾构施工安全预警指标 (U_1)

序号	常见安全事故	二级指标 (B)	三级指标 (C)
1	进出洞口涌水涌砂、失稳	土体深层水平位移 (B_1)	水平位移累计
			水平位移速率
		地下水位变化 (B_2)	地下水位高度
			地下水位速率
		地表竖向位移 (B_3)	竖向位移累计
			竖向位移速率

续表 6-10

序号	常见安全事故	二级指标（B）	三级指标（C）
2	管片变形开裂	管片竖向位移（B_4）	管片结构沉降累计
			管片结构沉降速率
		管片水平位移（B_5）	管片结构水平位移累计
			管片结构水平位移速率
		管片结构应力（B_6）	管片结构应力
			管片结构应力变化速率
		管片净空收敛（B_7）	管片净空收敛累计
			管片净空收敛速率
		管片链接螺栓应力（B_8）	管片螺栓应力
			管片螺栓应力变化速率
3	隧道掘进偏移	推进轴线与设计轴线偏离值（B_9）	掘进偏移累计
4	管片渗漏	管片错台（B_9）	管片错台累计
			管片错台速率
		管片表面有水渍或渗水（B_9）	管片渗水累计
			管片渗水速率
		孔隙水压力（B_{10}）	孔隙水压力累计
5	区间涌水涌砂	盾构出碴情况（B_{11}）	出渣量累计
		盾构机土压力（B_{12}）	出渣速率
			土压力
6	盾构机结泥饼	出土量（B_{13}）	出土量累计
7	地表隆沉过大	地表竖向位移（B_{14}）	竖向位移累计
			竖向位移速率

表 6-11 既有结构安全风险预警指标（U_2）

预警类型	二级指标（D）	三级指标（E）
既有建筑物	沉降	建筑物基础竖向位移
		建筑物基础水平位移
		建筑物倾斜度
	地表裂缝	裂缝分布
		裂缝数量
		裂缝宽度
	结构裂缝	裂缝分布区域
		裂缝宽度
		裂缝发展速度

续表 6-11

预警类型	二级指标（D）	三级指标（E）
既有地铁	倒塌	倒塌范围
	结构不均匀沉降（隆起）	沉降（隆起）累计
		沉降（隆起）速率
	结构水平变形位移	水平变形位移累计
		水平变形位移速率
	结构开裂	开裂范围
	渗水	渗水量
		渗水速率
	管片破裂	破裂数量
	结构与道床脱离	脱离距离
	道床开裂	开裂范围
	轨道标高偏差	偏差量

6.2.2　安全风险预警指标警情强度评价

警情可以反映风险因素对地下管廊自身安全及既有结构安全的影响，预测各类技术风险因素对整个安全系统形成的损害。依据本书第 3.1.1 节安全风险定义，风险警情评价由警情强度评价（C）、警情概率评价（P）构成。运用模糊综合评判法，进行地下管廊盾构施工安全警情评价，能够准确反映较为复杂的风险状况，且可以充分考虑多层级指标间的影响关系，以变动的选取阈值，还可转化为计算机语言，适宜与 BIM 技术相融合。

通过安全风险预警指标体系确立评价因素集 U_i 及评价矩阵 $\boldsymbol{R}_i$ 后，即得到模糊综合评价集合 B_i

$$B_i = U_i \circ \boldsymbol{R}_i \tag{6-1}$$

$$(b_1,\ b_2,\ \cdots,\ b_n) = (c_1,\ c_2,\ \cdots,\ c_n) \circ \begin{pmatrix} r_{11} & \cdots & r_{1n} \\ \vdots & & \vdots \\ r_{n1} & \cdots & r_{nn} \end{pmatrix} \tag{6-2}$$

式中，$c_i(i=1\sim n)$ 表示因素集各指标的权重值；$b_i(i=1\sim n)$ 表示在综合考虑所有对 B 有影响的次级预警指标后，对评价集 V 每个评语 v_{ij} 的隶属度。

（1）建立评价对象评语集。依据警情强度分级建立评语集 V

$$V = \{v_1;\ v_2;\ v_3;\ v_4\} = \{\text{极强；较强；一般；轻微}\} \tag{6-3}$$

（2）建立隶属度矩阵。风险预警警情强度隶属度矩阵的构建，并不具备普遍性，因此，在进行评判时需充分考虑实际情况，包括工程大小、投资规模、具体工况等，再构建评判矩阵。评判矩阵构建如下：

$$
\boldsymbol{R}_{m\times 4} = \begin{bmatrix} r_{11} & \cdots & r_{14} \\ \vdots & & \vdots \\ r_{m1} & \cdots & r_{m4} \end{bmatrix} \tag{6-4}
$$

式中，m 为各安全预警指标包含次级指标的个数；r_{ij}为评判对象 $i(i=1\sim m)$ 每个次级指标对评语集各评语 $j(j=1\sim 4)$ 相对应的隶属度。采用“模糊统计法”计算指标隶属度：

$$
r_{ij} = \frac{v_{ij}}{n} \tag{6-5}
$$

式中，v_{ij} 表示评判第 i 个预警指标评语为 j 的专家人数；n 表示参加评价的专家总数。

（3）计算预警指标权重。参考 5.2.1 节的内容，选用 AHP 法计算预警指标权重。若判断性矩阵 ***CR*** 值小于 0.1，认为判断矩阵的一致性满足要求，否则，需重新建立重要性判断矩阵。

（4）进行模糊综合评判。采用加权平均综合评判型算法，进行模糊综合评判工作。根据所构造的隶属度矩阵 $\boldsymbol{R}_{m\times 4}$ 及预警指标权重向量 $\boldsymbol{W}_{ij}$，选用合适的算法模型，可得到模糊评价隶属度向量。

$$
\begin{aligned}
\boldsymbol{B} = \boldsymbol{W}_{ij} \circ \boldsymbol{R}_{m\times 4} &= (c_1,\ c_2,\ \cdots,\ c_n) \circ \begin{pmatrix} r_{11} & \cdots & r_{14} \\ \vdots & & \vdots \\ r_{n1} & \cdots & r_{n4} \end{pmatrix} \\
&= (b_1,\ b_2,\ \cdots,\ b_4)
\end{aligned} \tag{6-6}
$$

运用二级模糊计算，确定穿越工程与既有结构的安全风险等级，并对三级指标进行单因素模糊计算，将得到的结果组成矩阵 $\boldsymbol{B}'$：

$$
\boldsymbol{B}' = \begin{bmatrix} B_1 \\ \vdots \\ B_k \end{bmatrix} = \begin{pmatrix} b_{11} & \cdots & b_{14} \\ \vdots & & \vdots \\ b_{k1} & \cdots & b_{k4} \end{pmatrix} \tag{6-7}
$$

根据二级指标权重向量与评判矩阵可得到一级指标模糊评价结果。

$$
\boldsymbol{B} = \boldsymbol{W}_i \circ \boldsymbol{R}_{m\times 4} = (b_1,\ b_2,\ \cdots,\ b_n) \circ \begin{pmatrix} r_{11} & \cdots & r_{14} \\ \vdots & & \vdots \\ r_{n1} & \cdots & r_{n4} \end{pmatrix} = (b_{i1},\ b_{i2},\ \cdots,\ b_{i4}) \tag{6-8}
$$

通过隶属度最大原则，可确定警情强度的等级。

6.2.3 安全风险预警指标警情概率评价

6.2.3.1 预警阈值确定

A 确定依据

预警阈值是判断警情概率的评判标准。预警指标阈值的设定，需要关注预警指标监测值及其变化速率。指标变化速率的加快，能够反映结构受力状态的改变，若不采取相应的控制措施，极有可能造成事故。预警指标阈值应根据现行标准规范、工程地质条件、工程设计文件、工程监测等级等要求，结合当地工程经验进行确定。预警指标警戒值的确定依据见表 6-12。

表 6-12 预警指标阈值确定依据

序号	预警指标	阈值确定依据
1	支护结构	工程监测等级、支护结构特点及设计计算结果等
2	周边环境	现行标准规范、环境对象的类型与特点、结构形式、变形特征、已有变形、正常使用条件等
3	重要的、特殊的或风险等级较高的周边环境对象	现状调查与检测的基础上，分析计算或专项评估
4	周边地表沉降	岩土体的特性，结合支护结构工程自身风险等级和周边环境安全风险等级

B 预警阈值确定

参考相关标准规范，将盾构隧道变形指标预警阈值、地表沉降预警阈值、既有建筑物及既有地铁安全预警阈值归纳为表 6-13～表 6-16。

表 6-13 管片结构竖向位移、净空收敛预警阈值

监测指标及岩土类型		累计值/mm	变化速率/mm · d^{-1}
管片结构沉降	坚硬～中硬土	10～20	2
	中软～软弱土	20～30	3
管片结构差异沉降		0.04%L_s	—
管片结构净空收敛		0.2%D	3

注：L_s 为沿隧道轴向两监测点间距；D 为隧道开挖直径。

表 6-14 盾构法隧道地表沉降预警阈值

监测指标及岩土类型		工程监测等级					
		一级		二级		三级	
		累计值/mm	变化速率/mm · d^{-1}	累计值/mm	变化速率/mm · d^{-1}	累计值/mm	变化速率/mm · d^{-1}
管片结构沉降	坚硬～中硬土	10～20	3	20～30	4	30～40	4
	中软～软弱土	15～25	3	25～35	4	35～45	5
地表隆起		10	3	10	3	10	3

注：本表主要适用于标准断面的盾构法隧道工程。

表 6-15 既有建筑物安全预警阈值

监测指标及结构类型	累计值（mm）	变化速率（mm/d）
不均匀沉降（隆起）	+10~-30	1~3
倾斜	$\eta=\varepsilon s/L$	>0.0001H/d
结构裂缝	1.5~3	持续发展

注：ε 为折减系数，高层及超高层取值 0.9~1.0，多层取值 0.7~0.9；s 为建筑因隧道施工造成的单侧偏沉量；L 为建筑物与隧道方向垂直一侧的长度；H 为建筑承重结构高度。

表 6-16 既有地铁安全预警阈值

监测指标及岩土类型	累计值（mm）	变化速率（mm/d）
隧道结构不均匀沉降	3~10	1
隧道结构水平变形位移	3~5	1
隧道结构上浮	5	1
隧道差异沉降	0.04%L_s	—
隧道结构变形缝差异沉降	2~4	1

6.2.3.2 预警等级划分

A 预警区间划分

通常，以变形累计量报警值 u_1 和变化速率报警值 u_2 的百分比，进行预警区间划分，可采取表 6-17 的方式。工程实际中区间的划分、百分比的选取可结合工程实际自行确定。

B 预警等级确定

施工安全预警能够使相关单位对异常情况及时做出反应，采取相应措施，控制和避免工程地下管廊隧道自身和既有结构安全风险事件的发生。预警等级是通过定性分析与定量分析两种方法相结合人为地划分预警等级的区间，从而反映警情的严重程度。由于工程地质条件、施工环境、建设技术水平均不相同，预警等级的分级标准也不同，通常由工程各参与主体及相关专家，结合工程实际综合确定，一般取预警控制值的 70%、85%、100%。在现行标准中对预警等级进行了明确划分，见表 6-18。

表 6-17 预警区间

区间 项目	绿色	黄色	橙色	红色
变形累积量	（0~70%）u_1	（70%~80%）u_1	（80%~100%）u_1	u_1
变化速率	（0~70%）u_2	（70%~80%）u_2	（80%~100%）u_2	u_2

表 6-18　施工安全预警等级

预警等级	具 体 要 求
黄色预警	变形监测的绝对值和速率值双控指标均达到控制值的 70%，或双控指标之一达到控制值的 85%
橙色预警	变形监测的绝对值和速率值双控指标均达到控制值的 85%，或双控指标之一达到控制值
红色预警	变形监测的绝对值和速率值双控指标均达到控制值

将预警等级划分为四个级别，即绿色预警（无警）、黄色预警、橙色预警和红色预警，具体划分方式见表 6-19。

表 6-19　预警等级划分

变化速率 \ 变形累计量	绿色	黄色	橙色	红色
绿色	绿色	黄色	橙色	红色
黄色	黄色	黄色	橙色	红色
橙色	橙色	橙色	橙色	红色
红色	红色	红色	红色	红色

6.2.3.3　警情概率评价

为了将安全风险监控工作、安全风险评价相结合，选用构造隶属度函数的方法，构造警情概率隶属度矩阵，运用 F 分布中的梯形分布，得到不同监测状态下，安全风险预警指标的隶属度函数。为了全面监测穿越工程安全风险状况，预警指标需要建立多个监测点，在安全风险预警过程中，取每个指标处于最危险状态的监测值，作为预警指标警情概率的评价标准。

（1）预警指标安全隶属度函数：

$$R = \begin{cases} 1 & \theta \leqslant \theta_1 \\ \dfrac{\theta - \theta_1}{\theta_1 - \theta_2} & \theta_1 < \theta \leqslant \theta_2 \\ 0 & \theta > \theta_2 \end{cases} \tag{6-9}$$

（2）预警指标一级警戒状态隶属度函数：

$$R=\begin{cases}0 & \theta \leqslant 0.7\theta_1\\ \dfrac{\theta-0.7\theta_1}{0.7\theta_1} & 0.7\theta_1<\theta \leqslant \theta_1\\ 1 & \theta_1<\theta \leqslant \theta_2\\ \dfrac{\theta-\theta_3}{\theta_2-\theta_3} & \theta_2<\theta \leqslant \theta_3\\ 0 & \theta>\theta_3\end{cases} \tag{6-10}$$

(3) 预警指标二级警戒状态隶属度函数：

$$R=\begin{cases}0 & \theta \leqslant 0.7\theta_1\\ \dfrac{\theta-\theta_1}{\theta_1-\theta_2} & 0.7\theta_1<\theta \leqslant \theta_1\\ 1 & \theta_2<\theta \leqslant \theta_3\\ \dfrac{\theta-0.8(\theta_3+\theta_4)}{0.8(\theta_3-\theta_4)} & \theta_2<\theta \leqslant \theta_3\\ 0 & \theta>\theta_3\end{cases} \tag{6-11}$$

(4) 预警指标三级警戒状态隶属度函数：

$$R=\begin{cases}0 & \theta \leqslant \theta_2\\ \dfrac{\theta-\theta_2}{\theta_3-\theta_2} & \theta_2<\theta \leqslant \theta_3\\ \dfrac{\theta-\theta_4}{0.8(\theta_3-\theta_4)} & \theta_3<\theta \leqslant 0.8(\theta_3+\theta_4)\\ \dfrac{\theta-\theta_4}{0.8(\theta_3-\theta_4)} & 0.8(\theta_3+\theta_4)<\theta \leqslant \theta_4\\ 0 & \theta \geqslant \theta_3\end{cases} \tag{6-12}$$

(5) 预警指标危险状态隶属度函数：

$$R=\begin{cases}0 & \theta \leqslant \theta_2\\ \dfrac{\theta-\theta_2}{\theta_4-\theta_2} & \theta_2<\theta \leqslant \theta_4\\ 1 & \theta \geqslant \theta_4\end{cases} \tag{6-13}$$

式中，θ 为预警指标监测值；R 为预警指标隶属度；θ_1、θ_2、θ_3、θ_4 为预警指标对应的预警阈值。

6.2.4 安全风险预警等级标准

6.2.4.1 警情强度等级

按照事故发生时，造成的人员伤亡或直接经济损失，将警情强度划分为极强、较强、一般、轻微，分别对应特别重大事故、重大事故、较大事故及一般事故，如图 6-2 所示。

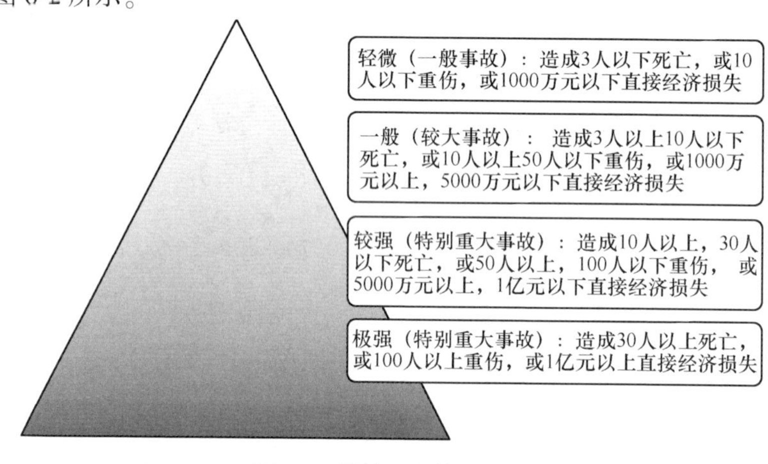

图 6-2 警情强度等级类型

6.2.4.2 警情概率等级

将地下管廊施工安全风险发生概率划分为 5 个等级：$V=$ {一级，二级，三级，四级，五级}={安全状态，一级警戒，二级警戒，三级警戒，危险}；对应的风险警情概率具体情况见表 6-20。

6.2.4.3 安全风险预警等级

将警情强度与警情概率等级排列组合，构成安全风险评价矩阵，进行穿越既有结构施工安全技术风险预警综合评价，见表 6-21。预警等级相对应的接受准则见表 6-22。

监测值出现异常时，迅速报告相关工程师并加强监测频率，必要时进行 24h 不间断监测，直至稳定为止。不同的警情等级采取不同的应对措施。

表 6-20 地下管廊施工安全风险警情概率等级

预警等级	预警状态	警情概率状态
一级	安全	项目安全，风险发生概率极低
二级	一级警戒	项目较安全，风险发生概率较低
三级	二级警戒	项目存在一定的风险隐患，可能发生安全事故
四级	三级警戒	项目存在较大风险隐患，如不处理，极有可能发生事故
五级	危险	项目面临严重风险，需立即采取风险控制措施

表 6-21 穿越既有结构施工安全技术风险预警等级

等级	轻微	一般	较强	极强
五级	黄色	黄色	橙色	红色
四级	黄色	黄色	黄色	橙色
三级	绿色	黄色	黄色	黄色
二级	绿色	绿色	黄色	黄色
一级	绿色	绿色	绿色	绿色

表 6-22 穿越既有结构施工安全技术风险预警接受准则

预警等级	接受准则	预警	风 险 描 述
绿色	可忽略	风险忽略	发生事故概率极小且产生后果轻微
黄色	可接受	风险关注	发生事故概率小且会产生后果一般
橙色	不期望	风险防范	发生事故概率大且会产生严重后果
红色	不可接受	风险控制	发生事故概率较大且会造成较严重后果

（1）绿色报警时，则继续进行日常安全管理，针对处于非正常状态的预警指标，需要予以关注。

（2）黄色报警时，需针对项目总体风险状态、异常状态风险指标，加强关注及监测力度。监测人员应予以重视，加强监测频率，适当减缓施工速度，综合分析近期监测数据、巡视检查内容以及施工近况，分析监测数据异常的原因，采取对应措施进行处理。

（3）橙色警报时，应针对警情具体情况，加强监测频率，增加巡视检查，留意该监测项目的变形发展情况。适当减缓施工速度，分析变形原因，采取相应的处理措施，尽快组织并消除危害。

（4）红色报警时，应即刻启动风险回避、风险转移、风险分担等安全风险控制对策，且立即停止施工，并第一时间向业主、监理、设计等各方汇报。加强监测频率，采取紧急处理措施对已经出现的险情进行处理。必要时邀请专家，召开紧急会议确定警情处理方案。

（5）若遇到突发比较严重的紧急险情，应立即停止施工向上级部门汇报，紧急联系所有相关部门，启动应急预案，紧急组织所有应急人员到位，根据指令快速调集足够的应急物资到场，及时撤离疏散附近人员、搬移贵重物体。

6.3 基于BIM的地下管廊结构沉降变形施工风险控制系统

6.3.1 安全风险控制系统模式

6.3.1.1 循环式安全风险控制模式

将BIM技术引入安全风险控制中，采用循环式安全风险控制模式，能够有效解决传统模式的缺陷；并提高量测数据的处理效率，减少资料整理分析，实时更新项目的安全风险指标信息，从而实现安全风险的动态控制，如图6-3所示。

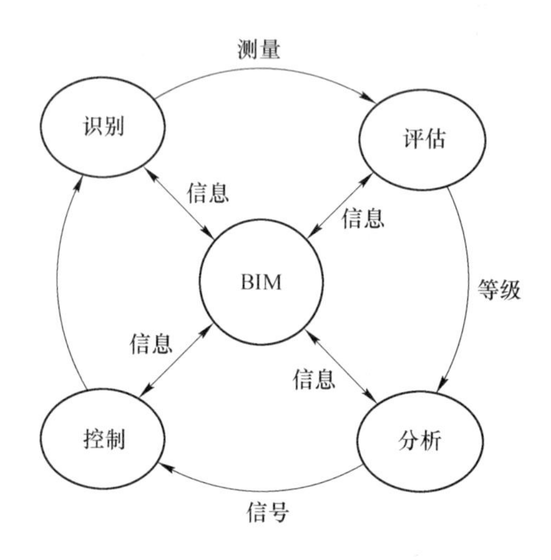

图6-3 循环式安全风险控制模式

6.3.1.2 安全风险控制立体模式

点、线、面平面模式，是传统安全风险控制模式的三种形式，且均具有自身的缺点，见表6-23。

表6-23 传统安全风险控制模式分析

模式类型	模式描述	模式缺点
点	仅考虑单一因素对施工过程造成的影响	较不全面，未能考虑因素间、维度间的交互影响，不利于协同工作
线	考虑“过程维”或“信息维”方向实现信息传递	控制视角较为局限，片面化控制对策较难取得良好的控制效果
面	全面掌控“过程维”和“信息维”的安全控制信息	针对施工复杂、难度高、危险性大特点的工程，未能实现多方协同工作

为了弥补传统模式的缺陷，立体模式基于传统模式、应用BIM技术形成了三维协同的工作模式，其将BIM技术融入安全风险控制中，使项目各参与方协同进行安全管理，且更高效分析安全风险信息，该模式能够极大满足各参与方安全风险信息需求，有利于安全风险控制信息传递，制定的安全风险控制对策更具针对性、可操作性、协同性。

6.3.2 安全风险控制系统内涵

6.3.2.1 安全风险控制系统设计原则

A 整体性原则

传统的施工安全风险控制，信息传播的局限性强，不利于及时处理问题且施工过程的透明度欠佳。随着技术手段的不断更新，人员可以高效便捷地实现信息共享，以获得最新的信息动态。BIM交互可以实现信息共享，使多方共同参与，以提高处理问题的效率，使施工过程更加透明化。

B 动态性原则

BIM数据更新具备动态性特点，其数据库实现参数化、智能化特性，采用动态方式控制信息、共享、更新和管理，使信息的清晰度和一致性最大化。BIM模式在施工过程中实时更新，有利于决策者有效控制安全风险。

C 精确性原则

施工安全风险控制对数据的及时性有着较高的要求。立体模式的安全风险控制，通过数据的标准化定义，并应用统一的数据标准，以使数据存储、传输和处理更加高效与准确。

6.3.2.2 安全风险控制系统模式

地下管廊施工安全风险控制系统，是将BIM技术、安全管理风险评估模型、安全技术风险预警模型、安全控制技术相结合，基于BIM技术平台采集监控数据，进行施工安全风险动态评估的安全系统。以BIM软件Nawisworks，及其协同管理平台搭接，实现数据共享。根据穿越施工项目的特点，结合施工阶段BIM技术数据，建立的系统模式如图6-4所示。

（1）安全风险信息接收。传统的安全风险信息接收，主要采取手动方式，即系统管理人员，将采集数据手动上传至BIM管理平台。自动方式是相对于手动方式而言，更便捷的一种方式，主要依靠远程监控传输功能，将信息数据借助无线网络等手段，共享至BIM平台。安全风险信息接收是安全风险控制功能实现的基础。

（2）安全风险识别。安全风险识别是实现安全系统控制的基础。安全风险识别是对安全系统中的安全管理风险、技术安全风险的统一识别。其中，安全管

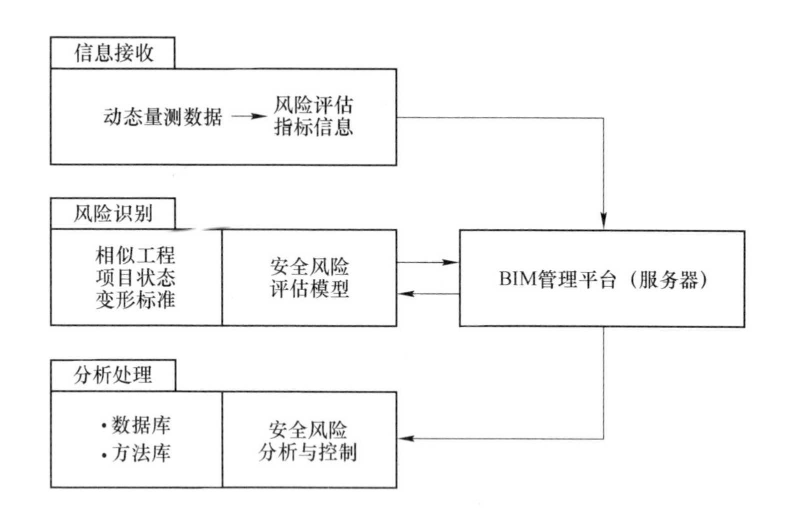

图 6-4 安全风险控制系统模式

理风险通常是针对施工过程中的制度、组织及其决策等的健全度、有效性、合理性综合考虑，及时的管理状态反馈有利于更好的控制施工。技术安全风险通常依据变形标准，参考类似案例并结合项目特征，以分辨危险源及其影响，从而获得相关信息，掌握安全风险状态及变化趋势。

（3）安全风险信息分析处理。借助 Navisworks 中的 API 功能，将安全风险控制模型转化为计算机语言，构建风险分析及控制模块。信息包含数据库信息和方法库信息。将安全风险控制系统能够实现数据信息更新，以满足 BIM 协同工作需求，实现安全风险控制可视化。

6.3.2.3 安全风险控制系统层级构成

本书将穿越既有结构的地下管廊盾构施工安全风险控制系统划分为 5 个层级，分别是数据采集、数据处理、模型层、应用层、用户层，如图 6-5 所示。

6.3.2.4 安全风险控制系统构成

地下管廊盾构施工安全风险控制系统，可划分为安全风险预警子系统、安全风险分析子系统及安全风险控制子系统。其中，安全风险预警子系统系统是根据监测数据，借助于 BIM 平台，以获得安全系统风险的结果，并根据施工安全预警为后续活动提供支持。该系统将监视数据、其他资料、报告等导入，在 BIM 模型中显示其 3D 位置。当监测点偏离安全范围时，3D 模型将提供特殊标记，显示安全问题的具体特点，并提供技术支持，以便于采用新的安全措施。同时，通过互动平台，相关人员能够及时了解施工现状，采取相应的调整措施，如图 6-6 所示。

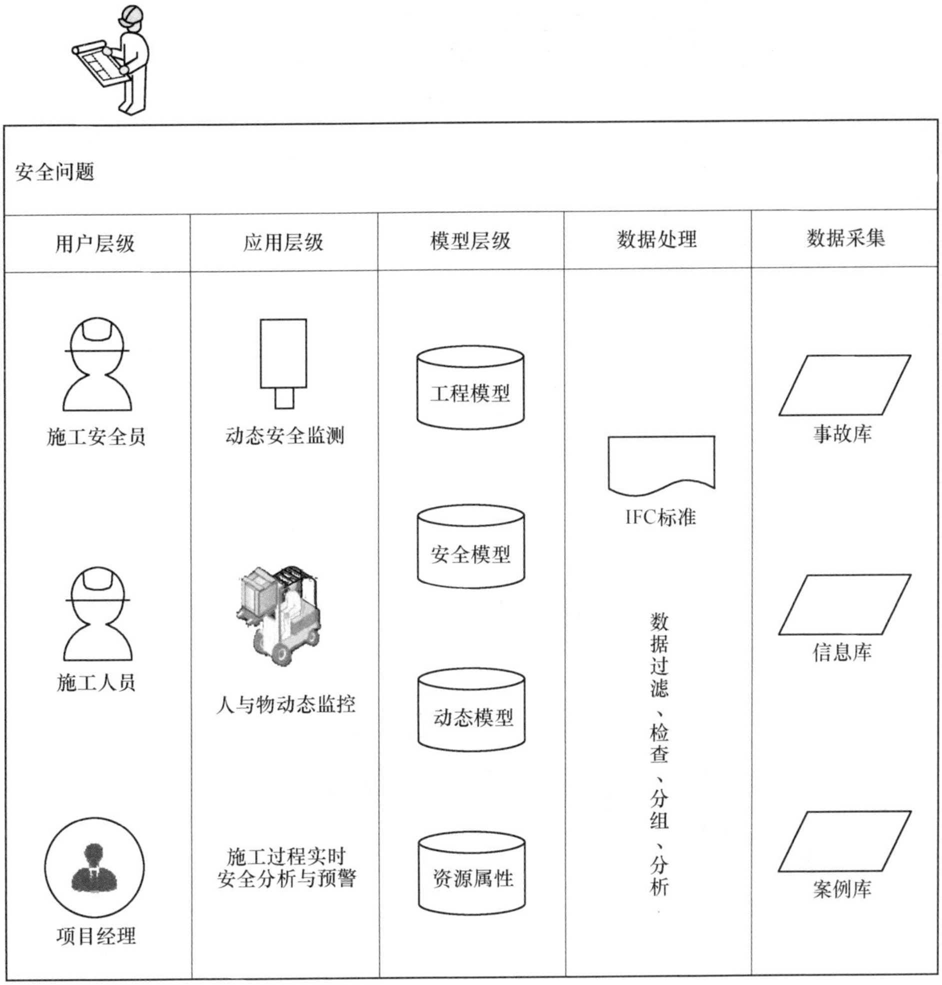

安全问题

用户层级	应用层级	模型层级	数据处理	数据采集
施工安全员	动态安全监测	工程模型	IFC标准	事故库
施工人员	人与物动态监控	安全模型 动态模型	数据过滤、检查、分组、分析	信息库
项目经理	施工过程实时安全分析与预警	资源属性		案例库

图 6-5　安全风险控制系统层级构成

安全风险分析子系统包含信息发送、信息反馈、模型更新等功能，作为预防安全事故发生的保障，当安全风险超过警戒值时，系统会及时将危险信号传递给相关人员，同时警示应采取的安全保护措施。安全风险控制子系统，包含安全风险分析、安全风险事故案例、安全风险事故处理、安全风险事故预警功能，是以获取的安全风险信息为依据，对安全风险警情进行诊断，针对不同的警报情况，制定相应的应急预案，以最大限度地减小安全风险损失。

6.3.2.5　安全风险控制系统运行流程

安全风险控制系统包括地下管廊的设计信息，如综合井支撑布置、围护结构、桩、立柱、周边管线，盾构区间盾构机选型、设计轴线、埋深等。通过 Excel 导入综合井及盾构区间安全风险量测数据，并通过 IFC 将其标准化，生成

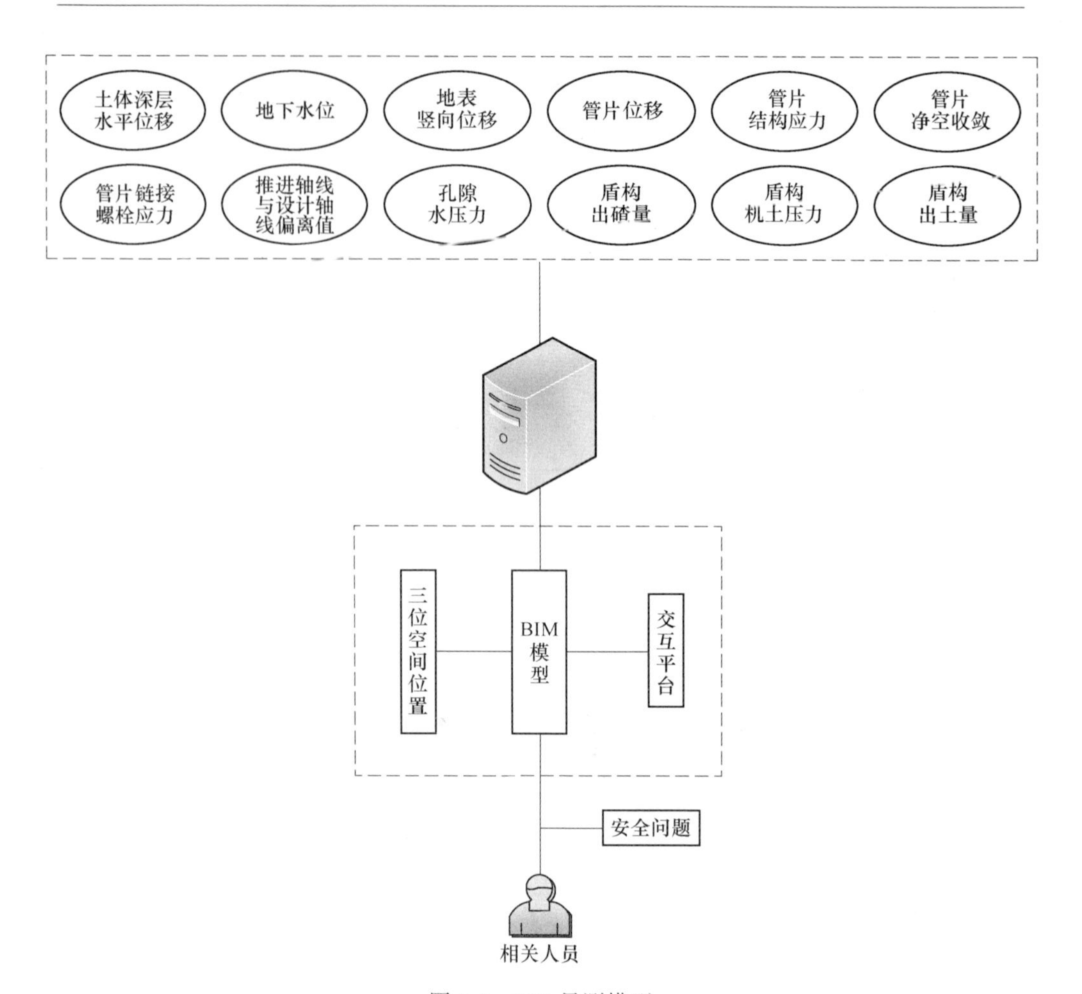

图 6-6 BIM 量测模型

安全风险控制模型。在生成安全风险控制模型时，将数据转换为空间三维模式，形成对应风险控制点的变化曲线。若变形值超过安全标准，系统则会自动做出响应，自动生成安全风险处理报告。

6.3.2.6 安全风险控制系统数据流程

安全风险控制系统数据流程包含数据采集、数据整理、数据交互、数据处理及数据系统五个层级，如图 6-7 所示。

第一层为数据采集。通过仪器手段收集量测数据。该过程是对数据进行定期监测，在关键工作加大监测密度及范围，并实时更新 BIM 数据库监测数据，以保证安全风险控制的实施。

第二层为数据整理。通过计算机自动处理功能实现信息过滤，以 IFC 为标准完成数据格式转换，并将处理后数据进行分组以满足模型构建需求。

第三层为信息交互。负责数据信息的读写与交互，以实现系统、系统内部各模块间信息的相互传递。

第四层为数据处理模块。数据形式包括现场监测数据、人工输入数据、系统数据库中的数据。

第五层为BIM数据系统。是将数据信息存储于系统数据库，为后续工作提供数据支持。

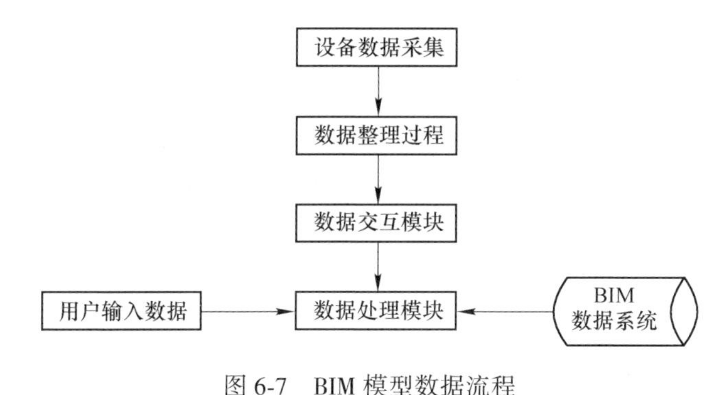

图6-7 BIM模型数据流程

6.3.3 安全风险控制系统实现

6.3.3.1 开发技术

Navisworks是以3D/4D协助设计检视的全寿命周期软件。Navisworks可以实现项目的可视化，通过实时动态漫游，探索BIM模型中所有建筑信息。另外，可将建筑信息模型、项目动态链接，生成施工过程的可视化仿真。Navisworks软件功能强大，开发过程简单，用户可应用API扩展软件，以实现模型与仿真信息的可视化。基于此，选用Navisworks进行系统的二次开发，选用C#作为安全风险控制系统的开发语言。

6.3.3.2 数据传递

合理的信息传递方式有利于实现风险控制信息的接收。当存在信息孤岛现象时，即系统内部各模块间的数据格式不一致，将阻碍安全系统风险控制的实现。

A BIM管理平台

BIM管理平台包括施工进度、合同、质量、安全等基本信息，利用BIM模型的可视化、计算分析等功能，能够高效实施安全管理等关键过程，并及时提供准确的信息，为人员决策和精细化管理提供支持。

B 数据存储

数据存储方式的选择是否合理，关系着安全系统风险控制的实现。IFC数据存储标准是BIM软件数据存储的统一标准。利用Navisworks二次开发插件，将模型的设计信息、三维信息导出为 IFC 格式，并导入 BIM 管理平台，实现安全风险控制的基础数据管理。

C　数据交互

初始数据存储标准为自定义形式，安全系统内部各模块间数据无法进行有效识别，无法实现数据交互。因此，为了实现数据交互，采用中间文件作为桥梁，实现数据统一问题，解决由数据存储格式不一致而导致的信息孤岛现象，其解决思路如图 6-8 所示。

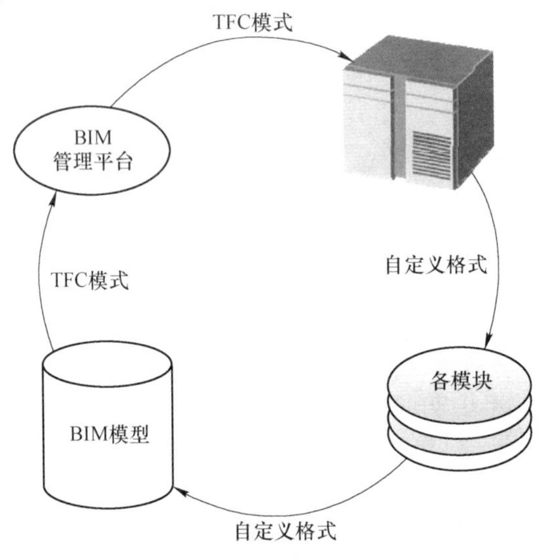

图 6-8　数据传递形式

以中间文件为接口对数据进行格式转换，实现 BIM 管理平台与各模块的信息对接。利用中间文件实现信息交互，对数据信息应用新的存储规则。数据信息经过处理后，采用 API 的方式，将其加入 BIM 构件模型参数中，数据存储格式会被还原为 IFC 格式，如图 6-9 所示。

6.3.3.3　安全系统风险分析

将前文构建的安全管理风险评估模型、安全技术风险预警模型集成于安全系统风险控制系统中，应用计算机手段提高安全系统风险分析的科学性，进而保证安全风险控制的有效实施。

6.3.3.4　安全风险控制系统

将 BIM 技术与安全系统风险控制结合，可以实现风险可视化、风险评估与预警、风险动态管理。

A　安全风险可视化

安全风险控制系统通过自动采集及传输模块，自动录入监测数据，并由信息处理模块，给定监测阈值，从而得出预警等级。针对不同的预警等级，会标识不

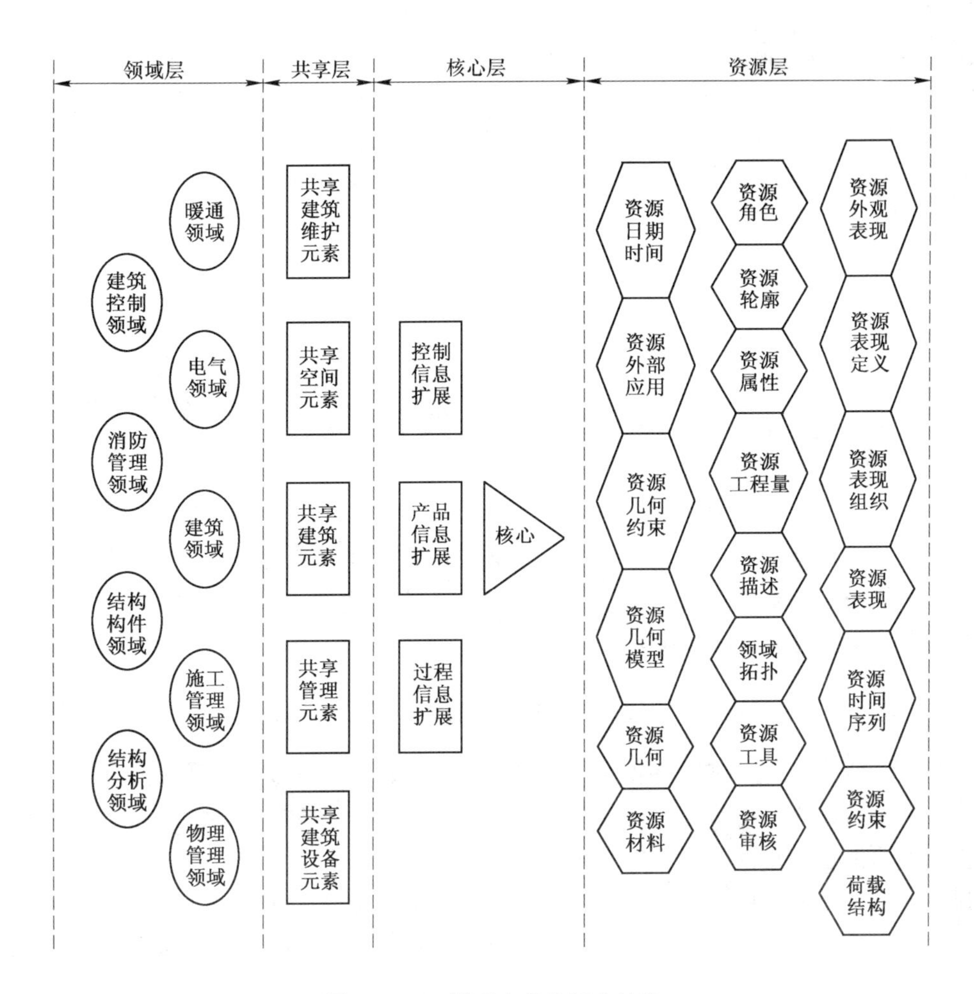

图6-9 IFC模型定义的层次结构

同的颜色加以区分，将风险点同步到模型中，以备后期查用。因此，该模型能够解决传统现场数据量大、数据分析难度高、个人经验偏差大等问题。

B 安全风险评估与预警

通常，监测指标包括现状指标与过程指标。其中，现状指标体现当前时间点的安全风险状态，而过程指标体现某一持续时间段的安全风险变化趋势。而实际施工现状下，过程指标常被忽略，使风险控制指标不够精准。常见的过程指标见图6-10。其中，（a）稳态指标为最理想的状态指标，（b）减速收敛为较理想的状态指标，而（c）直线上升、（d）加速上升和（e）突变，是表明施工存在一定风险的状态指标。

通过设定监测频率，可以将仪器获得的数据自动导入BIM管理平台，对数据

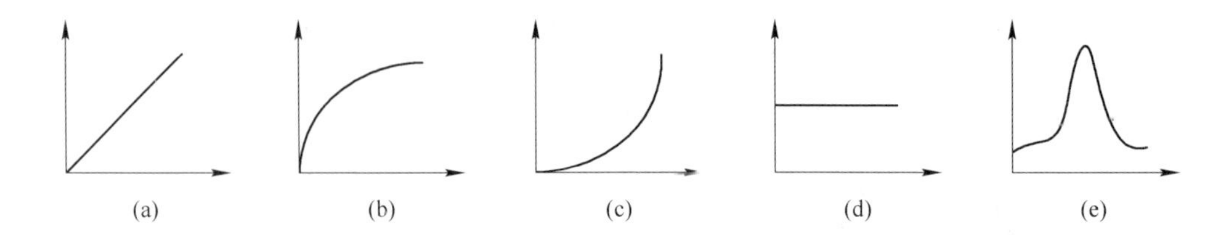

图 6-10　常见过程指标
(a) 状态（一）；(b) 状态（二）；(c) 状态（三）；
(d) 状态（四）；(e) 状态（五）

进行分析，并将分析结果形象化，形成趋势曲线，为安全风险控制提供支持。

C　动态安全风险管理

基于 BIM 的安全系统风险控制，可以将安全管理风险评估模型、安全技术风险预警模型相结合，与施工现场实际情况更好地契合，实现安全风险控制的动态化，以更及时的应对施工安全风险。同时，可以对信息进行自动汇总与分析判断，以动态指导安全风险控制的实施。

6.4　地下管廊结构沉降变形运维风险控制系统

由于地下管廊通常长度较长，在具体建设过程中往往需要设置伸缩缝、沉降缝，甚至采用预制拼接方法进行施工。管廊拼接处通常为薄弱位置，在环境荷载作用下可能会出现混凝土开裂、不均匀沉降、水平错动等诸多问题。这些问题不仅会削弱混凝土管廊的适用性和耐久性，还会对管廊内附属的各类管道造成不良影响。因此，需要对混凝土管廊及附属管道进行结构健康监测，确保其安全稳定运行。

6.4.1　监测项目

监测项目因监测系统功能目标的不同而不同，主要从以下几个方面来考虑：(1) 应根据各类结构构件在结构安全中的重要性和构件易损性，以及特殊结构设计特征综合考虑；(2) 根据工业工程地下管廊结构所处的地理环境和气候环境特点，进行各种工况下的结构响应监测，以及结构基础的影响监测；(3) 监测参数选择，主要从结构状态评估的需要出发，为损伤识别和状态评估做准备，包括结构内力、位移静动态响应、结构振动特性参数等；(4) 对地下管廊结构的长期监测布点设置以监测结构的整体状况与观测结构响应的规律性为主，同时考虑长期监测对局部结构损伤监测的指引；(5) 一些重要特殊结构设计一般都要列入监测项目。监测项目确定如表 6-24 所示。

表 6-24 监测项目的确定

序号	项目名称	监 测 内 容
1	结构工作环境监测	温度、湿度、压力
2	整体结构性能监测	（1）施工过程应对基坑边坡进行位移监测，防止边坡失稳危害施工人员安全和破坏正在施工的基础； （2）从施工期开始对地下管廊进行变形观测，直至变形稳定
3	局部结构性能监测	（1）拼接缝裂缝监测：在温度变化、不均匀沉降等环境作用下，拼接缝部位可能出现裂缝，影响地下管廊的区安全性、适用性和耐久性； （2）沉降监测； （3）水平位移监测； （4）自来水管道法兰裂缝监测

6.4.2 监测内容

地下管廊建设应从规划与设计时期就考虑其长期运营维护的各类风险与预防措施，其中对管廊结构的沉降监控是最重要的安全措施。对于管廊内管线的安全，自管线安装之时起就应对管廊的整体结构进行定期监测，并设定合理报警值，分析整个管廊和管线的沉降趋势，确保管线运营安全。

6.4.2.1 人工标高测量

在施工阶段，管廊结构的沉降检测通常采用人工检测的方法进行实施。监测点的设置尽可能位于两个工作井中间段，以及各个接地块的支管廊伸缩缝和末端，这些沉降缝交界处两侧的位置容易反应出管廊的沉降变化情况。在管廊沉降监测点设置与结构本体固定连接的锚点并编号，锚点设置应结合管廊内部的布置特点，尽可能设置在便于测量的位置，如检修通道、钢结构等固定不易变形的位置。锚点布置完成后，采用常规标高测置的设备和方法，逐个对锚点进行标高测置并记录数据，定期汇总输入计算机制作曲线图，以便观察整个管廊的沉降变化情况及趋势。

6.4.2.2 自动化标高监测

从长期的运营安全角度考虑，建议在工程设计阶段，考虑增加自动化沉降监测设备，并布置设备监测点位，在施工单位进行人工检测时同样采用这些设计点位进行数据收集，当完成施工进入正式运营阶段时利用前期人工收集的数据进行初始输入，然后采用自动化监测设备进行定期收集数据并自动整理。自动化监测设备宜采用激光位移传感器、摄像机等，对监测点的固定锚点或靶位进行监控和测量，整个监控体系应有效覆盖管廊的整个结构区域。监测点布置同以上人工测量监测点要求，自动化监测设备的安装位置尽可能避开检修巡视通道等容易被碰到的位置，以免造成数据的偏差。建议安装在结构顶部或空调水管与墙体内侧等不易触碰到的位置，以提高数据的准确性。地下管廊环境监测应对综合管廊进行实时在线的沉降监测，防止管廊沿线下沉或下沉不均匀导致廊内管线破损（如图6-11 所示）。

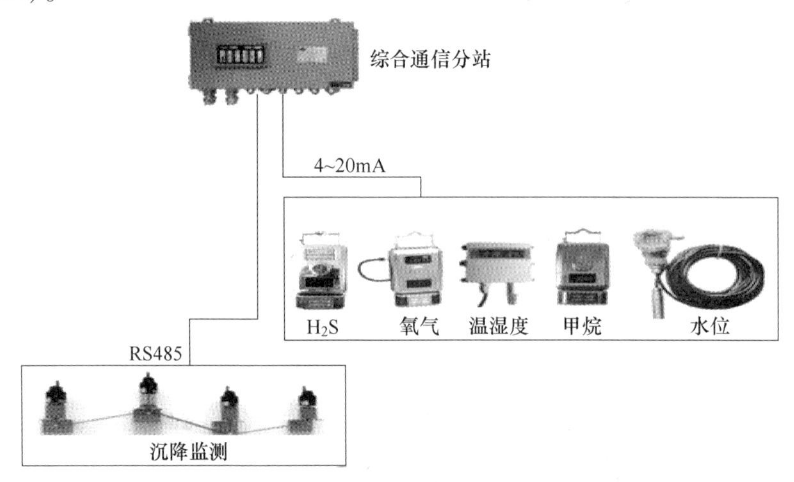

图 6-11 地下管廊环境监测设备连接示意图

按照《城市综合管廊工程技术规范》（GB 50838—2015）要求，每隔 200m 设置为一个防火区，采用不燃墙体（耐极限低于 3.0h）和甲级防火门进行防火分隔。200m 的防火区可以分为 5 个沉降监测区域，共 6 个监测点（如图 6-12 所示）。每个沉降监测点选用一台静力水准仪，多个静力水准仪的容器用通液管连接，每一容器的液位由磁致伸缩式传感器测出，传感器的浮子位置随液位的变化而同步变化，由此可测出各测点的液位变化量（如图 6-13 所示）。该设计适用于测量地下管廊多点的相对沉降。

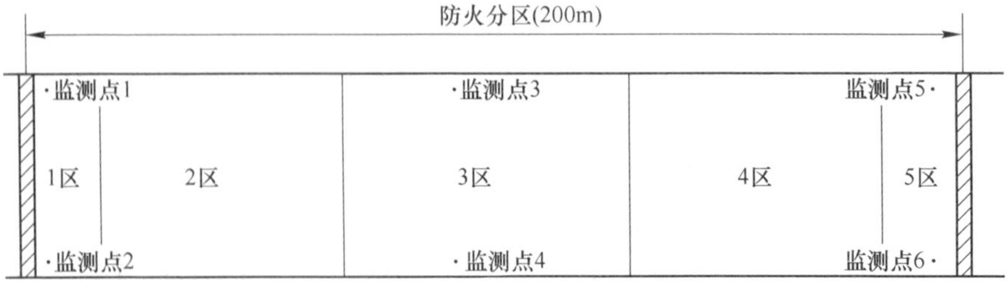

防火分区(200m)

·监测点1 ·监测点3 监测点5·

1区 2区 3区 4区 5区

·监测点2 ·监测点4 监测点6·

图 6-12 地下管廊沉降监测点分布

6.4.2.3 管道应力监测

由于地下管廊有长度较长、地形较复杂、接地块的支管路多的几个特点，因

图 6-13 地下管廊沉降监测点布设

此管网的弯头拐点较多。对于管网系统而言，因结构沉降会导致管道受到的应力增大，而通常应力的集中点都在弯头位置附近，因此，建议在工程建设的设计阶段考虑管廊结构沉降监测设备的同时，在管道弯头等易产生应力集中位置设置应力监测系统，并纳入自动化监测系统当中，对管网的状态进行实时监控，当接近预警值时提醒运行方进行现场情况排查，并对数据进行详细分析，以便及时采取必要的补救措施。当管廊的结构发生了较严重的沉降时，可以通过应力数据估算管道的整个受力情况是否处于可控状态。在没有设置应力片的支管段也可以结合结构沉降检测数据，对管道进行建模分析，以便找出管道应力较集中的点和区域，及时对这些可能存在的病患点加以处理。

当管道随着结构沉降变形后，固定支架使管道与结构硬性连接，变形量越大固定支架承受的拉力越大，在巡视检查过程中必须重点对固定支架的情况进行现场查看。若固定支架有变形、焊口开裂、结构损坏等征兆发生时，应及时对管线进行补救处理。地下管廊的结构沉降受外力作用情况一般并不均匀，部分差异沉降较大的位置容易出现管道滑动支架的架空现象，一旦滑动支架被架空，表示该支架已不起承载作用，需及时处理。

6.5 地下管廊结构沉降变形风险控制措施

6.5.1 结构设计沉降变形控制措施

地下管廊属于狭长形结构，当地质条件复杂时，如遇到湿陷性黄土及地裂缝时，往往会产生不均匀沉降，对地下管廊结构产生内力。若条件允许，可通过设置变形缝，采取设置变形缝的方式来消除由于不均匀沉降产生的内力。当因外界条件约束不能够设置变形缝时，应考虑地基不均匀沉降的影响。

6.5.1.1 湿陷性黄土

湿陷性黄土地区的地下管廊设计，应参照《湿陷性黄土地区建筑规范》

(GB 50025)，根据场地湿陷类型、地基湿陷等级和地基处理情况，并结合工程经验和施工条件等采取必要的结构措施和防水措施。

A 地基处理

(1) 消除地基全部或部分湿陷量。地下管廊属于构筑物，不同于常规建筑物，按湿陷性黄土场地上的建筑物进行分类不合理，且其重要性高于一般管沟，应参照《湿陷性黄土地区建筑规范》(GB 50025) 第5.5.11条，“在湿陷性黄土场地，对地下管道及其附属构筑物，如检漏井、阀门井、检查井、管沟等的地基设计，应符合下列规定：应设150~300mm厚的土垫层；对埋地的重要管道或大型压力管道及其附属构筑物，尚应在土垫层上设300mm厚的灰土垫层”，对地基处理进行调整。

(2) 对于自重湿陷为Ⅱ级的场地，管廊地基处理采用底部400mm厚素土垫层，上部600mm厚3∶7灰土垫层，地基处理至基坑底边处，且不小于1000mm。

(3) 对于自重湿陷为Ⅲ、Ⅳ级的场地，管廊地基处理厚度应增加，取底部900mm厚素土垫层，上部600mm厚3∶7灰土垫层，地基处理至基坑底边处，且不小于1500mm。必要时进行专家论证。

B 防水措施

防水措施主要采取防堵结合的原则。管廊自身防水可分为建筑防水、结构自防水以及管廊内水暖管道的防水检漏等，可以做到管廊对外无渗水。管廊外的防水主要是防止地面的水下渗，在设计时根据管廊的埋深、上部的用途（道路、绿化带等）进行防（阻）水设计，做到地面水不下渗或最大限度减小下渗量。地基处理至基坑底边处，与基坑护壁紧密结合，形成完整的隔水层，杜绝水下渗。

C 结构措施

管廊自身刚度很大，可以抵抗一定的不均匀沉降，在加强结构自身刚度的同时，沿结构长度方向合理设置变形缝，以增加结构对不均匀沉降的适应能力。变形缝间距不大于30m。

6.5.1.2 地裂缝

地裂缝的错动会造成地下管廊的错动、变形开裂，进而引起廊道内部管线的正常运行。当地下管廊穿越地裂缝场地的影响区时，需采取“防”与“放”相结合的原则，即“分段设缝、局部加强、先结构后防水”，以结构适应地裂缝变形为主。“防”是对局部结构刚度加强，“放”是对分段设缝加柔性接头，穿越地裂缝地段采用分段结构进行设计，采用柔性接头进行处理。预制拼装结构形式不宜用于地裂缝场地的地下管廊建设。

A 分段管廊平面布置方式

在地裂缝带地下管廊采用分段设特殊变形后，分段管廊纵向设防长度将随管廊轴线方向与地裂缝带之间的夹角 θ 的变化而变化，即地下管廊纵向设防长度（L）为地裂缝与分段管廊轴线方向夹角（θ）的函数，其表达式为：

$$L = c \cdot f(\theta) \tag{6-14}$$

式中，c 为常数，指地裂缝影响区宽度 D；θ 为地裂缝与管廊轴线间的夹角；L 为纵向设防长度。

分段管廊与地裂缝斜交平面如图 6-14 所示。

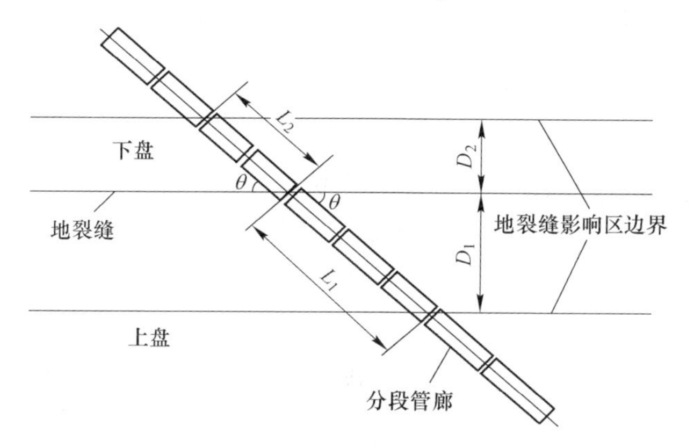

图 6-14　地下管廊与地裂缝斜交平面图

管廊沿纵向设防长度为：

$$L = L_1 + L_2 = D_1 \sin\theta + D_2 \sin\theta = (D_1 + D_2)/\sin\theta = D/\sin\theta \tag{6-15}$$

式中，D_1 为上盘影响区宽度；D_2 为下盘影响区宽度；L 为管廊纵向设防长度，其中，L_1 为上盘，L_2 为下盘；θ 为地下管廊与地裂缝的夹角。

B　结构分缝模式

研究资料表明，不同斜交条件下地下管廊与地裂缝的平面投影关系，变形缝设置模式、分段长度相关，可以将结构分缝归纳为以下两种模式。

模式一：对缝设置模式，即分段管廊中有两段隧道骑跨于地裂缝上，如图 6-15所示。

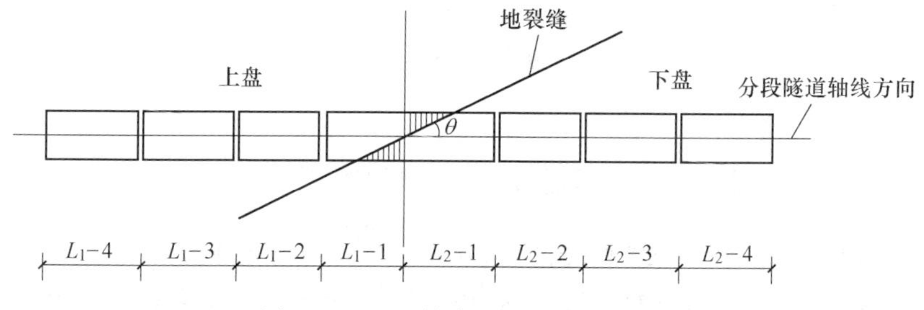

图 6-15　地下管廊对缝设置示意图

模式二：骑缝（或悬臂）设置模式，即分段管廊中仅一段管廊骑跨于地裂缝上，如图 6-16 所示。

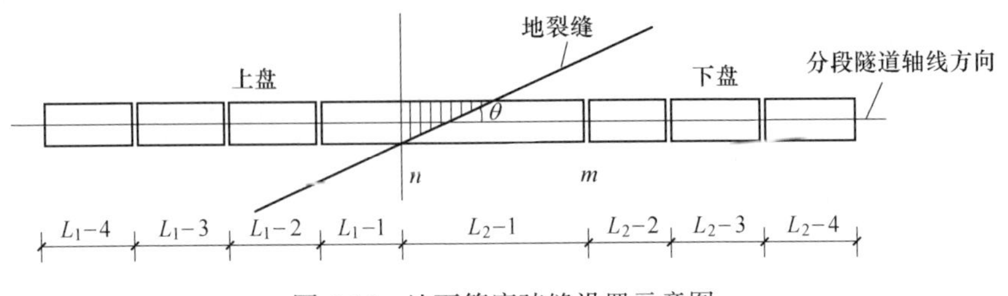

图 6-16 地下管廊骑缝设置示意图

分段设缝模式从地裂缝位置处开始，上盘分段管廊编号为 L_1-i，下盘分段管廊编号为 L_2-i；分段管廊轴线与地裂缝斜交夹角为 θ。斜交穿越地裂缝带的综合管廊结构分缝原则为：

（1）斜交角度 $\theta \leqslant 45°$ 时，采用对缝式设缝模式，跨地裂缝地段管廊段长度取 15m，即图 6-16 中 L_1-1 和 L_2-1 均取 15m。

（2）斜交角度 $\theta > 45°$ 时，采用骑缝式或悬臂式设缝模式，跨地裂缝地段管廊段长度取 20m，即图 6-16 中 L_2-1 取 20m。其他位于主变形区的分段管廊长度取 10m，微变形区分段管廊长度取 15~20m 均可。

（3）结构刚度加强。地下管廊在穿越地裂缝影响区采用加大管廊主体结构断面、提高主体结构配筋率的措施，并在每段管廊变形缝处设置环梁，以确保管廊主体结构在穿越地裂缝影响区有足够的刚度和强度。

（4）分段设缝加柔性接头。管廊分段设缝后，结构应力释放，受力明显减小，但防水压力相应增加，因此，接头构造采用了“且型止水带+U 型止水带”多道柔性接头防护措施。结构呈下凸梯形，如图 6-17 所示，配合“且型止水带+U 型止水带”以及预留注浆孔相结合的方式进行多道防水，能起到较好的防水效果。

通过明确地下管廊结构跨地裂缝的变形机制，抗裂预留位移量，以及计算出管廊在地裂缝地段的设防长度，能够有效降低由于地裂缝活动引起的管廊结构破坏风险。这为保持城市生命线系统畅通提供了一定的安全保障，同时，最大限度降低了因管线系统破坏造成的损失。

6.5.2 基坑施工沉降变形控制措施

地下管廊地质沉降的处理方法可以分为两种：一种是根据下沉量及构造物的特性采取跟踪注浆；另一种是采取措施防止构造物下沉，采用桩基支撑方法防止构造物下沉，也是最为常用的方法。此外还有一种折中的方法，即利用摩擦桩防止差异下沉。

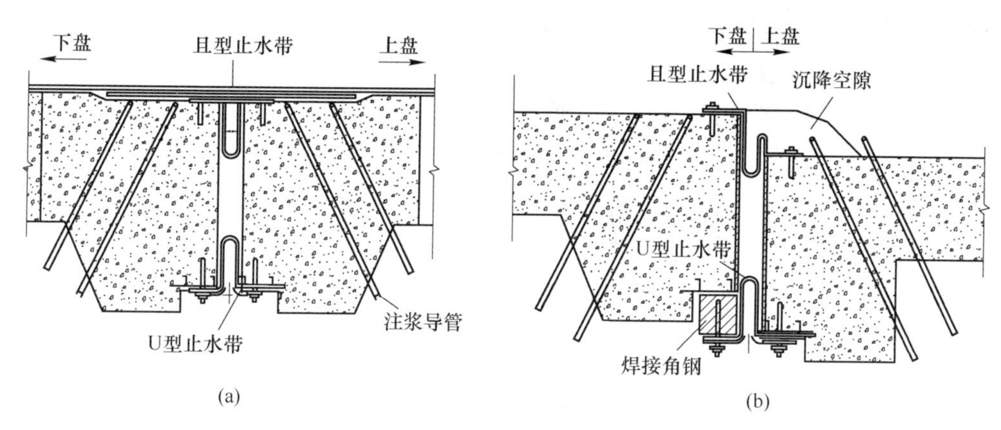

图 6-17　地下管廊变形缝接头变形示意图

（a）接头变形前；（b）接头变形后

6.5.2.1　跟踪注浆处理地下管廊差异沉降

在地下管廊周边深大基坑开挖过程中，沿管廊保护段纵向以合理间距布设注浆孔，对每个注浆孔通过分阶段地多次、少量地向管沟底部土层分层叠加注浆，并严格控制每次注浆的抬升量，使每次注浆引起的隧道上抬量总大于结构沉降加上地基由于每次注浆引起的超孔隙水压力部分消散而产生的固结沉降量之和 。为确保 ，需控制每次的注浆量和两次注浆之间的时间间隔 ，特别在初始阶段抬升注浆，即减少注浆引起的超孔隙水压力的消散时间，从而减少增大的量。

6.5.2.2　桩基支撑处理地下管廊差异沉降

（1）对于在软土层中使用拉森钢板桩形式的基坑支护，应对坑内土体采用水泥土搅拌桩连搅形式进行加固，可防止软土层因震动作用产生扰动，流失进入钢板桩拔桩带泥产生的空隙中。

（2）拉森钢板桩基坑支护的施工应严格按设计要求和施工质量验收规范规定进行施工，需加强基坑支护监测控制，发现问题及时报警，并采取处理措施。

（3）在拔除钢板桩时要做到分舱、分段落跳拔施工。跳拔工艺主要解决拔桩激振位置与管廊变形缝之间的影响问题。跳拔时要对称与平衡，利用地基土对管廊节段简支平衡条件，最好是两台插板机在管廊两侧对称跳拔。

（4）拔除钢板桩后应及时注浆。注浆是为了尽可能弥补拔桩带出泥土后形成的空洞，但必须强调注浆与拔桩的同步性和压力平衡性。施工注浆设备要满足注浆的进度要求，否则注浆的效能将大打折扣。

（5）基坑的开挖及支护应按《建筑地基基础工程施工质量验收规范》（GB 51004—2015）的要求施工与监控，并采取相应构造措施。改变管廊垫层厚度形成钢板桩最底部的刚性支撑。改用钢筋混凝土垫层主要起到基坑底支撑钢板桩的作用，避免因施工过程中施工支撑不及时、不到位、支撑力不足、支撑损坏等造成基坑变形过大、基地隆起、基坑外地面沉降等现象。

（6）改变换填褥垫层材料。原换填的地基处理里垫层材料为级配砂石材料，改为水泥稳定石屑（6%水泥用量）的褥垫层，增强换填材料的胶凝性，使得换填的材料形成整体。

（7）减小管廊结构变形缝设置间距，可适当增强管廊结构的纵向刚度。

6.5.3 盾构施工沉降变形控制措施

6.5.3.1 盾构施工安全技术预防阶段控制措施

A 进出洞口涌水、涌砂防控措施

为预防盾构区间隧道发生涌水涌砂事件，应采取的控制措施为：中、强透水地段施工时，测量人员需加大测量的频率，并及时取得地表沉降参数，调整施工方案。施工过程中，应适当提高注浆浆液浓度，必要时采用双液注浆。同时，检查设备运转是否良好，适当减小螺旋机闸门口开度，并加大千斤顶的推进速度。

具体防、排水要求如下：施工前应对附近的水源进行调查，查看水文地质资料，对所在地有初步的认识，以选取适宜的材料、采取切实可靠的施工方案、施工技术等。对于不同类型的隧道工程，应采取不同级别的防、排水标准。在防水的同时，还需要做好排水设施的设置，“堵排结合”，合理设置盲沟、泄水孔等。在施工过程中及施工完成后，进行监测工作，对于发生渗水的部位进行检测，采取注浆、混凝土衬砌、塑料板堵水等防水措施。

B 隧道掘进偏移防控措施

盾构机在掘进过程中，隧道发生偏移，主要受工程地质、水文地质、注浆质量、盾构机姿态控制等方面的影响。主要预防控制措施有：

（1）根据盾构机类型，采取相应的开挖面稳定方法，确保前方土体稳定；

（2）根据盾构选型、施工现场环境，选择土方运输方式及机械设备；

（3）盾构掘进暂停时，应采取防止盾构后退的措施；

（4）控制盾构掘进轴线，以一环为单位对盾构姿态、衬砌位置进行测量；

（5）做好各项施工、设备和装置运行的管理工作。

C 管片变形开裂、管片渗漏防控措施

（1）规范管片安装程序。拼装前须保证盾尾无杂物、无积水，再进行管片吊装作业。管片安装完后，及时应用整圆器将管片，矫正管片变形，在管片环脱离盾尾后，对管片连接螺栓进行二次紧固。同步注浆时，应及时固定管片环的形状及位置。

(2) 加强同步注浆管理。在同步注浆过程中，合理掌握注浆压力，使注浆量、注浆速度与推进速度等施工参数相匹配。若注浆压力太大，则会导致管片破坏，造成浆液的外溢。在盾构机推进的同时，应立即注浆，此为背后注浆的最佳注入期，且注入量必须能较好地填充尾隙。使用双液型浆液时，注入量应为理论空隙量的 1.5~2 倍。

D 盾构防结泥饼控制措施

为防止盾构刀盘结泥饼，应了解盾构与地质的适应性，并进行合理的盾构机选型。应根据地质情况，设计盾构刀盘的开口率、刀具的配置类型和环流系统等。泥浆应依据地层的黏土颗粒含量配置，重点控制泥浆的相对密度和黏度。严格控制刀盘推力、扭矩和掘进速度等，及时判断刀盘结泥饼的情况。

E 地表隆沉防控措施

排查周边既有结构及管线，制定适当的预防保护措施，是保护重要建（构）筑物的前提。盾构推进时，推进速度、排土量和千斤顶顶力等因素，难免会对土压产生影响，为了保持开挖面的稳定性，需要对排土量、舱内外土体压力差值进行有效控制。结合地层情况，确定目标土压，并对土压的变化情况进行监测，通过调节螺旋输送机转速，来维持恰当的土压力。

6.5.3.2 盾构施工安全技术风险预警阶段控制措施

A 支撑变形控制措施

适当地加强施工工序、质量检查及支撑体系的监测，有利于支撑变形控制措施的实施。当支撑变形趋于稳定时，应采取开挖渐缓的方式。为防止钢支撑坠落，应对钢支撑采取吊护措施。当立柱隆起过大时，应加强监测支撑立柱，通过调整支撑、立柱间的 U 形抱筋，释放次应力。

B 涌水风险控制措施

严格控制开挖深度，并加强基底回弹监测。用回灌水法，控制建筑物地层沉降。采用深井点，做止水帷幕，来降低基坑外侧及内侧承压水。采用降压井来降压，审查地质勘察报告，寻找可能发生突涌的承压水层。

C 地下管线变形控制措施

可采用悬吊方式暴露管线，以加大支撑刚度。应加固悬吊管线下的砌筒支墩，以及隧道内土体被动区。应适当增加监测频率，结合现场巡视，明确施工范围内的悬吊和管线。若管线现状与技术交底不符，则应立即通知相关单位进行现场查证并进行处理。

D 周围建筑物沉降变形控制措施

主要包括注浆加固及顶撑加固。应将注浆孔布设在建筑物周边桩、地梁周边，应结合建筑物桩基深度确定桩孔深度。同时，应依据需填充地层孔隙数、现场试验确定注浆量。应先对沉降过大的柱周进行顶撑，在竖向支撑底部设千斤顶加力、用木楔解紧。应在地面上铺设钢板，选用门型支架、钢（木）支撑，在柱周对梁进行顶撑加固，以分散地基承载，减轻不均匀沉降。

6.5.3.3 盾构施工安全风险事故控制措施

A 涌水涌砂控制措施

采用注浆封堵的方式来控制涌水涌沙。即在涌口位置，插入大口径导流管，并在其四周注入水泥浆，封闭导流管。另外，采用高压旋喷桩加固坑底土层，并用回填土压载。

B 管片渗漏、开裂控制措施

找出缺陷管片，人工凿除已破裂的混凝土，并用细实混凝土填满，要求新旧混凝土紧密结合，强度达到要求，表面平整光滑，无剥离、无裂缝。对于存在裂缝的地方，使用高压水枪清理表面及裂缝内部，使用配合好的水泥浆液进行三遍刷涂。确保刷涂后的表面平整、光滑、均匀，裂缝内部填充密实。

C 地下管线错位、开裂控制措施

若发现管线有异常情况出现，且会对管线迁移、保留造成影响，应立即停止施工，而后应尽快与管线公司联系，明确管线的安全措施。若电力电缆破损，并造成触电事故，应立即启动触电应急方案。若燃气管线破损，应按中毒应急预案处理。若自来水管、通信、有线电视等电缆破损，应通知相关部门并上报公司领导。

D 周围建筑物变形控制措施

及时停止开挖，在已开挖处铺设临时钢支撑。采用垂直封闭注浆或斜向跟踪注浆，从而达到加固建筑物基础、对基础进行托换的目的。监测地层变形情况，尽可能减少监测时间间隔，并加密监测点，做回灌及止水帷幕。

6.5.4 既有结构安全控制措施

6.5.4.1 既有建（构）筑物安全控制

A 结构倾斜处理方法

常见的倾斜处理方法，包括顶升纠偏法及迫降法。具体的倾斜处理方法见表 6-25。

表 6-25 结构倾斜处理方法

序号	方法名称	方法描述	适用范围
1	框架顶升法	切断框架柱，建立主体结构支撑体系，使建筑物倾斜率较大侧上移，使建筑物整体回倾	地势较低框架结构

续表 6-25

序号	方法名称	方法描述	适用范围
2	砌体顶升法	使基础部位分离移动，从而达到纠偏的目的。该方法的使用，对于建筑物整体刚度的要求较高	地势较低砌体结构
3	预压托换桩法	在地基土体沉降量较大侧，利用托换桩将桩与基础相连，当建筑物上部承受荷载时，通过桩身传递到下方地基基础，控制地基土体沉降量，防止建筑物再次发生倾斜	湿陷性黄土地基
4	地基注浆顶升法	利用注浆泵，给浆液施加压力注入地基土体，排除土体空隙内的水及空气，促使地基土产生固结	框架结构砖混结构
5	加压法	在沉降量小的一侧，进行加固处理，迫使其荷载增加，沉降量变大	软弱地基
6	应力解除法	在建筑物沉降量较大侧，进行注浆加固，在沉降较小侧，设置陶土孔，从而减小建筑物基础受力面积，促使沉降量增加，迫使建筑物倾斜率减小	饱和软黏土
7	浸水法	在基础底端设置孔洞，向孔内注水，以增加土体含水率，承载力下降迫使沉降量较小侧下沉	湿陷性黄土地基

B 地基加固处理

常用的地基加固方法包括石灰桩法、注浆法及树根桩法，具体的方法如下：

（1）石灰桩法。又名挤密法。该法适用于饱和黏性土、淤泥和素填土等地基，是把桩管打入土中再拔出桩管，形成桩孔并向桩孔内夯填生石灰等拌合料，生石灰吸水后体积变大，实现石灰桩桩身周围土体的挤密效应，以达到加固地基的目的。

（2）注浆法。该法适用于淤泥、黏性土及粉土等地基，是按比例配置水泥与水玻璃浆液，钻取注浆孔至一定深度并下放钢管，通过高压管将水泥浆与水玻璃液体注入注浆孔内，使其向软弱土层劈裂部位流动，有效提高地基土的承载力。

（3）树根桩法。该法适用于黏性土、粉土及砂土，是根据基础类型、地质条件及场地条件，选取钻孔机具设备，以不同的倾斜角度成孔，并向孔内注入水泥浆液，浆液凝固后形成灌注桩，从而起到加固地基的效果。

C 构件加固方法

在既有结构发生沉降、倾斜时通常会出现结构裂缝、结构崩塌等，因此需要对结构构件进行加固处理。各类加固方法说明见表 6-26。

表 6-26　构件加固方法

加固方法	原理	优点	缺点	适用范围
加大截面加固法	在原构件的外围浇一层新的混凝土并补加相应的钢筋，以提高原构件的承载能力	施工工艺简单、适用性强，并具有成熟的设计和施工经验	湿作业时间长，影响生产和生活，且加固后的建筑物净空减小	适用于梁、板、柱、墙和一般构造物的混凝土的加固
置换混凝土加固法	拆除原有破坏构件或部位，重新用混凝土补齐	施工工艺简单，加固后不影响建筑物的净空	施工湿作业时间长	适用于受压区混凝土强度偏低或有严重缺陷的梁、柱等混凝土承重构件的加固
粘贴钢板加固法	钢板采用高性能的环氧类粘接剂粘结于混凝土构件的表面，使钢板与混凝土形成统一的整体	施工快速、现场物湿作业，对生产和生活影响小，且加固后对原结构外观和原有净空无显著影响	加固效果在很大程度上取决于胶粘工艺与操作水平	适用于承受静力作用且处于正常湿度环境中的受弯或受拉构件的加固
粘贴纤维加固法	用胶结材料把纤维增强复合材料贴于被加固构件的受拉区域，使其与原结构共同工作	加固后耐腐蚀、耐潮湿、自重轻、耐用、维护费用较低	需要专门的防火处理	适用于各种受力性质的混凝土结构构件和一般构筑物
绕丝法	原理与加大截面法类似	施工工艺简单、适用性强	影响生产和生活	适用于混凝土结构构件斜截面承载力不足的加固

当地下管廊盾构掘进前，若建（构）筑物处于其影响范围内，应在隧道通过前对建（构）筑物进行地基或结构预加固，倘若地面施工条件及效果不理想，可考虑通过洞内注浆加固地层，并在盾构段特殊地段采用加强型配筋的管片。盾构施工时，须严格控制出渣量，防止隧道结构上方产生空洞。若发现超挖应及时进行注浆回填，避免因超挖而引起的地面和周边构筑物产生滞后沉降、变形和塌陷。

6.5.4.2　既有地铁安全控制

A　既有地铁渗水处理

在施工过程中，既有地铁结构变形缝可能发生差异沉降。随着施工的进行，地下水位恢复后，变形缝可能发生渗漏水，应针对不同施工阶段进行处理，避免影响既有地铁的运营安全。在穿越施工过程中，若变形缝发生渗水，采用汇水引导的措施，将渗漏水引到地铁排水沟内；在穿越施工完成后，应针对变形缝渗漏水部位，进行注浆堵水。

B 管片裂缝治理措施

在施工过程中，需要跟踪观察结构裂缝，针对不同的影响程度，采取相应的裂缝治理措施。若裂缝严重影响结构耐久性及强度，除可采用环氧树脂填充外，还可以对结构进行补强处理。而针对一般性结构裂缝，可采用注环氧树脂填充的方式处理。

C 轨道沉降处理方法

通常可采用轨道调节的方式，处理轨道沉降超限问题。若轨道调节后，仍不能满足要求，可采用抬升技术恢复既有地铁轨道结构的高程损失，从而满足正常运营要求。针对不同的作用对象，结构抬升按恢复措施可分为直接措施和间接措施，两者间并没有本质的区别，常常相互配合以取得较好的效果。

(1) 直接措施。将钢筋混凝土桩、筑、梁等结构组合，在既有结构的下方施作，以代替隧道结构承受上方土体的重量，实现对既有结构的受力托换。在此过程中设置若干支承点，这些支承点的顶升设备同时启动，从而使结构沿某一平面向上抬升，并可使既有结构沉降变小。常用的方法包括抬强梁顶升法、静力压入桩法等。

(2) 间接措施。通过处理土体自身变形，达到恢复沉降的目的。在土体中注浆，即利用材料膨胀产生压力，以实现对既有结构沉降的恢复。同时，也可改良土体性质、增大土体刚度等，制约既有结构沉降。常见注浆位置位于既有构筑物内下方或新建隧道内向上方土体。

7 工 程 实 例

7.1 工程概况

7.1.1 地下管廊基本状况

地下管廊位于 A 市 LQY 区，沿 CL 大道走向，起于三环立交外侧，终于四环立交内侧，全长 4437m，采用直径为 9.3m 土压平衡盾构机施工，管片幅宽 1.8m，内径 8.1m，外径 9m，管片混凝土强度等级为 C50，抗渗等级为 P12。管片总计 2345 环，其中 B 型管片 45 环，A 型管片 2286 环，负环 14 环。隧道最小平曲线半径为 1000m，最小竖曲线半径 1000m，最大管廊纵坡为 3.6%，最小覆土厚度为 7.5m，距离既有或新建构造物底板最小距离为 4.7m。线路走向见图 7-1。

图 7-1　地下管廊平面位置示意图

为满足地下管廊吊装、投料、通风、逃生、出线等要求，沿管廊走向约 200m 布设一处综合井，共 21 座综合井，在盾构始发和接收处综合井兼做盾构接收和始发井功能。综合井规模共有三种，见表 7-1。

该标段综合井共 5 个，分别是 1 号（接收井）、8 号（转场接收井）、9 号（始发井）、13 号（接收井）、21 号（始发井）；综合井最大深度 36.2m，最小深度 18m。盾构机自 2017 年 3 月 17 日从 9 号综合井出发，掘进里程 1590m，至 1 号综合井完成接收。其中盾构始发井、接收井采用明挖顺筑法施工，盾构通过型综合井主体结构采用盖挖法施工。

表 7-1 综合井基坑规模

综合井	基坑规模/m			综合井	基坑规模/m		
	基坑长度	基坑宽度	基坑深度		基坑长度	基坑宽度	基坑深度
1 号井	20.3	15.3	22.341	12 号井	27.3	14.3	26.376
2 号井	27.3	14.3	34.623	13 号井	20.3	14.3	26.691
3 号井	20.3	14.3	40.041	14 号井	27.3	14.3	27.494
4 号井	27.3	14.3	36.499	15 号井	20.3	14.3	30.012
5 号井	20.3	14.3	29.964	16 号井	27.3	14.3	30.202
6 号井	27.3	14.3	24.494	17 号井	20.3	14.3	31.116
7 号井	27.3	14.3	26.599	18 号井	27.3	14.3	29.441
8 号井	27.3	14.3	27.519	19 号井	27.3	14.3	26.585
9 号井	42.3	17.8	30.668	20 号井	27.3	14.3	26.461
10 号井	27.3	14.3	29.472	21 号井	42.3	17.8	26.556
11 号井	20.3	14.3	27.482				

7.1.2 工程地质与水文地质

根据设计地勘资料，沿线地质层为人工填土层，以黏土、泥岩为主，呈黄褐、灰褐、红褐、紫红色等。地下管廊穿过岩土层，工程地质及水文地质情况见表 7-2。

表 7-2 工程地质及水文地质情况

层号	名称	工程特征	水文特征	透水性	渗透系数/$m \cdot d^{-1}$	
					经验值	建议值
②	黏土	棕黄、黄褐色，可塑~硬塑，黏性强	水量小，富水性差	微透水	0.001~0.01	0.001
$③_1$	黏土夹卵石	灰褐色、黄褐色，硬塑，黏性强，含 5%~40%卵石	水量较小，富水性差	弱透水	0.1~1	0.77
$③_2$	卵石	棕黄、灰褐色，饱和，中密~密实，卵石占 50%~70%，余为细砂、黏土充填，局部黏土含量高	水量较大，富水性较强	强透水	5~100	10.0
$③_3$	粉砂	褐黄色，饱和，中密，成分以石英为主，填充黏土	水量较大，富水性中等	中等透水	0.5~2.0	1.0

续表 7-2

层号	名称	工程特征	水文特征	透水性	渗透系数/m·d^{-1}	
					经验值	建议值
③$_4$	细砂夹卵石	褐黄色，饱和，中密~密实，主要成分以石英为主	水量较大，富水性较强	中等透水	0.2~5.0	3.0
④$_1$	全风化泥岩	红褐、紫红色，岩芯呈土状	透水能力弱，富水性差	微透水	0.001~0.01	0.001
④$_2$	强风化泥岩	红褐、紫红色，泥质结构，岩质软	水量小，富水性差	弱透水	0.027~2.01	0.22
④$_3$	中风化泥岩	紫红色，岩质软，含少量砂质	水量小，富水性差	弱透水	0.027~2.01	0.20

项目相关区域有两大水系——DF 渠、SL 河，经过调查，DF 渠水深约 2.60m，渠道底宽 24m，渠深约 3.6m，开口宽 37m，勘察期间水位约为 512.46m，近年来最高洪水位约为 512.91m。

7.1.3 既有结构情况

1~8 号综合井区间北侧为 LJW 小区 8~11 号住宅，南侧为待建项目施工空地、高层住宅 T 及 2~4 层民房，离区间边线间距 14~20m。高层住宅 T 属框架结构，地基基础为桩基础。隧道边线与小区房屋最小平面距离为 14.89m，此处区间埋深 10.36m，线间距 17m。W 小区 8~11 号住宅，基础采用预应力空心管桩（PHC），桩径为 ϕ500~550mm，桩长为 31m。隧道边线与小区房屋最小平面距离为 11.86m，此处区间埋深 10.42m，线间距 16m。建筑物沉降观测点重点布设在外墙角、长边中部等突出部位，每隔 10~20m 处或隔 2~3 根柱基上。

区间上方管线主要敷设在道路两侧，主要为给水、燃气、雨水、污水、电力、通信等管线，沿线主要管线如表 7-3 所示。

表 7-3 管线概况一览表

序号	名称	材质	型号	埋深/m	与盾构关系
1	通信	光纤	400×300	1.23	平行，斜交
2	给水	铸铁	ϕ400	1.50~2.10	平行，斜交
3	雨水	混凝土	ϕ1200	3.54~4.83	平行，斜交
4	污水	混凝土	ϕ300	3.56~3.90	平行，斜交
5	燃气	钢	ϕ200	1.31	平行，斜交
6	供电	铜	750×300	0.30	平行，斜交

7.2 施工安全风险分析

在盾构区间施工前将该区间可能存在的安全风险进行分析汇总，根据其周边环境及相关工程经验，分析其安全风险管理对象，汇总如表7-4所示。

表7-4 1~8号综合井安全风险管理对象

类别	编号	风险管理对象	详情描述	监测类别
盾构施工	A1	盾构机进出洞	在进、出洞过程中，施工环节多，工作量集中，各工种交叉施工频繁，且盾构机进、出洞期间由于盾构机的各项技术指标未调整至最优状态，施工质量难以控制	重点监测
	A2	盾构机推进、管片拼装及注浆	盾构推进过程及注浆过程中控制不好容易造成施工（注浆）区域土体沉降（隆起）等	重点监测
既有建筑	B1	高层住宅T	地基基础为桩基础，框架结构，左线隧道边线与小区房屋最小平面距离为14.89m	重点监测
	B2	W城8~11号	采用预应力空心管桩（PHC）基础，桩径为ϕ500~550mm，桩长为31m，为剪力墙结构距离隧道最小平面距离为14m	重点监测
既有地铁	C1	地铁车站出入口	车站为岛式车站，采用双柱三跨地下二层现浇框架结构，站台中心里程覆土厚度约3.5m，主体基坑开挖深度约16.93m，采用明挖法施工	重点监测
	C2	规划地铁	地铁初步规划采用大直径盾构施工，管廊隧道距离规划地铁之间净距离5.5m	重点监测
沿线管线	D1	刚性管线	区间沿线及交叉大量的给水、煤气等压力管线及雨污水管线等	重点监测
	D2	柔性管线	区间沿线的电力管线、通信管线等柔性管线	一般监测

1~8号综合井区间隧道埋深10~17.2m，隧道穿越土层的工程性能差，特点是高压缩向、低承载力，高灵敏性、高触变性，在盾构施工中易造成地面沉降、隆起。周边有较多的建（构）筑物和一定数量的地下管线，侧穿W城及高层住宅T2~4层民房，1~8号综合井站区间盾构区间地处市中心，综合考虑地面各种制约因素，本标段施工场地地面环境复杂，且较邻近房屋等其他建筑物，施工中对周边环境监测要求较高。

7.3　施工安全管理风险评估

7.3.1　样本数据采集

根据前文构建的风险指标体系，安全风险评估指标共包含 16 个指标，分别为 R_{11}、R_{12}、R_{14}、R_{15}、R_{22}、R_{23}、R_{31}、R_{32}、R_{33}、R_{34}、R_{41}、R_{42}、R_{44}、R_{51}、R_{52}、R_{53}。

通过向参与该项目的人员发放调研问卷的方式，将采集到的数据依据组合赋权权重赋值，并进行归一化处理，处理后的数据见表 7-5。表 7-5 中，行表示样本数量，列表示评估指标，最后一行表示专家预估的安全风险值。

表 7-5　归一化处理后的样本数据

样本	1	2	3	4	5	6	7	8	9	10
R_{11}	0.989	1.000	1.000	0.947	0.960	0.743	0.960	0.550	0.839	0.838
R_{12}	0.426	0.408	0.651	1.000	0.413	0.317	0.412	0.228	0.360	0.360
R_{14}	0.000	0.000	0.000	0.000	0.000	0.000	0.000	0.000	0.000	0.000
R_{15}	1.000	0.991	0.890	0.840	1.000	1.000	1.000	1.000	1.000	1.000
R_{22}	0.204	0.182	0.272	0.337	0.203	0.202	0.171	0.196	0.177	0.176
R_{23}	0.014	0.013	0.017	0.032	0.009	0.008	0.012	0.019	0.009	0.007
R_{31}	0.095	0.126	0.229	0.282	0.144	0.139	0.170	0.211	0.102	0.079
R_{32}	0.024	0.020	0.037	0.033	0.021	0.027	0.021	0.041	0.018	0.018
R_{33}	0.088	0.074	0.092	0.186	0.072	0.071	0.084	0.108	0.073	0.073
R_{34}	0.130	0.122	0.186	0.254	0.109	0.143	0.139	0.147	0.122	0.087
R_{41}	0.011	0.007	0.012	0.010	0.006	0.009	0.005	0.013	0.007	0.006
R_{42}	0.171	0.183	0.244	0.370	0.154	0.182	0.153	0.175	0.183	0.133
R_{44}	0.115	0.097	0.143	0.213	0.068	0.131	0.110	0.198	0.110	0.106
R_{51}	0.039	0.033	0.050	0.076	0.030	0.032	0.036	0.044	0.031	0.026
R_{52}	0.290	0.268	0.414	0.521	0.169	0.308	0.299	0.302	0.309	0.228
R_{53}	0.100	0.084	0.148	0.184	0.096	0.092	0.077	0.107	0.096	0.083
R	0.25	0.15	0.50	0.75	0.38	0.40	0.28	0.70	0.10	0.30

7.3.2　参数寻优及模型优化

需要利用训练集，对模型涉及的核宽度 g、惩罚因子 C 进行调整。参数选择合适与否，直接决定模型的最终逼近结果。

7.3.2.1 基于 Grid Search 算法的安全风险评估模型

具体操作如下：将表 7-5 中的训练样本数据划分，设定 $g \in (-8, 8)$、$C \in (-8, 8)$，两个参数的调整步长均为 1。以第 1 组数据进行验证，其余 6 组数据进行训练，得到一组参数 (g_1, C_1)，重复此步骤，得到 7 组参数。在参数组合的较好区域，选取最优参数，其结果如图 7-2 和图 7-3 所示。

由图 7-2 和图 7-3 可知，SVM 模型的最佳参数为 $g=0.015625$，$C=2.6390$。对 1~7 个样本数据进行训练，训练结果与实际结果的比较，如图 7-4 和图 7-5 所示。利用训练好的安全风险评估模型，对其余样本进行安全风险预测评估，见图

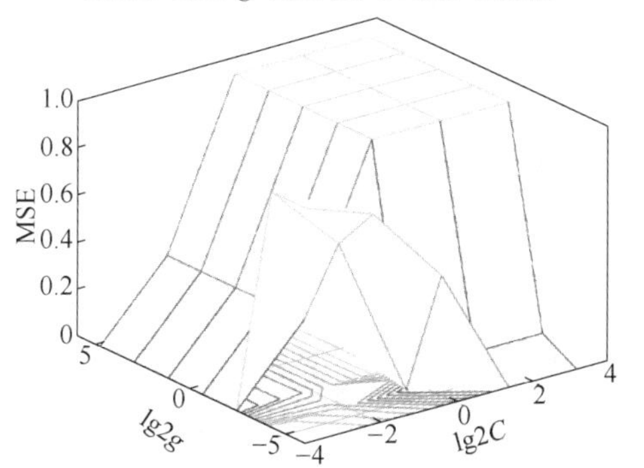

图 7-2 基于 Grid Search 算法的参数精选结果 3D 图

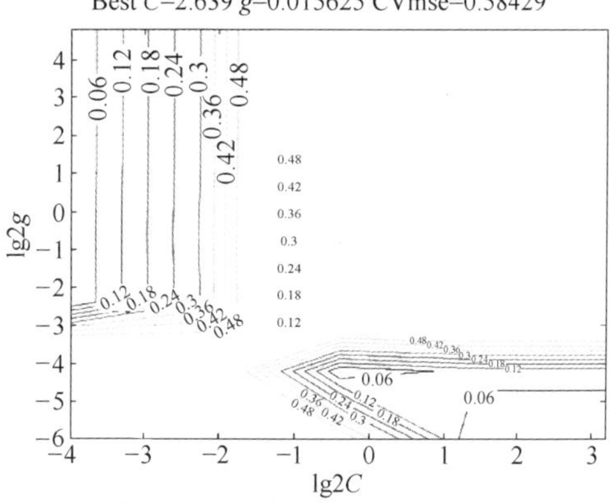

图 7-3 基于 Grid Search 算法的参数精选结果等高线图

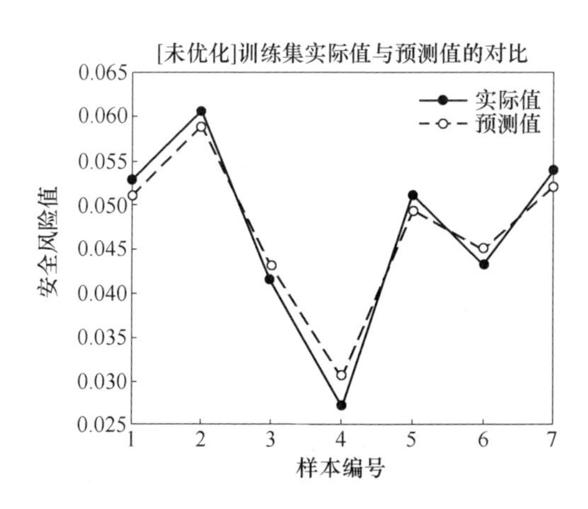

图 7-4 基于 Grid Search 算法的未优化训练集实际值和预测值

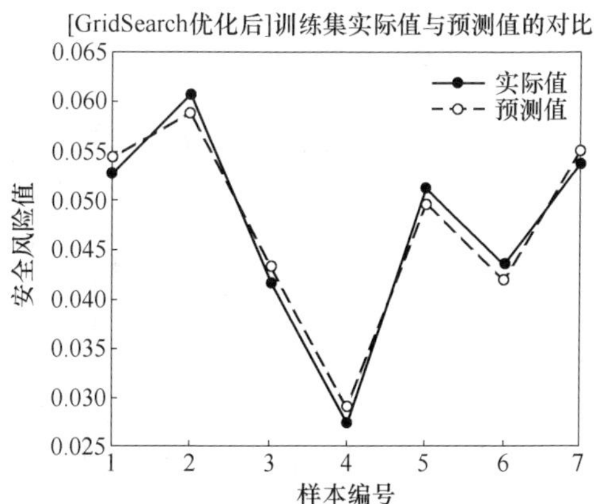

图 7-5 基于 Grid Search 算法的优化后训练集实际值和预测值

7-6 和图 7-7。通过比较实际值和预测值的相对误差，来检验该模型的泛化能力。相对误差公式为：

$$E_r = \frac{x_p - x_0}{x_0} \times 100\% \tag{7-1}$$

其中 x_p表示预测值，x_0表示实际值，检验结果见表 7-6。

表 7-6 基于 Grid Search 算法的安全风险评估模型结果

样本	8	9	10
预测值	0. 0335	0. 0585	0. 0533
实际值	0. 0291	0. 0577	0. 0544
相对误差	0. 1512	0. 0139	-0. 0202

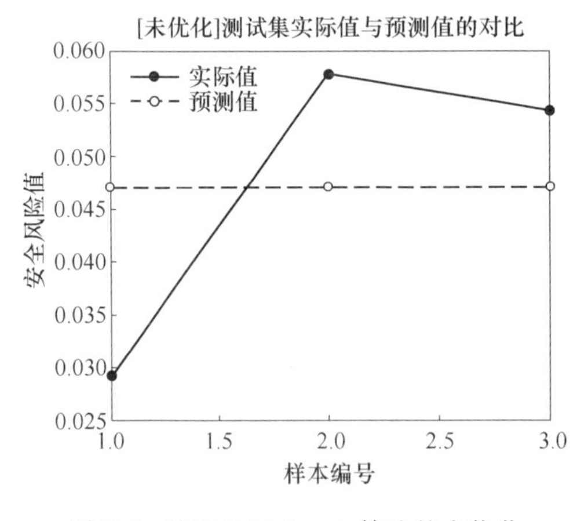

图 7-6 基于 Grid Search 算法的未优化测试集实际值与预测值

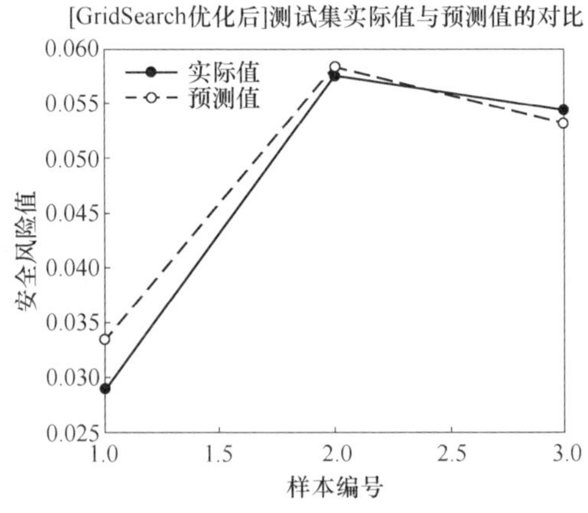

图 7-7 基于 Grid Search 算法的优化后测试集实际值与预测值

由此，得到样本数据预测值与实际值的误差（见图 7-8）。假设 SVM 模型参数 $g=0.0156$，$C=2.6390$，通过对样本数据进行安全风险评估，得到如下运行结果为：均方误差=0. 000007，相关系数=95. 66%。可以看出，基于 Grid Search 算法建立的穿越既有结构的施工安全风险评估模型是比较理想的，网络输出接近期望输出。

7. 3. 2. 2 基于 GA 算法的安全风险评估模型

同理，运用 GA 算法对模型进行优化，得到图 7-9 所示的参数优化模型。

由图 7-9 可知，GA 算法中 SVM 模型的最佳参数为 $g=0.0079$，$C=7.0117$。同理，进行样本数据训练，得到训练样本结果与实际结果，见图 7-10 和图 7-11。基于 GA 算法的安全风险预测评估结果，见图 7-12 和图 7-13。通过比较实际值和预测值的相对误差，来检验该模型的泛化能力。检验结果见表 7-7。

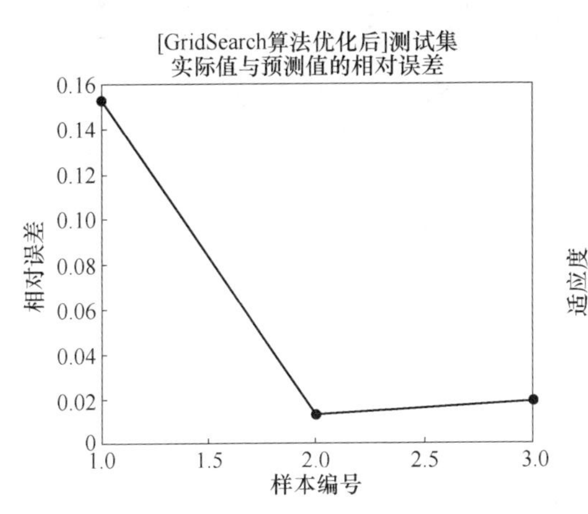

图 7-8 基于 Grid Search 算法的样本安全风险评估误差图

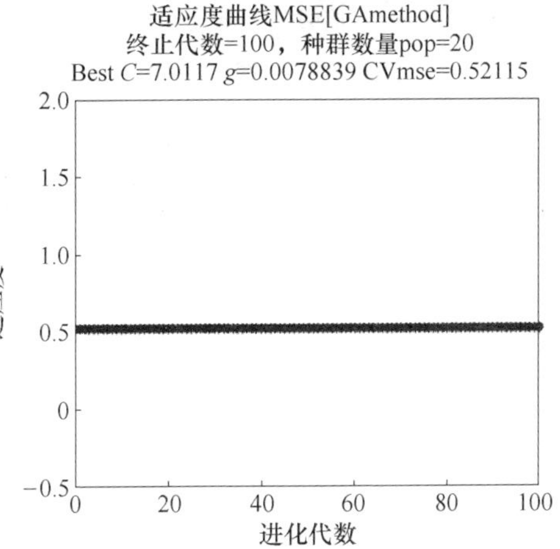

图 7-9 基于 GA 算法的参数精细选择结果 3D 图

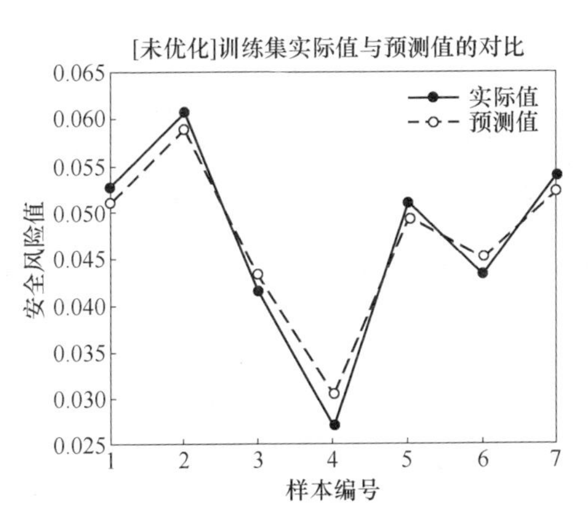

图 7-10 基于 GA 算法的未优化训练集实际值和预测值

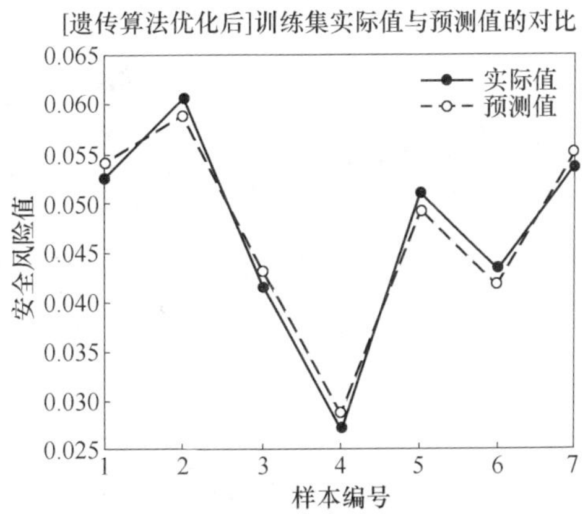

图 7-11 基于 GA 算法的优化后训练集实际值和预测值

由此，得到样本数据预测值与实际值的误差（见图 7-14）。假设 SVM 模型参数 $g=0.0079$，$C=6.1769$，通过对样本数据进行安全风险评估，可得运行结果为：均方误差=0.000006，相关系数=96.61%。可以看出，基于 GA 算法建立的穿越既有结构的施工安全风险评估模型，较 Grid Search 算法建立的模型更为理想，网络输出更接近期望输出。

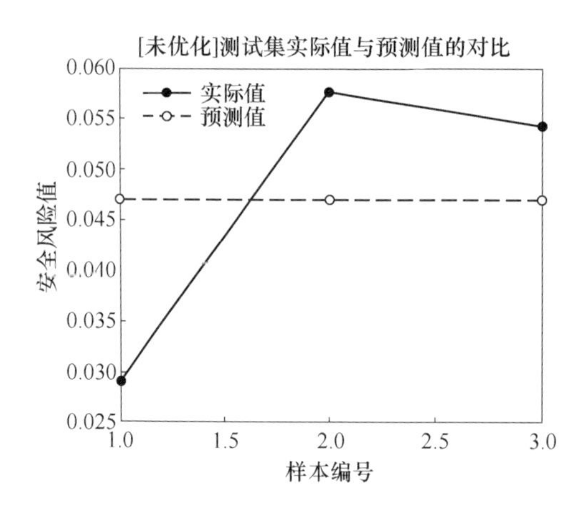

图 7-12 基于 GA 算法的未优化测试集实际值与预测值

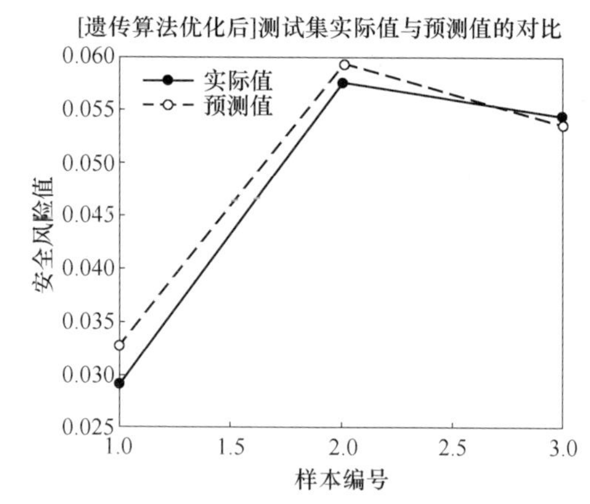

图 7-13 基于 GA 算法的优化后测试集实际值与预测值

表 7-7 基于 GA 算法的安全风险评估模型结果

样本	8	9	10
预测值	0. 0327	0. 0595	0. 0538
实际值	0. 0291	0. 0577	0. 0544
相对误差	0. 1237	0. 0312	-0. 0110

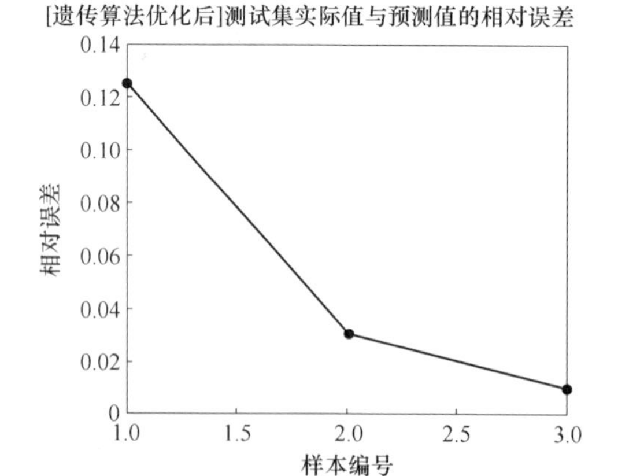

图 7-14 基于 GA 算法的样本安全风险评估误差图

7. 3. 2. 3 基于 QGA 算法的安全风险评估模型

同理，运用 QGA 算法对模型进行优化，得到图 7-15 所示的参数优化模型。

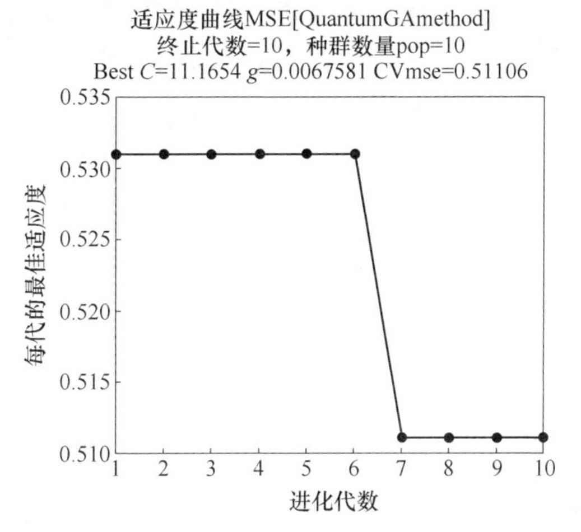

图 7-15 基于 QGA 算法的参数精细选择结果 3D 图

由图 7-15 可知，SVM 模型的最佳参数为 $g=0.0068$，$C=11.1645$。对样本数据进行 SVM 训练，训练样本所得结果与实际结果的对比，见图 7-16 和图 7-17。

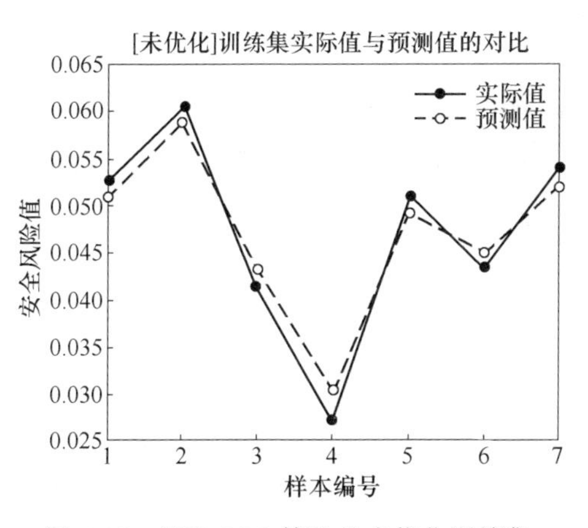

图 7-16 基于 QGA 算法的未优化训练集实际值和预测值

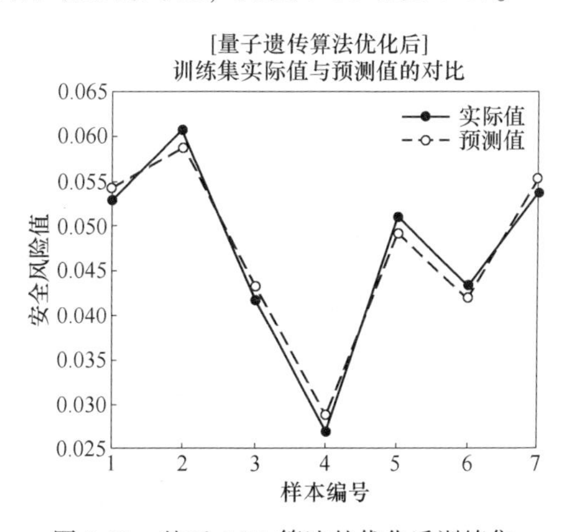

图 7-17 基于 QGA 算法的优化后训练集实际值和预测值

同理，基于 QGA 算法的安全风险预测评估结果，见图 7-18 和图 7-19。通过比较实际值和预测值的相对误差，来检验该模型的泛化能力。检验结果见表 7-8。

由此，得到样本数据预测值与实际值的误差（见图 7-20）。假设 SVM 模型参数 $g=0.0068$，$C=11.1645$，可得运行结果为：均方误差 $=0.000005$，相关系数 $=96.69\%$。可以看出，基于 QGA 算法建立的穿越既有结构的施工安全风险评估模型，较 Grid Search 算法及 GA 算法建立的模型更为理想，网络输出最接近期望输出。三种算法的结果分析见表 7-9。

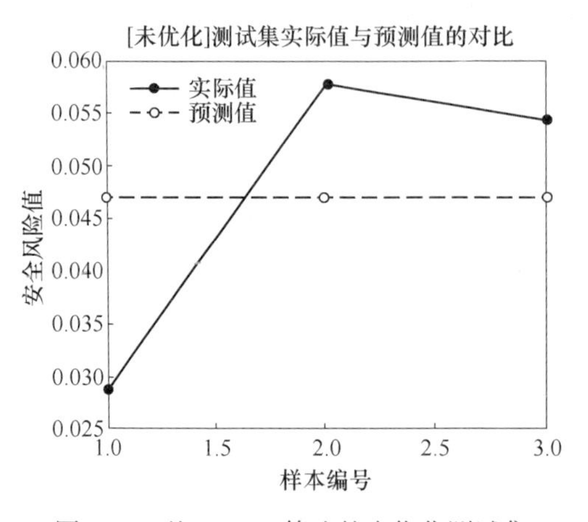

图 7-18 基于 QGA 算法的未优化测试集实际值与预测值

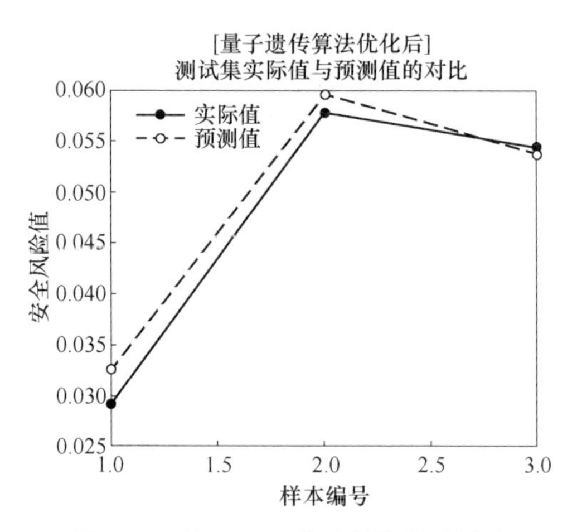

图 7-19 基于 QGA 算法的优化后测试样本实际值与预测值

表 7-8 基于 QGA 算法的安全风险评估模型结果

样本	8	9	10
预测值	0. 0326	0. 0596	0. 0539
实际值	0. 0291	0. 0577	0. 0544
相对误差	0. 1203	0. 0319	-0. 0093

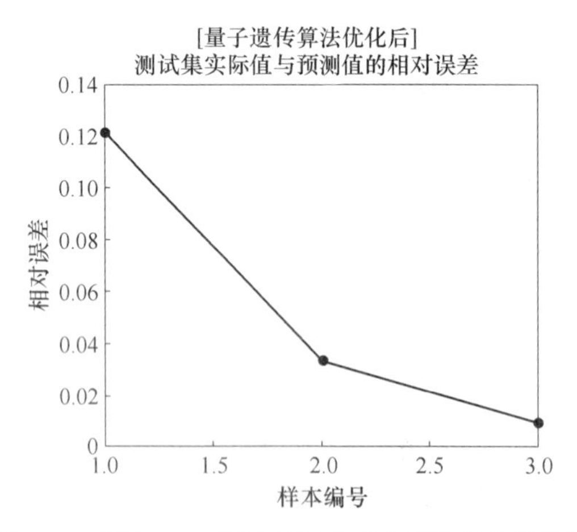

图 7-20 基于 QGA 算法的样本安全风险评估误差图

通过上述实例分析，得出 QGA 算法在参数寻优上有较大优势，经过改进的 SVM 模型，无需依赖大量样本，在样本有限的情况下，仍能够发挥模型泛化力。因此，基于 QGA 改进的 SVM 安全风险评估模型具有较强的科学实用性。

表 7-9 三种算法的结果分析

算法类型	最优参数		均方误差 MSE	相关系数 R_2
	g	C		
Grid Search	0.0156	2.6390	0.000007	95.66%
GA	0.0079	6.1769	0.000006	96.61%
QGA	0.0068	11.1645	0.000005	96.69%

7.3.3 风险评估

依据上面得到的 QGA 的最优参数，利用改进后的 SVM 模型，即可获得各个风险指标的安全风险值，如表 7-10 所示。通过对风险指标进行评估，每个指标的风险值可参考输出结果。

表 7-10 穿越既有结构的地下管廊施工安全管理风险评估表

一级指标 R_i	二级指标 R_{ij}	输出结果	风险评估
人的因素 R_1	人员专业技能掌握情况 R_{11}	0.2686	二级
	安全培训教育情况 R_{12}	0.1179	一级
	人员文化素质水平 R_{13}	0.0038	一级
	人员安全意识 R_{14}	0.2396	二级
	人员防护用品穿戴情况 R_{15}	0.0515	一级
物的因素 R_2	机械设备故障率 R_{21}	0.0067	一级
	机械设备保养及维护情况 R_{22}	0.0440	一级
	机械设备安全管理情况 R_{23}	0.0102	一级
	安全设施投入情况 R_{24}	0.0206	一级
环境因素 R_3	地质条件复杂程度 R_{31}	0.0321	一级
	管廊隧道自身环境等级 R_{32}	0.0059	一级
	现场施工环境 R_{33}	0.0466	一级
	周边环境风险等级 R_{34}	0.0346	一级
技术因素 R_4	勘查设计方案资料与现场符合程度 R_{41}	0.0107	一级
	穿越施工方案合理性 R_{42}	0.0764	一级
	检测监测方案合理性 R_{43}	0.0307	一级
	辅助措施合理性 R_{44}	0.2686	二级
管理因素 R_5	安全生产责任制执行情况 R_{52}	0.1179	一级
	安全检查制度执行程度 R_{54}	0.0038	一级
	现场安全管理情况 R_{55}	0.2396	二级

穿越既有结构的地下管廊施工安全管理风险人的因素主要受人的因素和管理因素的影响。其中，人的因素中，人员专业技能掌握和人员安全意识对管理风险安全影响较大，可通过定期进行专业技能培养及安全培训等方式减少人的因素可能带来的安全隐患；同时，管理因素中，现场安全管理情况对管理风险安全影响较大，可通过安全管理规范化施工与动态监控进行有效控制，避免由于管理因素带来的施工安全风险事件。

7.4 施工安全技术风险预警与控制

7.4.1 监测方案

7.4.1.1 工程监测等级

该地下管廊隧道自身风险等级为二级，周边环境风险等级为二级，结合工程地质条件情况，综合确定监测等级为二级。

7.4.1.2 预警指标

根据设计图纸及标准规范，确定隧道区间预警指标见表 7-11。

表 7-11 1~8 号区间盾构段预警指标

序号	预警指标	
1	盾构隧道	管片收敛
2		管片竖向位移
3	周边建（构）筑物	地表沉降
4		建筑物沉降
5		管线沉降

由于监测点的布置是以点及面，难以完整反映监测范围及隧道区间的安全事故，因此日常的巡视工作尤显重要，一旦发现不利情况应利用仪器进行针对性地观测，从而及时了解险情并采取控制措施，以确保施工现场的安全和稳定。现场巡视每天一次，并填写现场巡检记录表，特殊或紧急情况应加强现场巡查频率。巡视检查主要内容，如表 7-12 所示。

表 7-12 日常巡视主要检查内容

序号	巡查类别	巡视检查内容
1	周边环境	周边管道有无破损、泄漏情况
2		周边建筑有无新增开裂缝出现
3		周边道路地面有无裂缝、沉陷

续表 7-12

序号	巡查类别	巡视检查内容
4	监测设施	基准点、监测点完好状况
5		监测元件的完好及保护情况
6		有无影响观测工作的障碍物
7	隧道巡视	环片有无裂纹、渗水滴漏积水情况
8		基准点及监测点稳定性及有无破坏等情况
9		隧道整体外观状况，施工节点、施工进展各时段可能存在的安全隐患等

7.4.1.3 监测频率

当地下管廊盾构隧道开挖面至监测点或监测断面的距离发生变化时，监测频率也要随之变化，具体监测频率见表 7-13。

表 7-13 地下管廊盾构隧道监测频率

监测部位	监测对象	开挖面至监测点或监测断面的距离	监测频率
开挖面前方	周围岩土体和周边环境	$30\mathrm{m}<L$	采集初始值
		$20\mathrm{m}<L\leqslant 30\mathrm{m}$	1 次/2d
		$L\leqslant 20\mathrm{m}$	2 次/1d
开挖面后方	管片结构、周围岩土体和周边环境	$L\leqslant 30\mathrm{m}$	2 次/1d
		$30\mathrm{m}<L\leqslant 50\mathrm{m}$	1 次/1d
		$L>50\mathrm{m}$	1 次/3d
隧道内部	隧道结构及收敛	盾构机尾部 50~200 环	1 次/3d
		盾构机尾部 200~500 环	1 次/7d

注：1. L 为开挖面至监测点或监测断面的水平距离。
2. 管片结构位移、净空收敛宜在衬砌环脱出盾尾且能通视时进行监测。
3. 监测数据趋于稳定后，监测频率宜为 1 次（15~30d）。

7.4.2 施工安全技术风险预警

根据现行标准规范、工程设计文件以及相关施工经验，采用无警、轻警、中警、重警的多级报警方式，相应颜色标识为绿色、黄色、橙色和红色。各级预警区间见表 7-14。

该项目于 2017 年 10 月应用 BIM 技术，进行施工安全风险预警与控制。通过对各个预警指标的持续监测，以 5~7 个工作日为周期，收集异常测点的观测数据来预测其变化趋势，从而为管理部门采取措施提供依据，更为高效、有力地避免安全事故的发生（见图 7-21）。地表沉降累积与地表沉降速率异常，并发出了橙色预警，提示当前周边局部地表沉降较大，需要加大对各类指标的监测，并采取安全预控措施（见图 7-22）。

表 7-14 预警区间

类别	监测项目	变化速率/mm · d⁻¹				累计报警值/mm			
		绿色	黄色	橙色	红色	绿色	黄色	橙色	红色
盾构区间隧道	管片竖向位移	[0, 1.4)	[1.4, 1.7)	[1.7, 2)	≥2	[0, 14)	[14, 17)	[17, 20)	≥20
	管片净空收敛	[0, 2.1)	[2.1, 2.55)	[2.55, 3)	≥3	[0, 8.4]	[8.4, 10.2)	[10.2, 12)	≥12
周边建（构）筑物及管线	地表沉降	[0, 2.1)	[2.1, 2.55)	[2.55, 3)	≥3	[0, 28)	[28, 34)	[34, 40)	≥40
	建筑物沉降	[0, 2.1)	[2.1, 2.55)	[2.55, 3)	≥3	[0, 21)	[21, 25.5)	[25.5, 30)	≥30
	管线沉降	[0, 1.4)	[1.4, 1.7)	[1.7, 2)	≥2	[0, 14)	[14, 17)	[17, 20)	≥20

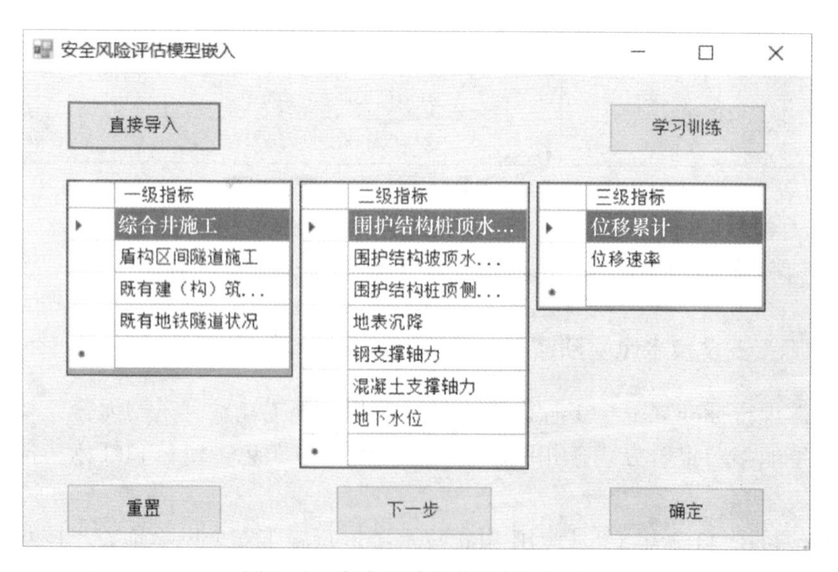

图 7-21 安全风险控制系统（一）

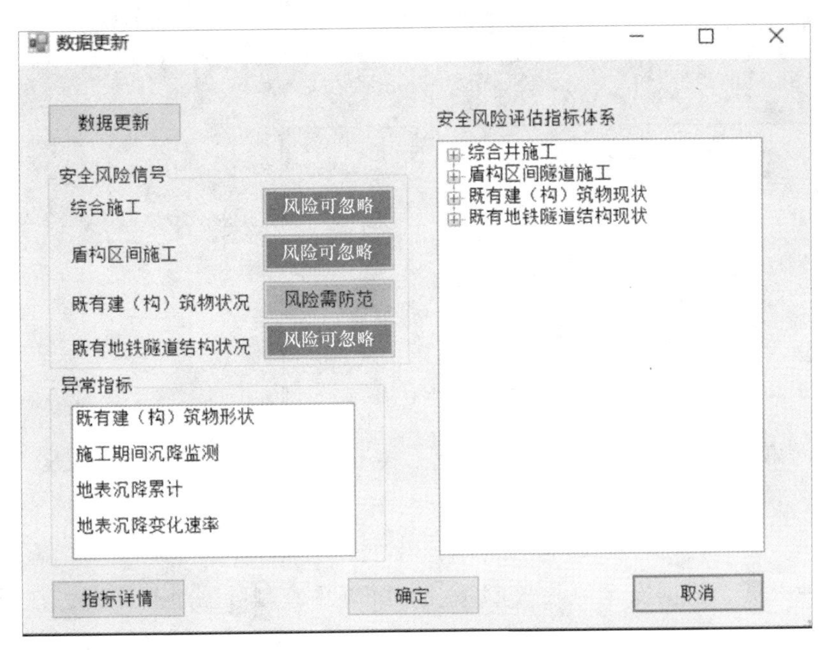

图 7-22 安全风险控制系统（二）

施工项目的技术人员看到系统提示的信号后，通过指标体系的建议，发现系统发挥的数据，地表沉降累计和沉降速率都出现异常，并进一步查看发现地表沉降累计和和地表沉降速率，有两个测点出现异常，异常位置是 4-K 与 1-F 轴。其地表沉降累计为-36.2mm，沉降速率为-2.8mm/d，另一个测点沉降累计为-30.7mm，沉降速率为-2.4mm/d，如图 7-23 和图 7-24 所示。

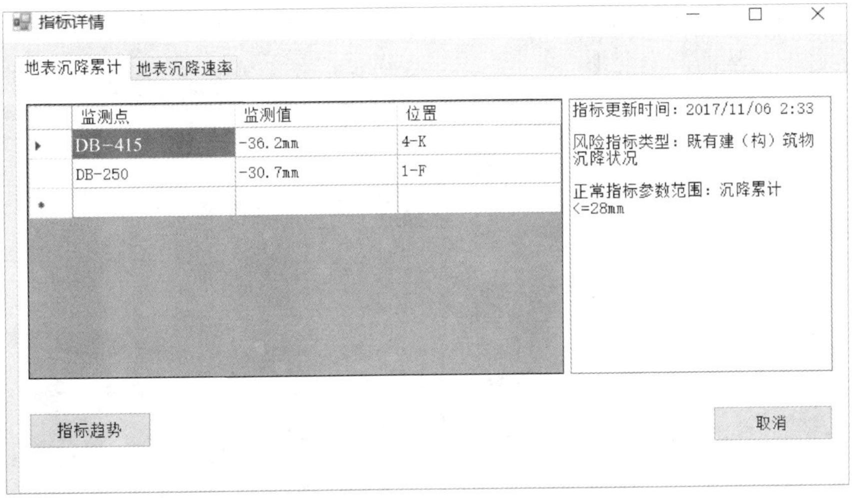

指标详情

地表沉降累计　地表沉降速率

监测点	监测值	位置
DB-415	-36.2mm	4-K
DB-250	-30.7mm	1-F

指标更新时间：2017/11/06 2:33

风险指标类型：既有建（构）筑物沉降状况

正常指标参数范围：沉降累计<=28mm

指标趋势　取消

图 7-23 地表沉降累计

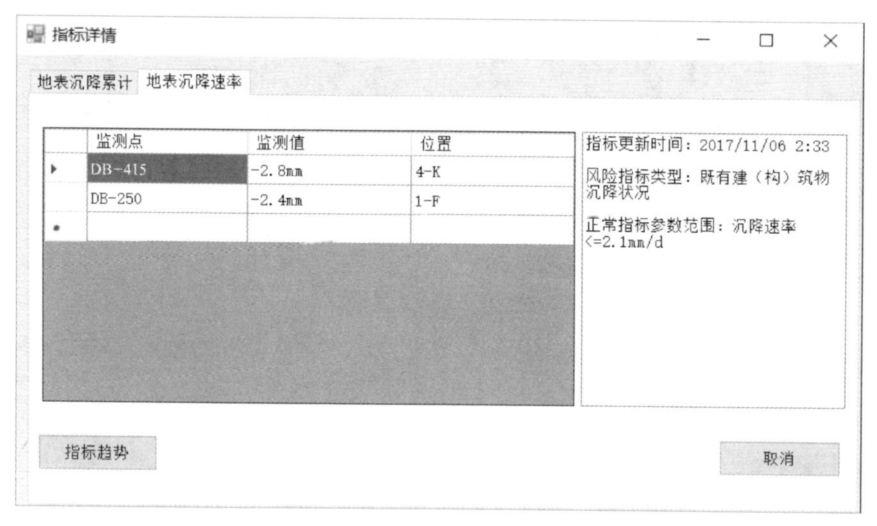

图 7-24 地表沉降速率指标

管理人员需依据安全风险控制系统，对每日监测数据进行跟踪，注意控制4-F区域的施工状况。根据系统的提示，管理人员需要每日跟踪监测异常指标。根据实测数据绘制的趋势变化图（图 7-25）来看，11 月 2~8 日，沉降持续累计，在 11 月 3 日某监测点沉降速率累计位于峰值，之后均处于预警黄色和橙色预警范围。经过现场施工情况调查，专家分析讨论，异常情况为：（1）盾构上方覆土受到扰动；（2）盾构推进的过程中，向盾尾隧道外空隙注浆不及时、注浆量不足，使周边土体平衡状态被打破，而向盾尾空隙中移动，引起地层损失；（3）随着盾构的推进，土体初始应力被改变，原状土经历了挤压、剪切、扭曲等应力路径，刀盘前方原状土应力受到扰动，产生土体附加应力、孔隙水压力、密实度降低，从而发生变形。

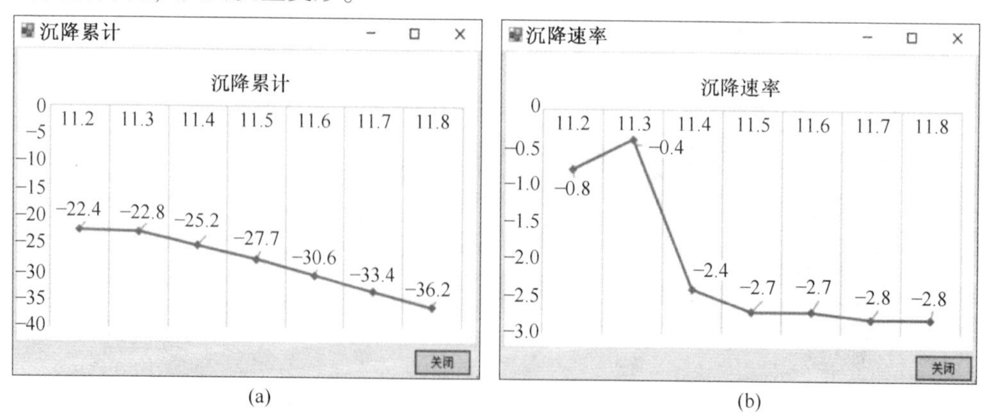

图 7-25 监测指标变化趋势

（a）变化趋势（一）；（b）变化趋势（二）

应用BIM模型可以实现监控量测定位，并及时查看既有结构的现状，查明风险可能发生的部位，以及时制定合理的安全风险控制措施，保证穿越工程的施工安全。针对11月3日的安全风险隐患，及时捕捉风险部位，并制定风险控制措施，很大程度上提升了风险控制的效率，有利于进一步保证穿越工程的施工安全。

7.4.3 施工安全风险控制措施

7.4.3.1 盾构施工安全控制技术措施

监测数据表明，地表沉降达到橙色预警（即中警），橙色报警时需加强隧道监测频率，增强巡视检查，留意该监测项目（点）的变形发展情况，适当减缓施工速度，分析变形原因，采取相应的处理措施，尽快阻止并消除危害。盾构再次推进时，针对沉降区域，采取从地面注浆加固的方式，并在刀盘及土仓内，注入高分子分散剂，改用高效泡沫剂，提高发泡倍率，在刀盘前方、土仓内注入高分子聚合物，减小喷涌现象。同时，还应严格控制盾构出土量，避免超挖，并及时补浆。通过以上措施，渣土改良效果良好，盾构推进速度提高至10~25mm/min。经监测，地面沉降情况良好。

7.4.3.2 既有地铁出入口过街通道安全控制技术措施

受规划地铁标高影响，地铁出入口通道与规划地铁结构顶板之间距离约9.3m，采用盾构施工无法从之间通过，需从规划地铁结构下方通过，地下管廊管片外缘距离规划地铁盾构外缘净距5.5m。管廊顶面距离LL站车站过街通道底板（集水井）垂直距离18.7m，管廊通过段岩层为中风化泥岩，围岩稳定性好，与隧道位置关系，见图7-26和图7-27。

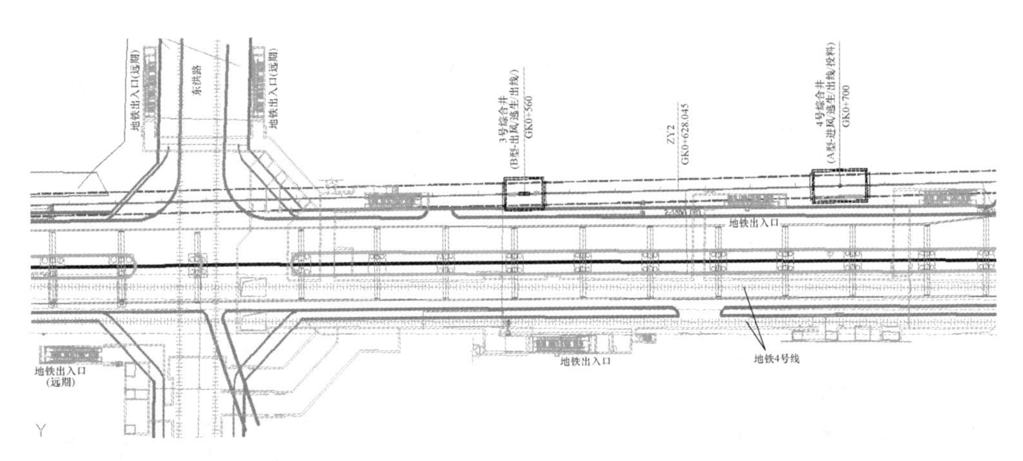

图7-26 管廊隧道与过街通道平面位置关系图

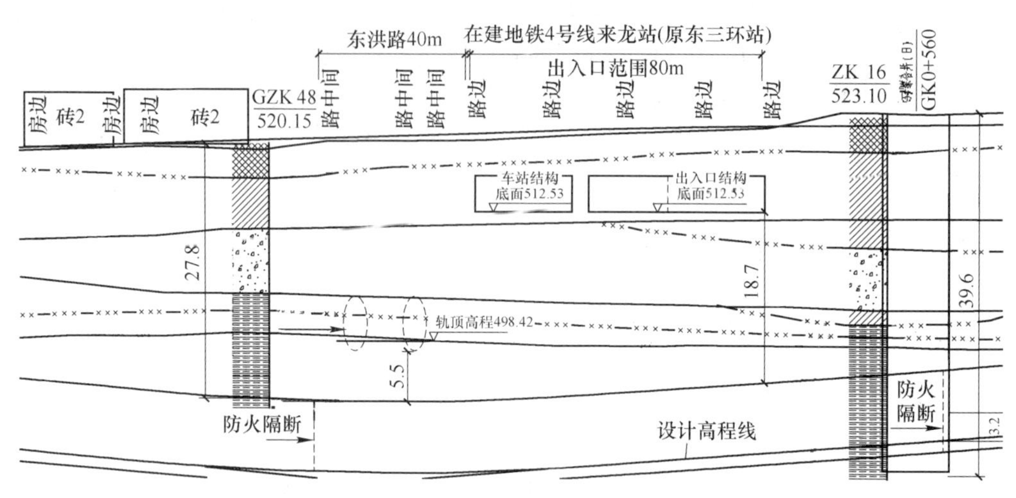

图 7-27 管廊隧道与过街通道剖面位置关系图

A 场地布置

出入口加固区域位于出入口南北两侧，施工时划分为 2 个施工场地，南侧区域借助 4 号综合井施工场地进行袖阀管注浆加固，不影响地铁安全通行；北侧区域在距离出入口 5m 处位置开始打围护桩，占地面积为 9m×30m，与出入口之间 5m 距离作为安全通道，施工期间做好交通引导，确保地铁安全运行，见图 7-28。

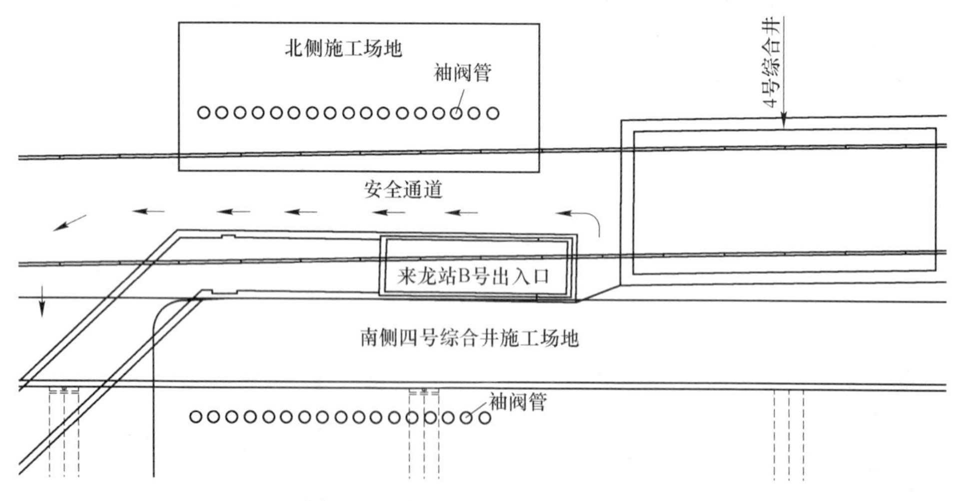

图 7-28 出入口袖阀管加固场平图

B 保护措施

盾构通过时采取地表袖阀管注浆加固和洞内补充注浆及洞内环箍注浆加固措施；地表袖阀管注浆，注浆管位于地铁通道两侧，并斜向下施工，袖阀管采用

ϕ80PVC 管；洞内环箍注浆环向间距，环箍注浆加固范围为拱部 120°范围，注浆管采用 ϕ32（壁厚 3.5mm）钢花管，每根长度 3.0m，注浆时利用管片预留注浆孔进行。

（1）袖阀管加固。通过加固地下管廊盾构区间与地铁人行通道口之间土体的注浆加固，减少地下管廊盾构施工对地铁通道的影响。根据出入口结构长度及距离隧道垂直距离，在距离 B 号出入口两边各 Dm（D 为工作井距离人行通道结构边缘线的距离，$D=(h_1+h_2+4.9)\times3.6/(h_2-0.5)-8.6$，$h_1$ 为加固范围内通道最深的覆土厚度，h_2 为人行通道和管廊盾构之间最小的土体厚度）处打设袖阀管，东西加固长度为 24m，袖阀管间距 1.5m，采用 ϕ80PVC 管注浆加固，南北两侧加固深度分别为 25m、32m，倾斜角度为 52°，见图 7-29。

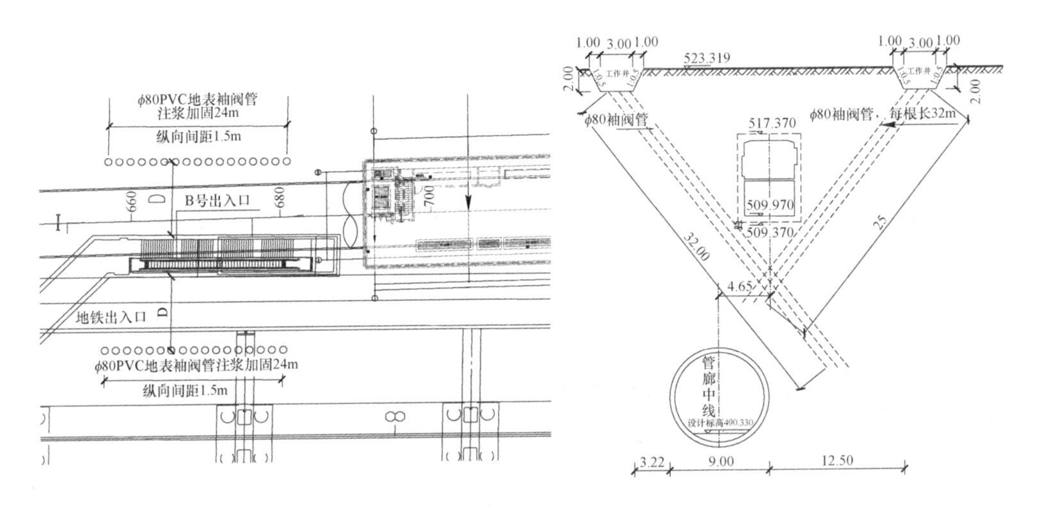

图 7-29　袖阀管加固措施示意图

地面袖阀管施工区域设置工作井，工作井平行于人行通道布置，井深 2m，宽度 3m，工作井边缘采用 1∶0.5 放坡，边坡素喷 4cm C20 混凝土进行防护。ϕ80PVC 袖阀管间距 1.5m，布置于人行通道桩间土体内，自工作井坡脚斜向下施工至地下管廊盾构管片上方 0.5m。注浆材料选用水泥水玻璃浆液，分两次注浆，分别为管廊盾构通过前的预加固注浆和管廊盾构通过时的同步注浆，第二次注浆应根据现场通道的监控量测情况适时调整。

（2）环箍注浆。洞内环箍注浆应在盾构管片施工后立即进行，环箍注浆管采用 ϕ32 注浆花管，注浆时利用同步注浆孔洞实施，注浆管长 3m，注浆浆液扩散半径设计为 0.7m，环向加固范围为拱部 120°，注浆材料采用 1∶1~1∶0.3 的水泥-水玻璃双液浆液，见图 7-30。

盾构通过前应对洞口盾构隧道拱顶处地层进行取芯试验，试验结果应满足盾构始发、到达的安全需要，且取芯试件非饱和轴心抗压强度不应低于 1MPa，若

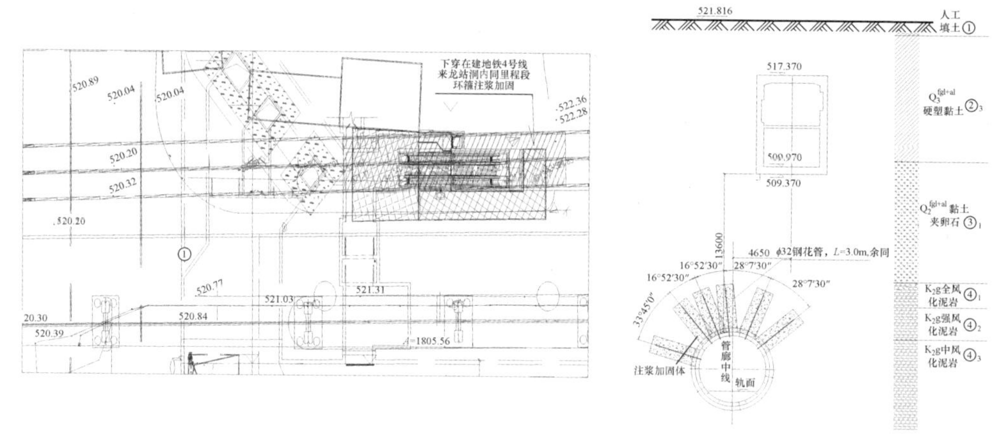

图 7-30 环箍注浆加固措施示意图

无法达到该要求，则应通知设计方优化设计方案。

7.4.3.3 规划地铁安全控制措施

管廊隧道施工时管廊从规划地铁下方通过（见图 7-31 和图 7-32），两隧道结构间最小距离为 5.5m，之间土体为中风化泥岩层，后期施工时对既有结构影响较大，需采取加固措施。

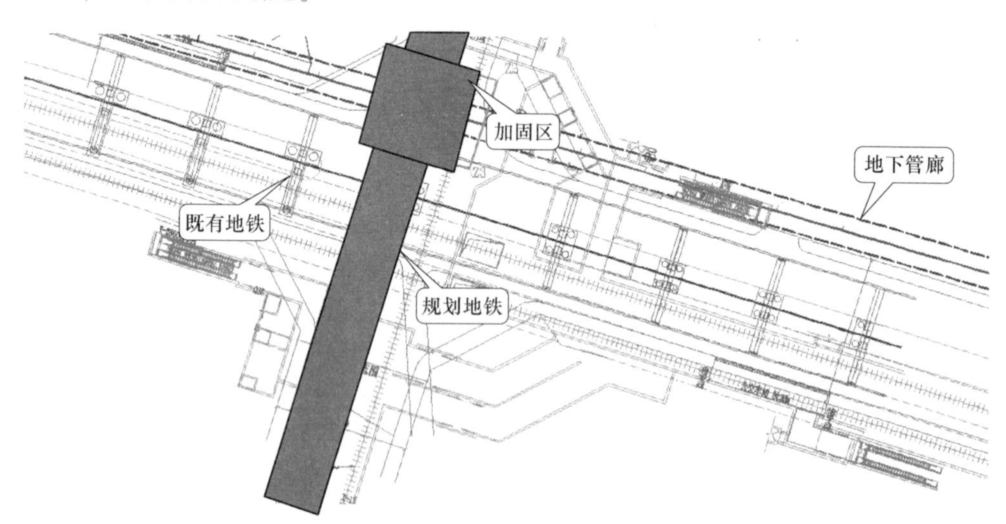

图 7-31 管廊隧道与过街通道平面位置关系图

（1）管廊从规划地铁隧道下方通过，管廊与规划地铁隧道交叉段采用地面竖向 $\phi1000$ 素混凝土桩、$\phi80$ 地面袖阀管注浆加固以及洞内环箍注浆加固。

（2）$\phi1000$素混凝土桩矩形布置，间距 2m×2m，横向加固范围为盾构管廊管片外 9m，竖向加固范围管廊管片中心至管片顶部以上 9m。

（3）素混凝土桩采用旋挖钻泥浆护壁成孔，钻孔桩深度范围内部分地层为黏土夹卵石层，为保障成孔质量及地层完整性，原始地层以下 3m 采用 1250mm 钢护筒支护，3m 以下至黏土夹卵石层底（地铁隧道顶部以上）采用永久性钢护筒施工。

（4）ϕ80 地面袖阀管注浆矩形布置，每平方米设一根，纵、横、竖向加固范围同 ϕ1000 素混凝土桩；注浆材料采用纯水泥浆。

（5）洞内多孔管片环箍注浆。洞内环箍注浆应在盾构管片施工后立即进行，环箍注浆管采用 ϕ32 注浆花管，注浆时采用通过多孔管片的预留孔实施，每片管片上预留 3 个孔，注浆管长 4.5m，环向加固范围为拱部 120°，注浆材料采用 1：1~1：0.3 的水泥-水玻璃双液浆液。

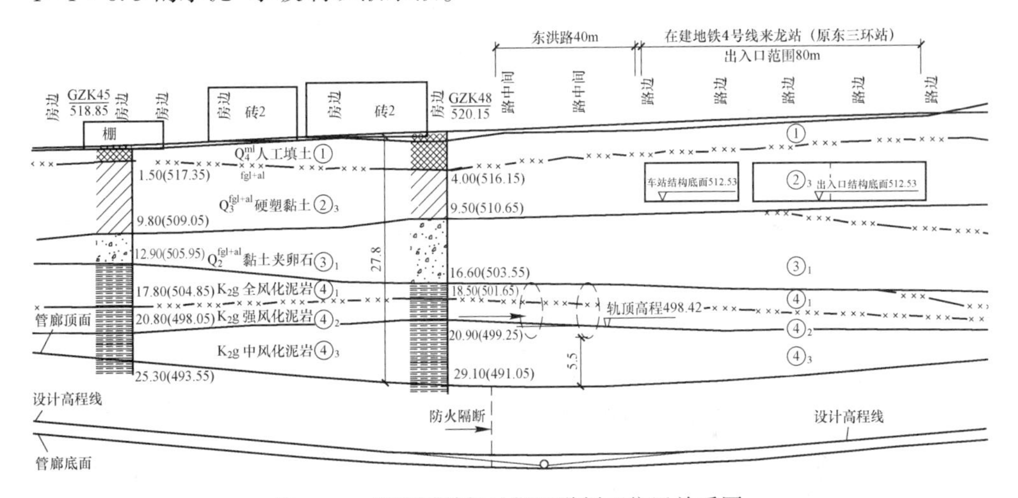

图 7-32　管廊隧道与过街通道剖面位置关系图

参 考 文 献

[1] 穆保岗，陶津．地下结构工程［M］．南京：东南大学出版社，2016.
[2] 门玉明．地下建筑结构［M］．北京：人民交通出版社，2016.
[3] 童林旭，祝文君．城市地下空间资源评估与开发利用规划［M］. 北京：中国建筑工业出版社，2008.
[4] 王璐. 我国城市地下综合管廊的发展研究［D］. 北京：北京交通大学，2018.
[5] 中华人民共和国住房和城乡建设部. GB 50838—2015 城市综合管廊工程技术规范［S］. 北京：中国计划出版社，2015.
[6] 王辰晨. 地铁隧道盾构下穿既有铁路沉降控制与设计研究［D］. 西安：西安科技大学，2018.
[7] 谭云龙. 基于突变理论的地下工程围岩稳定极限位移确定方法［D］. 北京：北京交通大学，2015.
[8] 王瑛，汪送，管明露．复杂系统风险传递与控制［M］．北京：国防工业出版社，2015.
[9] 关继发. 新建地铁隧道穿越既有地铁安全风险及其控制技术的研究［D］. 西安：西安建筑科技大学，2008.
[10] 徐珂. 高速公路下穿既有运营铁路施工关键技术及安全控制研究［D］. 西安：西安建筑科技大学，2013.
[11] 史峰，王辉，郁磊，等. MATLAB 智能算法 30 个案例分析［M］. 北京：北京航空航天大学出版社，2011.
[12] 中华人民共和国住房和城乡建设部. GB 50911—2013 城市轨道交通工程监测技术规范［S］. 北京：中国建筑工业出版社，2014.
[13] 北京市交通委员会路政局，北京市市政工程研究院. DB11/T 915—2012 穿越城市轨道交通设施检测评估及监测技术规范［S］. 北京：北京市质量技术监督局，2013.
[14] 北京市睿道交通建设管理有限公司. DB11/T 490—2007 地铁工程监控量测技术规程［S］. 北京：北京市建设委员会，2007.
[15] 中华人民共和国住房和城乡建设部. GB 50268—2008 给水排水管道工程施工及验收规范［S］. 北京：中国建筑工业出版社，2009.